统计岩体力学理论与应用

伍法权　伍　劼 

科学出版社
北　京

内 容 简 介

本书系统介绍了作者提出的统计岩体力学理论和应用。理论部分主要包括岩体结构的几何概率统计理论、裂隙岩体的弹性应力-应变关系、裂隙岩体的强度与破坏概率理论、岩体水力学理论、岩体工程性质与岩体质量分级原理、裂隙岩体的全过程变形分析、高地应力岩体与岩爆机理分析，以及统计岩体力学对边坡和地下工程中若干理论问题分析。结合各部分理论问题，应用部分介绍了岩石强度的现场测试，岩体结构数据的现场采集及分析技术，工程岩体的结构、变形、强度和渗透性参数计算，以及岩体质量分级方法应用技术。

本书可供从事岩体工程地质和岩体力学基础理论研究的研究生和科研人员，以及水利、水电、铁路、公路、矿山、深部工程领域从事岩体工程勘察和设计人员使用和参考。

图书在版编目(CIP)数据

统计岩体力学理论与应用 / 伍法权，伍劼著. —北京：科学出版社，2022.4

ISBN 978-7-03-071987-4

Ⅰ.①统… Ⅱ.①伍… ②伍… Ⅲ.①统计学-岩体动力学 Ⅳ.①TU45-05

中国版本图书馆 CIP 数据核字（2022）第 050465 号

责任编辑：韦　沁　韩　鹏 / 责任校对：何艳萍

责任印制：吴兆东 / 封面设计：北京图阅盛世

科学出版社出版

北京东黄城根北街 16 号

邮政编码：100717

http://www.sciencep.com

北京建宏印刷有限公司印刷

科学出版社发行　各地新华书店经销

*

2022 年 4 月第　一　版　开本：787×1092　1/16

2024 年 6 月第四次印刷　印张：17 1/2

字数：415 000

定价：178.00 元

（如有印装质量问题，我社负责调换）

序　一

十分欣喜地看到《统计岩体力学理论与应用》一书出版。

该书的作者是我1989年的博士研究生。作者在申请攻读博士研究生时曾跟我说，希望能到中国科学院地质研究所系统学习岩体工程地质力学，并为此做了必要的准备。据我了解，作者在入学之前就开始了统计岩体力学的研究，并陆续在《科学通报》等期刊发表了“节理岩体本构模型与强度理论”等中英文学术论文。在三年博士生期间，作者进行了更为系统的研究，提交了“统计岩体力学理论与应用研究”的学位论文，后由中国地质大学出版社出版了《统计岩体力学原理》。此后，作者持续进行了理论的完善和应用技术研究，《统计岩体力学理论与应用》一书也算是作者30多年来研究成果的一个集成。

我国的岩体工程地质力学思想体系和奥地利地质力学学派的学术思想对作者的研究工作产生了深刻的影响。建立起以地质结构为基础的岩体力学理论体系，成为作者的持续追求。这也是该书的一个重要特色。

岩体结构模型建立历来是岩体力学理论发展的一个瓶颈。恰逢20世纪80年代初，J. A. Hudson等开始了岩体结构几何概率理论和结构面网络模拟技术研究，并经中国地质大学潘别桐老师引入我国。受这些研究进展的启发，作者建立了以16个定理为基础的岩体结构几何概率参数系统和统计岩体力学理论体系。记得在1995年日本东京第八届国际岩石力学大会期间，Hudson拿着一本*Rock Mechanics in China*文集向我询问论文“Principles of statistical mechanics of rock mass”的作者，并在随后访问中国时约见了作者，热情肯定了他的研究工作。

在岩体结构几何概率参数模型的基础上，作者运用统计物理学思想、断裂力学能量原理、材料强度弱环假说和可靠性理论，以及连续介质力学原理，进行了严格的理论推演，建立了完整的统计岩体力学理论系统。该书按照严密的逻辑，系统介绍了岩体结构的统计理论、裂隙岩体的弹性应力应变关系、裂隙岩体的强度理论、岩体水力学理论、岩体工程性质与质量分级、裂隙岩体的变形过程分析、高应力岩体与岩爆，以及岩体边坡工程和地下工程应用。该书既适合岩石力学研究人员参考，也为工程师实际应用提供了友好实用的技术方法。

值得指出的是，该书中许多内容对岩体力学特性提出了新的发现，如岩体模量与强度对结构面组数、尺度和密度的一次反比例规律和各向异性、岩体的大泊松比效应、岩体变形的过程解析、低围压或张性围压下的岩爆优先性、岩体的主动加固理念，等等。

这些发现不仅改变了人们习惯的理性思维定式，对岩体工程地质问题的判断也将产生重要影响。

文献浏览发现，该书中许多成果属于首次展示，并未见诸专业学术期刊。这些成果很好地解决了目前岩体力学基础理论和应用技术方法问题，对岩体工程地质力学的传承和发展起到了重要推进作用。由于统计岩体力学的理论和应用价值被收录到《中国岩石力学与工程世纪成就》，作者还应邀主讲了中国地质学会工程地质专业委员会第五届“谷德振讲座”，参与了中国岩石力学与工程学会第一届“钱七虎讲座”，并获得国际工程地质与环境协会（IAEG）学术终身学术成就奖——Hans Cloos Medal。

希望作者继续努力，不断完善统计岩体力学的理论体系，提升岩体工程地质力学解决工程问题的能力。

中国工程院院士

国际工程地质与环境协会前主席

IAEG 学术终身成就奖获得者

2021 年 10 月 1 日于北京

序　二

应作者之邀为《统计岩体力学理论与应用》作序，十分高兴，欣然同意。

与该书作者认识是在2008年，当时我担任中国岩石力学与工程学会理事长，作者受挂靠单位中国科学院地质与地球物理所推荐担任学会副理事长和秘书长，我们合作共事了4年，也逐渐成了忘年之交。那些年我们接触较多的是学会事务，在学会工作提升和规范管理方面做出了许多努力，也得到了中国科协和广大会员的认可。几年共事中我感觉到作者作风朴实，是一个干实事的人。我们还就地质灾害防治话题一起接受媒体采访，参加中国科协的学会平台建设示范经验交流。

我对作者专业的了解是通过学会组织的一些重大工程问题咨询、中国科协学术沙龙等活动开始的。作者曾经组织长江三峡库区移民迁建城市高边坡防护工程规划和实施，也为锦屏一级水电站等十余座大型水电工程、兰渝铁路数十座深埋隧道关键地质问题的解决提供了科学技术支持，积累了较为丰富的岩石力学与工程地质工作经验。我们一起参与了锦屏一级和二级水电站岩爆问题的国际和国内咨询，并交流了一些看法，感到作者是一个勤于思考、勤奋钻研的人。

2020年，中国岩石力学与工程学会和 *Journal of Rock Mechanics and Geotechnical Engineering* 期刊编辑部决定举办第一届“钱七虎讲座”，佘诗刚研究员推荐作者竞选讲座论文，以“Advances in statistical mechanics of rock masses and its engineering applications”为题，介绍了统计岩体力学理论和技术方法近30年的发展过程和研究进展。《统计岩体力学理论与应用》则更系统地介绍了统计岩体力学的思想方法、基本理论和工程应用技术。

该书借鉴统计物理学的思想方法，以岩体结构的统计理论为基础，引入断裂力学能量原理、弱环假说和可靠性理论、裂隙网络连通率等，将断续岩体等效为连续介质，建立了严密的岩体应力-应变模型、岩体强度理论和岩体渗流力学理论。作者还以此为基础，从理论上解析了一些岩体力学基础问题和工程中常见的困难课题，发展了一系列岩体工程参数计算和岩体质量评价方法，为工程应用提供了实用工具。该书从总体上提升了岩体力学的理论水平和解决实际工程问题的能力。

岩体力学基础理论研究是一个艰苦的过程。把岩体力学性质和力学行为的研究建立在岩体地质结构基础之上，历来是岩石力学理论研究的难点。该书忠实地体现了岩体结构控制论和岩体结构力学效应的基本思想，所建立的岩体力学理论合理体现了一系列地质因素对岩体力学性质和力学行为的控制和影响。

该书所体现的理性思维方式也是独特的。统计物理学的思想方法、依据应变能可加性原理实现断续介质的连续等效、岩体强度的弱环思想和强度–破坏概率联合判据、通过结构面尺度极大值体现岩体强度和渗透性的尺度效应、岩体的大/小泊松比效应，以及岩体主动加固理念等，这些思想方法对岩体力学研究和工程应用都是具有启发性的。

总而言之，统计岩体力学是对岩体力学科学体系的重要发展。希望这个体系能够不断完善，不断提升，逐渐成熟！

中国工程院院士
国家最高科学技术奖获得者
中国岩石力学与工程学会前理事长
钱七虎

2021 年 10 月 20 日于北京

前　言

《统计岩体力学原理》一书出版已经 27 年了。这一理论和方法一直受到同行的关注和欢迎，它的主要内容曾被纳入《中国岩石力学与工程世纪成就》，作者也因此而获得国际工程地质与环境协会（International Association for Engineering Geology，IAEG）学术终身成就奖——Hans Cloos Medal，以及 *Journal of Rock Mechanics and Geotechnical Engineering* 和中国岩石力学与工程学会第一届“钱七虎讲座”提名奖。这些一直激励着作者对这一理论体系的不断完善和工程应用拓展。

20 多年来，作者在一些大型水电工程的高边坡与地下厂房、深埋铁路隧道工程方面进行了广泛实践，积累了大量应用经验，其中统计岩体力学的许多理性成果和观念始终成为重要的支撑。作者也发现，许多同行一直致力于相关的研究工作，发表了不少出色的理论和应用成果，这些成果对丰富统计岩体力学的理论与方法系统具有重要的启发和价值。作者在本书中将尽可能吸收这些成果。

重新审视和推敲《统计岩体力学原理》，虽然许多内容仍然感觉不错，但也发现原有系统存在不少可以改进的地方。首先是过分追求理论表述的简洁性，许多本来可以详尽阐述的内容，简洁的表述形式反倒让读者感到不适应，特别是工程师们难以接受；其次是书中有些理论思考尚不太成熟，如第四章“裂隙岩体的强度理论”，过分强调了裂隙网络对岩体等效应力的影响，使得理论上的推演变得过于复杂；第三是这一理论系统的可操作性不够，影响了它的应用。当年曾经打算出版《统计岩体力学方法》，对一些理论应用和方法的实现进行操作性说明，也一直未能如愿。本书虽然继续保持简洁的表述方式，但将力求通俗，并试图对上述问题有所改进。

本书直奔主题，从岩体结构模型出发，阐述岩体的变形、强度、水力学理论。作为重要的应用，本书增加了岩体工程性质与质量分级、裂隙岩体全过程变形分析、高应力岩体与岩爆、岩体边坡工程应用、岩体地下工程应用等内容。

最后值得一提的是，常有同行问作者：你搞的什么统计岩体力学，不就是拿统计学的方法对岩体的试验测试数据做些统计吗？学过概率统计的人都会，干嘛弄得那么复杂？其实将这门学问称作“统计岩体力学”是受了统计物理学的启示。这门学问从物质分子运动论发展成为统计力学，建立起微观层次分子运动与物质宏观行为之间的物理关系。这正是统计岩体力学要做的事情，即从解析岩石与结构面的个体行为来描述岩体的宏观行为。

在本书系统形成过程中，伍劼组织完成了统计岩体力学（statistical mechanics of rock

masses，SMRM）计算系统 PC 版与网络版编程、计算分析工作，组织研发了“岩体工程勘察智能工作平台”，并编写了本书部分内容。包含、郗鹏、李星星、王立明等完成了软件部分模块和手机应用程序（application，APP）；祁生文、胡秀宏提供了重要的学术思想和资料支持，在此表示感谢！本书研究工作得到国家自然科学基金重点项目（41030749、41831290）、浙江省重点研发项目（2020C03092）和绍兴市“名士之乡英才计划”项目的支持，特表感谢！

在统计岩体力学的研究与实践中，得到了中国岩石力学与工程学会、中国电建集团成都勘测设计研究院、华东勘测设计研究院、昆明勘测设计研究院、中水北方勘测设计研究院、中国铁建中铁第一勘察设计院等单位的热情支持，作者深表谢意！

作者还要特别感谢张小玉女士的深情支持，为本书成稿出版提供了重要保障。

伍法权　伍　劼

2020 年 12 月于绍兴

目　录

序一

序二

前言

第一章　绪论 …… 1

第一节　统计岩体力学的研究现状 …… 2

第二节　统计岩体力学的思想方法 …… 11

第三节　本书的基本内容 …… 12

第二章　岩体结构统计理论 …… 17

第一节　岩体结构测线测量 …… 18

第二节　结构面产状 …… 21

第三节　结构面迹长与半径 …… 25

第四节　结构面间距与密度 …… 32

第五节　结构面粗糙度 …… 37

第六节　结构面隙宽 …… 40

第七节　岩体结构的采样窗测量与三维点云解译 …… 44

第八节　岩体结构的统计描述 …… 48

第九节　岩体结构面网络的随机模拟 …… 57

第三章　裂隙岩体的弹性应力-应变关系 …… 63

第一节　裂隙岩体连续等效的概念 …… 64

第二节　裂隙岩体应力-应变关系的平面问题模型 …… 65

第三节　埋藏结构面上的应力 …… 70

第四节　裂隙岩体的应力-应变关系 …… 71

第五节　关于岩体弹性参数的讨论 …… 78

第六节　等效应力 …… 84

第七节　裂隙岩体本构关系的损伤理论 …… 86

第八节　裂隙岩体本构关系的结构张量法 …… 91

第四章　裂隙岩体强度理论 …… 97
第一节　岩块强度与破坏概率 …… 98
第二节　岩体的破坏判据与破坏概率 …… 104
第三节　岩体强度的主应力形式 …… 107
第四节　岩体的库仑抗剪强度 …… 111
第五章　岩体水力学理论 …… 117
第一节　经典的单裂隙水力特征 …… 118
第二节　岩体的渗透张量 …… 121
第三节　岩体渗透系数的立方率与尺寸效应 …… 124
第四节　渗流场与应力场的耦合作用 …… 126
第五节　Oda 渗透张量法 …… 130
第六章　岩体工程性质与质量分级 …… 135
第一节　岩体结构参数计算 …… 136
第二节　岩体变形参数计算 …… 138
第三节　岩体强度参数测试与计算 …… 142
第四节　岩体渗透性参数计算 …… 149
第五节　工程岩体质量分级 …… 151
第六节　岩体工程地质智能工作平台简介 …… 167
第七章　裂隙岩体变形过程分析 …… 171
第一节　岩体变形过程分析的基本思想 …… 172
第二节　裂隙岩体本构模型 …… 173
第三节　裂隙岩体拉张变形 …… 174
第四节　裂隙岩体压缩变形 …… 175
第五节　裂隙岩体峰后行为 …… 178
第八章　高地应力岩体与岩爆 …… 181
第一节　高地应力岩体性态与应变能 …… 182
第二节　岩爆机理 …… 186
第三节　岩爆判据 …… 192
第九章　岩体边坡工程应用 …… 199
第一节　边坡变形破坏模式与稳定性地质判断 …… 200
第二节　边坡岩体卸荷变形 …… 202
第三节　边坡岩体渗流分析 …… 209
第四节　边坡岩体的弯曲倾倒变形 …… 212

第五节　边坡主动加固原理 …… 217
第十章　岩体地下工程应用 …… 225
第一节　地下工程初始应力 …… 226
第二节　地下空间围岩应力场特征 …… 230
第三节　地下空间围岩变形分析 …… 236
第四节　地下硐室的围岩压力 …… 239
第五节　地下空间围岩变形的主动控制 …… 242
参考文献 …… 251

第一章　绪　论

岩体力学是一门基础理论学科。它运用数学与力学工具，把岩体工程地质问题的分析引向理论化和定量化。因此，岩体力学的发展制约着工程地质学理论发展的进程。

目前岩体力学主要研究五个基本问题：岩体的变形理论、强度理论、岩体水力学理论、岩体动力学理论与岩体应力。前四方面研究岩体的工程性质和力学行为，后一方面则涉及岩体的地质环境。

岩体工程性质和力学行为的研究是困扰了岩体力学理论界和工程界几十年的一个热门课题，也是始终制约着工程岩体变形与稳定性计算可靠性的关键课题。

岩体力学理论研究的根本困难在于岩体结构的表述与结构面网络的力学效应、水力学效应，而岩体结构又是岩体力学行为的基础。事实上，单一结构面性状决定了岩体的力学效应方式，而结构面网络特征决定了岩体结构整体力学效应和网络水力学效应。

大量研究表明，岩体中结构面的分布具有统计的确定性特征。例如，人们所熟知的结构面产状分布显然具有随机性，但总可以找出其“优势产状”。这些“优势产状”正是由其形成时应力状态决定的最可能破裂方向。近期研究也表明，结构面大小、间距，隙宽及其表面形态等尺度参数无一不具有某种概率分布形式。岩体结构的这种性质必然导致其力学性质和水力学性质的统计确定性。因此，岩体力学应当是一种统计力学理论。

我们知道，常温常压下岩体的变形与强度主要取决于岩体中的结构面。人们逐步认识到岩体结构面的变形与破坏本质上是一种断裂力学行为。沿各结构面的拉压变形及剪切变形构成了岩体宏观变形的主体部分；结构面变形将在其边缘引起应力集中，导致裂纹扩展连通直至岩体整体破坏。岩体的动力学则更复杂一些，但本质上仍然是结构面及其网络的断裂动力变形与破坏。

综上我们有理由认为，岩体力学应当是一门岩体的统计断裂力学，我们称为统计岩体力学。

统计岩体力学作为一门学科提出是近二十多年来的事（伍法权，1991，1992，1993），但对其相关的研究工作则早已开始。本章将首先介绍这一领域中理论与应用研究概况，然后阐明统计岩体力学的思想方法，提出这一学科的理论框架。

第一节　统计岩体力学的研究现状

统计岩体力学是在系统总结前人研究成果，吸取多门学科思想方法的基础上发展起来的。统计岩体力学理论赖以建立和发展的基础，包括结构面几何形态研究、结构面力学性质研究、岩体结构性质的统计研究、岩石断裂力学研究、岩石断裂统计理论研究、岩体本构模型与强度理论研究、岩体水力学理论研究、岩体动力学研究等。

一、结构面几何形态研究

结构面几何形态是岩体力学性质和水力学性质研究的基础。较早注意到结构面几何形态对力学性质影响并做研究的是 Patton（1966）。他把结构面的形态起伏理想化为规则的起伏角（i），并通过力学实验和理论分析将其计入结构面内摩擦角。

结构面几何形态的研究发现，结构面起伏状况可以用节理粗糙度系数（joint roughness coefficient，JRC）描述。Barton 提出了确定 JRC 的 10 条标准剖面，并经国际岩石力学学会（International Society for Rock Mechanics，ISRM）推荐而被广泛采用（Barton and Choubey，1977）。深入研究发现，结构面力学性质存在尺寸效应，Barton 等（1985）又提出了 JRC 的尺寸效应校正公式：

$$\mathrm{JRC} = \mathrm{JRC}_0 \left(\frac{L}{L_0}\right)^{-0.02\mathrm{JRC}_0} \tag{1.1}$$

式中，L_0和 JRC_0为结构面的采样尺寸与 JRC 值；L 和 JRC 为实际尺寸和 JRC 校正值。

但是，结构面形态千变万化，很难用 10 条标准剖面完全表述，也无法用一个简单的数学关系式准确表达。因此，实际工作中多采用实测方法，发展了一些机械式、光电式和激光式测量方法（Patton，1966；Fecher and Renger，1971；杜时贵和潘别桐，1993；杜时贵等，2005，2006，2010）。

Turk 和 Dearman（1985）用实际测量得到的结构面曲线迹线长度（迹长）（L_t）和直线迹长（L_d），按下式计算结构面起伏角（i）：

$$\cos i = \frac{L_d}{L_t} \tag{1.2}$$

这种方法综合考虑了结构面不同尺度的起伏，可称为上限起伏角。由 i 值可以求取 JRC 值。

类似地，王岐（1986）提出了用伸长率（R）确定 JRC 的方法：

$$R = \frac{L_t - L_d}{L_d} \times 100\% \tag{1.3}$$

通过与 Barton 标准剖面对比得出

$$\mathrm{JRC} = \frac{\lg R}{\lg 1.0910216} \tag{1.4}$$

Barton、Choubey 和 Bandis 对长 0.1m 的 200 多组结构面测量得到如下关系：

$$\mathrm{JRC} = (450 + 50\lg L)\,\frac{\alpha}{L} \tag{1.5}$$

式中，L 为直线迹长；α 为剖面最大起伏尺度。

Turk 等（1987）、James（1987）、谢和平等（1992）对分形理论确定 JRC 参数做了有益的工作，并得到如下经验关系式：

$$\mathrm{JRC} = a + bD \tag{1.6}$$

$$\mathrm{JRC} = a\,(D - 1)^{b} \tag{1.7}$$

式中，D 为结构面形态分维数，一般有 D=1–1.03；a、b 为常数。

由上述可见，结构面几何形态的研究都归结为求取参数 JRC，其物理意义在于它对结构面强度的力学效应。

二、结构面力学性质研究

结构面是岩体结构的基本单元，岩体结构的力学效应与水力学效应是以单个结构面的行为为基础的。

20 世纪 40 年代，Terzaghi 在《隧洞地质入门》一书中就考虑了软弱面对岩体稳定性的影响。此后，岩石力学界对结构面的地质特征、力学习性等逐步开展了研究。1974 年，Müller 编辑出版了《岩石力学》，提出了关于岩体结构面地质特征及工程意义的一系列观点，这是对当时的研究工作，特别是奥地利学派工作的一个总结。

20 世纪 70 年代以来，岩石力学界通过大量实验室研究，获得了结构面法向压缩、剪切变形及剪切强度等多方面的成果。

1. 结构面的变形性质

Goodman（1974）根据大量实验资料，提出了结构面法向闭合变形的如下经验关系：

$$\sigma = \frac{\Delta t}{t_0 - \Delta t}\sigma_i + \sigma_i \tag{1.8}$$

式中，σ 为结构面法向应力；σ_i 为就位应力；Δt 为闭合量；t_0 为最大闭合差。

Bandis 等（1983）的经验方程为

$$\sigma = \frac{\Delta t}{a - b \cdot \Delta t} \tag{1.9}$$

式中，a、b 为常数。显然，当 $\sigma \to \infty$ 时，$\frac{a}{b} \to \Delta t(= t_0)$；当 $\sigma \to 0$ 时，$\Delta t \to 0$，有 $a = \frac{1}{K_{ni}}$，K_{ni} 为结构面初始法向刚度。结构面法向刚度（K_n）为

$$K_n = \frac{\partial \sigma}{\partial \Delta t} = \frac{K_{ni}}{\left(1 - \frac{\Delta t}{t_0}\right)2} \tag{1.10}$$

并提出了式（1.10）t_0 和 K_{ni} 的确定方法。

孙广忠（1983，1988）将结构面法向闭合变形曲线用指数函数表示为

$$t = t_0(1 - e^{-\frac{\sigma}{K_n}}) \tag{1.11}$$

式中，K_n 为法向压缩刚度。

对于结构面的剪切变形，Kulhaway（1975）提出了如下经验方程：

$$\tau = \frac{\Delta s}{m + n\Delta s} \tag{1.12}$$

式中，Δs 为剪切位移；m 为初始剪切刚度 K_{si} 的倒数；n 为 τ_{max} 的倒数。

Barton 和 Choubey（1977）给出了剪切刚度（K_s）的尺寸效应经验公式

$$K_s = \frac{100}{L}\sigma \tan\left(\mathrm{JRC} \cdot \lg\frac{\mathrm{JCS}}{\sigma} + \varphi_r\right) \tag{1.13}$$

式中，L 为受剪切结构面的长度；JRC 为节理粗糙度系数；JCS 为结构面壁面抗压强度；φ_r 为结构面剩余内摩擦角。

2. 结构面的抗剪强度

平直光滑结构面抗剪强度（τ）满足如下简单关系式：

$$\tau = \sigma \tan\varphi_b \tag{1.14}$$

式中，φ_b 为结构面基本内摩擦角，近于磨光平面上的值。

Patton（1966）用石膏模型实验研究了起伏角（i）为规则形状时的结构面内摩擦角（φ），得到 $\varphi = \varphi_b + i$，于是有

$$\tau = \sigma \tan(\varphi_b + i) \tag{1.15}$$

Barton 等（1985）根据对 JRC 的研究和实验分析，得出结构面抗剪强度经验公式（Barton and Choubey，1977）

$$\tau = \sigma \tan\left(\mathrm{JRC} \cdot \lg\frac{\mathrm{JCS}}{\sigma} + \varphi_b\right) \tag{1.16}$$

并与式（1.1）同时提出了节理壁面抗压强度的尺寸效应修正公式

$$\mathrm{JCS} = \mathrm{JCS}_0\left(\frac{L}{L_0}\right)^{-0.03\mathrm{JRC}_0} \tag{1.17}$$

式中，各代号意义同前。

三、岩体结构性质的统计研究

岩体结构性质是岩体最基本的性质。人们曾经采用多种方法描述岩体结构，较早的方法是运用走向或倾向玫瑰花图、赤平投影图等。但这些方法只能描述结构面的空间角度关系和分布图式。20 世纪 70 年代以来，人们陆续开始对结构面的空间尺度分布进行研究，逐步形成了描述岩体结构的几何概率方法。

这一套方法中，结构面产状及其分组仍沿用了赤平极射投影方法。结构面分组后，将各组结构面的倾向与倾角分别做出分布直方图，并拟合成概率密度函数。大量研究表明，倾向与倾角一般服从对数正态分布（潘别桐和徐光黎，1989）。

结构面的平面形态是岩体结构面网络的基本要素。Snow（1970）等将结构面形态视为圆形或椭圆形。考察表明，结构面在均质结晶岩体中为近似圆形，而在层状介质中则为长方形。

结构面间距反映了岩体的完整性，是岩体质量评价的基本要素之一。Barton 等（1974）和 Bieniawski（1974）用反映结构面间距的岩体质量指标（rock quality designation，RQD）进行了岩体分类。Priest 和 Hudson（1976，1981）及 Wallis 和 King（1980）通过大量实测资料证明（Hudson and Priest，1979），结构面间距（x）服从负指数分布

$$f(x) = \lambda e^{-\lambda x} \tag{1.18}$$

式中，λ 为一组结构面的法向密度，即平均间距的倒数，并讨论了参数 λ 估计精度随样本量大小的变化特征，认为置信水平为 80% 和 90% 条件下样本容量（n）分别不得小于 41 和 271。

按岩体质量指标（RQD）的经典定义，Priest 和 Hudson（1976）由式（1.18）得到

$$\text{RQD} = \lambda\int_{0.1}^{\infty} xf(x)\,\mathrm{d}x \times 100\% = (1 + 0.1\lambda)e^{-0.1\lambda} \times 100\% \tag{1.19}$$

Sen 和 Kazi（1984）讨论了测线长度（L）对结构面平均间距估计误差的影响，得出了间距的实测均值 $E(x)$ 与理论均值 $1/\lambda$ 的关系为

$$E(x) = \frac{1}{\lambda(1 - e^{\lambda L})}[1 - (1 + \lambda L)e^{-\lambda L}] \tag{1.20}$$

Hudson 和 Priest（1979）提出了含多组结构面岩体中结构面的测线密度（λ_s）计算方法

$$\lambda_s = \sum_{i=1}^{n} \lambda_i \cos\theta_i \tag{1.21}$$

式中，λ_i 为第 i 组结构面法线密度；θ_i 为该组面法线与测线夹角。并求出了 λ_s 的最大值及其产状值。

结构面的另一尺度指标是结构面的大小，通常用结构面与露头面交线的长度，即迹长表征。Cruden（1977）和 Baecher 等（1977）提出了结构面迹长的测线测量法（Baecher and Lanney，1978）。Priest 和 Hudson（1981）发展了利用结构面半迹长和截尾半迹长测量数据推断全迹长的几何概率计算方法。大量实测资料表明，结构面迹长服从负指数分布、对数正态分布。

Kulatilake 和 Wu（1984）提出了估计结构面平均迹长的统计窗测量方法。这种方法不需要知道被测结构面迹长的分布函数。后经 Pahl（1981）、Zhang 和 Einstein（1998）、Mauldon（1998）、Mauldon 等（2001）、Wang 和 Huang（2006），以及 Zhang 等（2016）的不断改进，已经成为一种相对成熟可靠的方法。

结构面的张开度（隙宽）与岩体水力学性质有着密切联系。岩体水力学家对结构面张开度进行了较多的研究。Snow（1970）的资料表明，结构面张开度服从正态分布，熊承仁等实测结果表明张开度服从负指数分布。

在上述研究的基础上，Samaniego 发展了岩体结构面网络二维随机模拟技术。这一技术的基本原理是，依据结构面产状、迹长、间距等参数的实测概率分布，运用蒙特卡罗随机采样和计算机图形恢复岩体结构模式。一组结构面中心点的采样密度（N）与其法线密度（λ）的关系为

$$N = \lambda\mu \tag{1.22}$$

式中，μ 为该组结构面平均迹长的倒数。

Hudson 和 Priest（1983）运用“树形结构分层搜索”方法，抽取出模拟网络图中结构面连通网络图，由此可以对结构面网络进行水力传导性计算。

Svensson（2001a，2001b）还应用裂隙岩体连续表述模型，研究了岩体连通性和渗流

场特性。

熊承仁、潘别桐（1987）应用式（1.19）和式（1.21），对上述二维网络模拟图做出了不同方向 RQD 分布图，由此可以直观地确定 RQD 的最大值和最小值及其产状。这对于地下洞室轴向选择具有重要的实用价值。

日本学者 Oda（1983，1984）则从几何概率角度定义了岩体的结构张量（F）为

$$F = \frac{\pi\rho}{4}\int_0^\infty \int_\Omega R^3 nn\cdots nE(n,R)\,\mathrm{d}\Omega \mathrm{d}R \tag{1.23}$$

式中，Ω 为该物体占有的空间闭区间；ρ 为结构面体和密度；n 为结构面产状；R 为结构面半径；$E(n, R)$ 为结构面产状和半径联合分布密度。

稍后，Oda（1985）引入了张开度参量，将结构张量用于岩体水力传导性研究。结构张量法已成为岩体力学理论研究中一种重要方法，但后续研究似乎不足。

学者们还尝试了用分形理论拟合岩体结构的某些特征。大野博之和一丁（1990）从不同观测尺度（>1cm、3cm、10cm、2m、15m、8m）得到破裂长度（a）和破裂宽度（w）的超越概率分别为分维分布。

$$P(a) \propto a^{-D_a} \tag{1.24}$$

$$P(\omega) \propto \omega^{-D_\omega} \tag{1.25}$$

皇甫岗等（1991）对我国滇西北地区断层及水系分布进行了考察，认为各方向断裂系都具有自相似性，而断层系的发育演化是一个降维过程，即由复杂结构的小断裂组合向连续型大断裂过渡。分维数越高，则断层系发育程度越低。

La Pointe（1988）分别对节理网络模拟结果和实际岩体结构进行了分维测量，研究了岩体结构和连通性的分维特征。

四、岩石断裂力学研究

从力学角度讲，岩体结构面的形成、连通与岩体强度的丧失，都是一种断裂力学行为。因此，断裂力学理论及实验方法在岩石力学领域内得到广泛应用。

20 世纪 70 年代末、80 年代初，断裂力学被引入岩石力学领域，用于分析和说明含裂纹岩石的强度行为。研究者对预制裂纹混凝土和岩石试件进行了大量的实验，获取断裂性态曲线和 I 型断裂韧度（K_{Ic}）（夏熙伦等，1988）。部分学者应用断裂力学能量方法和应力腐蚀等概念讨论震源机制模型，用于地震三要素预测。周群力还提出了复杂应力状态下岩体的断裂判据

$$\begin{cases}\lambda_{12}\sum K_{\mathrm{I}} + \left|\sum K_{\mathrm{II}}\right| = K_{\mathrm{IIc}} \\ \lambda_{13}\sum K_{\mathrm{I}} + \left|\sum K_{\mathrm{III}}\right| = K_{\mathrm{IIIc}}\end{cases} \tag{1.26}$$

式中，λ_{12}和 λ_{13}分别为压剪和压扭系数；K_{I}、K_{II}、K_{III}分别为 I 型、II 型和 III 型破块模式的应为强度因子；K_{IIc}、K_{IIIc}分别为 II 型、III 型断裂韧度。

学者们对节理面几何形态、节理系形成、节理扩展动力学及节理扩展轨迹等的断裂

力学机理陆续展开了研究（Pollard，1988；唐辉明，1991），将岩石断裂力学从理论和实验室研究引向对地质原型研究。

五、岩石断裂统计理论研究

脆性材料断裂统计理论是 Weibull（1939）在研究玻璃、陶瓷等材料的抗拉强度性能时提出的。他认为，在拉应力（σ）作用下，体积为 V，含微裂纹试件的破坏概率为

$$P_{\mathrm{f}}(\sigma, V, A) = 1 - \exp\{-k\int_V\int_A \sigma^m \mathrm{d}V\mathrm{d}A\} \tag{1.27}$$

式中，A 为微裂纹法向矢量角度域；k、m 为常数。

通常认为 Weibull 理论对于受压的岩石材料是不合适的。王宏和陶振宇（1988）应用 Markov 假设导出裂纹密度函数形式，得到了破坏概率表达式，并讨论了裂纹尺寸分布对岩石强度的影响（陶振宇和王宏，1989）。

脆性断裂统计理论的根本意义在于它独到的思想方法，即材料强度的最弱环节假说。

六、岩体本构模型与强度理论研究

岩体本构模型与强度理论是岩体力学的核心课题。20 世纪 70 年代以前，岩体的变形与强度分析基本上是借用连续介质力学理论完成的，通常把岩体当作岩块或经过经验弱化后的岩块来处理。70 年代后期至 80 年代，人们重视了地质结构面的力学效应，发展了诸如赤平投影（孙玉科和古迅，1980）、块体理论，以及 DDA、UDEC、3DEC（石根华，1985）等多种方法。但这一时期主要是探讨了结构面控制下岩体的强度行为，并把岩石块体当作刚体来分析。

20 世纪 80 年代以来，岩体本构关系与强度理论的研究有了较大的发展，研究大致分为四种途径：

一是组合本构模型。通常做法是将贯通结构面与岩块的力学行为叠加，导出本构关系。Gerrard（1982）导出含三组正交节理岩体的应力-应变关系，并讨论了岩体的弹性参数。Yoshinaka 等（1983）绘制了贯通裂隙岩体弹性模量与剪切模量的各向异性曲线（Yoshinaka and Yamabe，1986）。孙广忠（1988）提出了相似元件组合模型，并用大型原位测试和模型实验进行了验证（孙广忠和林文祝，1983）。Fossum（1985）研究了裂隙方位随机分布、岩体变形参数随节理间距的弱化问题。Wei 和 Hudson（1986）则在岩体模量中计入了裂隙刚度的力学效应。伍法权讨论了多组节理岩体的弹性参数随节理间距、节理刚度等参数的弱化关系（Wu，1988）。

二是结构张量法模型。Oda（1983，1984，1985，1988）提出了岩体结构张量，并导出岩体本构模型。认为对于张应力条件有本构关系为

$$\boldsymbol{\varepsilon}_{ij} = (\boldsymbol{C}_{0ijkl} + \boldsymbol{C}_{\mathrm{c}ijkl})\boldsymbol{\sigma}_{kl}$$

$$\boldsymbol{C}_{\mathrm{c}ijkl} = \frac{1}{4D}(\delta_{il}\boldsymbol{F}_{jk} + \delta_{jl}\boldsymbol{F}_{ik} + \delta_{jk}\boldsymbol{F}_{il} + \delta_{ik}\boldsymbol{F}_{jl}),\ D = \frac{3\pi}{8}E \tag{1.28}$$

而在受压条件下本构方程形式与上同，但

$$\boldsymbol{C}_{cijkl}=\left(\frac{1}{\bar{h}}-\frac{1}{\bar{g}}\right)\boldsymbol{F}_{ijkl}+\frac{1}{4\bar{g}}(\delta_{ik}\boldsymbol{F}_{jl}+\delta_{jk}\boldsymbol{F}_{il}+\delta_{il}\boldsymbol{F}_{jk}+\delta_{jl}\boldsymbol{F}_{ik}) \tag{1.29}$$

式中，$\bar{h}$ 与 $\bar{g}$ 为含节理刚度的参数。$\boldsymbol{C}_0$ 与 $\boldsymbol{C}_c$ 分别为岩块和结构面系统引起的弹性柔度张量。

Cowin（1985）也给出了 Oda 结构张量与弹性张量的代数关系式。

三是“损伤力学”模型。损伤力学源自苏联塑性力学家 Kachanov（1967），他在研究金属杆件拉伸蠕变断裂时提出了“连续性因子”与“有效应力”的概念，并逐步发展起一门连续介质力学。它把介质中存在的不连续面及其网络视为微观损伤，并认为在受拉张开时，微损伤不能传递应力。这部分不能传递的应力将在连续部分平均分配，形成大于名义应力的“有效应力”，从而导致比连续介质更大的应变，称为“等效应变”。随着损伤的扩展，材料的力学性质将不断弱化，直至破坏。

Kawamoto 首先将二阶损伤张量用于建立节理岩体的损伤力学模型（Kyoya *et al.*，1985）。周维垣等（1986）以此为基础发展了损伤断裂力学模型，并用于坝基岩体渐进破坏可靠度分析。

四是统计岩体力学模型。伍法权（1993）把岩体结构面网络统计理论、断裂力学能量原理、统计断裂力学思想和连续介质力学结合起来，运用能量可加原理，将岩块和断续结构面网络的力学效应叠加，提出了节理岩体的本构理论、强度理论和破坏概率理论（Wu，1992）。后续章节我们将对此做出详细讨论。

对于岩体强度，经验方法是一种实用的研究方法。Hoek（1990）通过总结大量实验数据，提出如下岩体强度的霍克-布朗（Hoek-Brown，H-B）经验判据（Hoek and Brown，1980a）：

$$\sigma_1=\sigma_3+\sqrt{m\sigma_c\sigma_3+s\sigma_c^2} \tag{1.30}$$

式中，m、s 为反映岩体性质的综合指标，可查表获得；σ_1、σ_3 为主应力强度；σ_c 为岩块单轴抗压强度。由式（1.30）可导出岩体的单轴抗压强度、抗拉强度和抗剪强度。由于这一判据与岩体分类联系起来，目前已获得广泛应用。但应注意，式（1.30）仍是一个各向同性判据。

基于 Hoek-Brown 经验方法，Hoek 等发展了 GSI 图岩体质量分级方法。

孙广忠（1988）以岩体原位试验为基础，给出了如下反映岩体结构效应的强度判据：

$$\sigma=\sigma_m+AN^{-a} \tag{1.31}$$

式中，A、a 为常数；N 为试件中所含的结构体数；σ_m 为平均主应力强度。

七、岩体水力学理论研究

岩体渗透性是岩体的基本力学性质。许多工程岩体失稳破坏实际上是由岩体渗流及渗流压力引起的。

岩体水力学研究始于苏联，但更多的研究是在20世纪60年代以后。

单裂纹水力学是岩体水力学分析的基础，众多的学者对此做了理论分析和实验研究，并得出了单裂纹水力传导系数和流速二次方定律，即

$$K = \frac{ge^2}{12\mu} \tag{1.32}$$

$$q = \frac{ge^2}{12\mu}J \tag{1.33}$$

式中，g 为重力加速度；e 为裂隙宽度（隙宽）；μ 为水的动力黏滞系数；J 为水力梯度。

Witherspoon 等（1981）在详细研究了裂隙粗糙度对水流影响后提出了有效隙宽概念，并给出下式

$$\bar{e}^{3} = \int_0^{e_0} e^3 n(e)\mathrm{d}e \Big/ \int_0^{e_0} n(e)\mathrm{d}e \tag{1.34}$$

式中，e、e_0 和 $\bar{e}$ 分别为隙宽、最大隙宽和有效隙宽；$n(e)$ 为隙宽分布密度函数。

水流主要是在裂隙网络中运移的。对裂隙网络水力学目前有两种考虑方法。

一种方法是把裂隙系统假定为由几组无限延伸的结构面构成的网络，按叠加方法，可得裂隙网络岩体渗透张量为

$$\boldsymbol{K}_{ij} = \frac{g}{12\mu}\sum \lambda e^3(\delta_{ij} - n_i n_j) \tag{1.35}$$

式中，λ 和 $n_i n_j$ 分别为裂隙法线密度与法向矢量的方向余弦；δ_{ij}为二元函数。

另一种方法是考虑由断续裂隙构成的连通网络。Witherspoon 等（1981）利用计算机生成裂隙网络，求出不同方向上的导水系数，再换成 $\boldsymbol{K}_{ij}$。Oda（1985，1986）用统计理论求取 $\boldsymbol{K}_{ij}$，并提出

$$\boldsymbol{K}_{ij} = \lambda(\boldsymbol{P}_{kk}\delta_{ij} - \boldsymbol{P}_{ij}), \boldsymbol{P}_{ij} = \frac{\pi\rho}{4}\int_0^{\bar{e}_m}\int_0^{r_m}\int_{\Omega} r^3 \bar{e}^{3} n_i n_j E(\boldsymbol{n}, r, \bar{e})\mathrm{d}\Omega\mathrm{d}r\mathrm{d}\bar{e} \tag{1.36}$$

式中，λ 为比例参数；$\boldsymbol{P}_{ij}$为裂隙张量；$\boldsymbol{P}_{kk}=\boldsymbol{P}_{11}+\boldsymbol{P}_{22}+\boldsymbol{P}_{33}$。

将上述方法求得的 $\boldsymbol{K}_{ij}$ 代入达西公式及水流连续性方程，即可求解渗流场。

裂隙渗流与应力之间的耦合作用具有重要的工程意义，不少学者对此做过研究。Louis 在试验基础上提出了裂隙岩体渗透系数与环境压力之间的关系式为

$$K = K_0 \mathrm{e}^{-a\sigma} \tag{1.37}$$

式中，K_0 为 $\sigma = 0$ 时的渗透系数；a 为常数。

八、岩体动力学研究

岩体的动力学问题则更复杂一些。首先，作用力具有快速动态变化或波动特征，而波在地质介质中的传播、反射、折射、转换是一个复杂的过程。其次，岩体结构十分复杂，岩体介质的分布、结构面产状、尺度、密度及其相互交切关系已经难以描述，还有复杂结构网络对波动力的响应。这就决定了岩体的动力学过程是一个非常复杂的过程。但总体上来说，岩体的动力行为仍是岩体的结构变形与破坏行为。

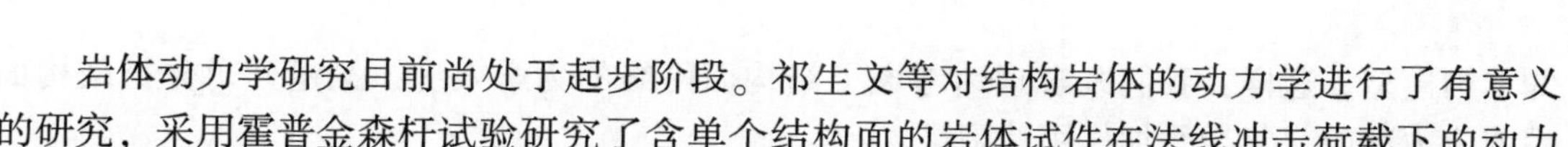

岩体动力学研究目前尚处于起步阶段。祁生文等对结构岩体的动力学进行了有意义的研究，采用霍普金森杆试验研究了含单个结构面的岩体试件在法线冲击荷载下的动力响应，并研发了结构面动力剪切仪。

第二节 统计岩体力学的思想方法

统计岩体力学吸取多学科的研究方法，逐步形成了自己的思想方法体系。它使我们能把多种理论工具有效地组合起来，合理描述岩体介质的力学习性与水力学行为。

一、能量可加性原理与断续介质连续等效方法

岩体是被结构面网络切割的“断续介质”。岩体结构的力学效应是遵从断裂力学理论规律的。

一方面，现有断裂力学理论只能处理含有少量规则排列裂纹的力学行为问题，对于岩体中复杂裂隙网络的综合力学效应则无能为力。另一方面，作为岩体工程行为分析，并不需要解析每个结构面裂尖区的应力与位移分布及其叠加作用，而只需要了解其总体的力学和水力学行为。因此，我们有必要找到一种方法，把大量结构面的断裂力学行为综合地、等效地反映出来。

连续介质力学理论是一种理论上十分严密，应用上十分广泛的基础理论。多数岩体本构模型都是这一理论在岩体力学中的直接借用。损伤理论在岩体力学中的应用，是将裂隙岩体等效连续化的有益尝试。但是下列两个问题给损伤理论在岩体力学中应用的合理性带来了根本性困难。

1. 等效途径的选取

损伤理论从损伤变量定义出发，通过有效应力和应变等效途径获得岩体本构关系。但无论是损伤变量、有效应力，还是等效应变，在三维问题中都是张量，合理地定义并使其在岩体力学中具有明确的物理意义是困难的。事实上这个问题并没有解决。

2. 有效应力的定义

损伤力学有效应力的概念是在微损伤不传递拉应力的物理前提下提出的，并认为连续部分的应力是均布的。这一前提对通常受压剪作用的岩体是不成立的，目前采用的种种修正并没有解决这一问题。其次，忽视裂尖区应力集中而假定应力均布也不符合实际情况。

统计岩体力学认为，裂隙介质连续等效的合理途径应当是能量等效。我们知道，外力作用在岩体上引起两部分能量：岩块部分应变能和由于裂尖区应力集中造成的附加应变能。而能量是标量，是直接可加量，由此可以方便地得到岩体总应变能，并导出岩体

的本构模型。这样，我们既合理地考虑了结构面网络的力学效应，又避开了分析结构面系统应力和应变复杂叠加作用的困难。

二、最弱环节假说与可靠性方法

最弱环节假说是瑞典科学家 Weibull（1939）提出的。他在研究脆性材料强度行为时发现，材料强度具有分散性和尺寸效应。如果将材料视为大量环节组成的长链条，则该链条失效的概率受其中最弱环节制约；环节越多，则链条整体强度越低。这就是 Weibull 薄弱环节思想。这一思想及由此建立起来的 Weibull 分布已成为可靠性理论的基础。

事实上，岩体就是一个由众多岩块和结构面构成的可靠性系统。岩体的强度是这两类环节的协同行为，由岩块和结构面中强度最低的弱环决定，在地表低围压条件下尤为如此。因此，岩体的强度是一种可靠性问题。

弱环系统概率理论是独立的同分布随机变量的极值分布理论。这一理论将不仅在岩体强度理论中用到，在裂隙水渗流理论中也将获得应用。

三、地质工作是基础，数学和力学是工具的思想

岩体是一种地质体，它的物质分布、岩体结构形成与组合特征都是岩体建造与改造过程的产物。因此，岩体的工程行为受其物质与结构的地质规律支配。从成因角度去认识介质特性，这正是工程地质工作者不同于力学家的本质特色。

这种特色决定了我们的思想方法与工作程序的特点。这就是从宏观分析入手，把握岩体的物质分布和地质构造规律，进行分区与分级；以这些规律为指导，对各级各区的岩体工程特性进行量化研究。没有基础地质工作，后续工作将是盲目的。

但是，我们强调地质基础工作，并不意味着可以忽视数学和力学方法对统计岩体力学强有力的支撑。正是运用这些工具，才有可能把岩体介质的工程行为表述成为一门力学理论。因此，数学和力学方法不仅仅是一种描述工具，也是工程地质学家们认识问题、分析问题的一种思维方法。

第三节　本书的基本内容

统计岩体力学是一门新学科，它的成熟与完善还需要进一步的努力。但大量研究已经显示，它的应用前景是广阔的。

作为一门应用基础学科，统计岩体力学的研究领域应当包括（图 1.1）：①岩体赋存环境及研究方法，包括岩体物质与结构的成因与分布规律、区域地质构造背景与地应力场、地下水、地温等；②统计岩体力学基本理论；③统计岩体力学应用技术与方法，包括岩体工程参数计算、岩体质量分级、岩体变形与稳定性的计算评价、岩体改造技术等。

对于岩体存在环境的研究，主要是运用工程地质学的理论与方法，这方面的专著已

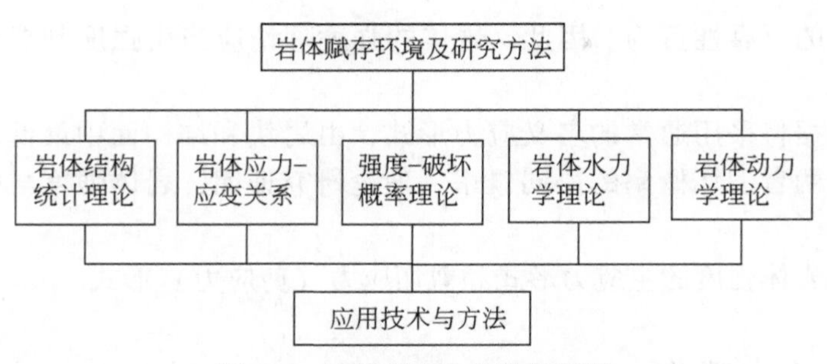

图 1.1 统计岩体力学研究领域

有不少，我们将不做重点讨论。

本书将侧重介绍统计岩体力学基本理论和应用技术与方法，且因研究程度的缘故，岩体动力学理论问题暂未涉及。

1. 岩体结构统计理论

岩体结构是岩体的基本性质，是岩体力学和岩体水力学理论得以建立的基础。我们将用较多笔墨讨论如下问题：

(1) 结构面产状分组及其分布规律，其中包括产状表示、分组方法、各组结构面产状的分布规律、均值与众数表示法及其差别。

(2) 岩体结构的空间尺度要素表述，包括结构面形状、迹长、半径分布及其相互关系；间距分布、法线密度、形心面积密度和体积密度，以及三种密度的关系；结构面粗糙度；结构面隙宽分布及与法向应力间的关系；结构面表面形态的分形模型；上述各要素分布的校正方法。

(3) 岩体结构的统计描述，包括任意方向测线密度与 RQD 值求取方法、结构面尺度的极值分布、结构面网络连通性、结构面网络随机模拟与应用，以及岩体结构描述的分形法、结构张量法等。

2. 裂隙岩体的弹性应力-应变关系

岩体应力-应变关系理论或称本构理论是岩体力学不可缺少的基本理论部分。

我们将着重分析结构面上的应力及由结构面断裂力学效应引起的应变能，采用应变能可加性原理，求取岩块和结构面共同作用下岩体的本构模型；对岩体柔度张量和变形参数、等效应力等做出讨论。

作为岩体本构理论的多种形式，我们还将介绍损伤理论及 Oda 本构理论。

3. 裂隙岩体强度理论

强度理论据以建立的思想基础是：岩体的破坏是岩块和结构面的协同行为，是一种受弱环理论支配的可靠性行为。因此，岩体的强度理论应当由强度判据和破坏概率共同构成。

岩体强度判据将采用通常的名义应力形式，由岩块和结构面中最低的强度给出；而岩体破坏概率是两者破坏概率的协同概率。理论研究证明，岩体强度与破坏概率具有尺寸效应。

我们将给出岩体强度的主应力形式和剪切应力（剪应力）形式。

4. 岩体水力学理论

岩体水力学实际上是裂隙网络的水力学。我们将以单裂隙水力特性、结构面网络及其连通理论为基础，给出岩体的渗流模型和渗透张量。我们还将讨论岩体水力学性质的尺寸效应和代表性体积单元（representative volume element，REV）问题。根据结构面闭合变形本构关系，我们导出了岩体渗透系数与围压的 Louis 指数关系。最后我们还介绍了 Oda 渗透张量法。

5. 本书的其他内容

我们还将谈及以下内容：

岩体工程性质与质量分级，将介绍岩体结构参数、变形参数、强度参数、渗透性参数计算，并介绍现有各类岩体质量分级方法、工程岩体分级与岩体力学经验参数关系，提出岩体质量分级的统计岩体力学方法。

裂隙岩体变形过程分析，介绍裂隙岩体的本构模型，提出拉张变形、压缩变形及峰后行为全过程变形的分析思路。

高地应力岩体与岩爆，包括高地应力下岩体性态与应变能、岩爆机理、岩爆判据问题。

统计岩体力学在岩体边坡工程中的应用，涉及边坡变形破坏模式与稳定性地质判断方法、边坡岩体的卸荷变形与卸荷带划分方法、边坡岩体渗流分析、边坡岩体的弯曲倾倒变形，以及边坡主动加固原理。

统计岩体力学的岩体地下工程应用，包括地下工程初始应力估算方法、地下空间围岩应力场特征、地下空间围岩变形分析、地下硐室的围岩压力、地下空间围岩变形的主动控制等。

第二章 岩体结构统计理论

无论哪一类岩体，都经历了形成和改造两类地质作用。形成作用造就了岩体的物质基础与结构非均匀性；而改造作用则加剧了这种非均匀性，也导致了岩体的非连续性，留下了大量方向不同、尺度各异的破裂结构面。广义地讲，岩体结构就是岩体的物质分布和各种结构面排列组合的总体特征。

但是，考察岩体结构的意义在于研究岩体的工程性质，包括岩体的静力学、动力学和水力学习性。破裂结构面是岩体中强度最低、抵抗变形能力最弱的部分，它们导致了岩体力学性质的显著弱化和强烈各向异性；岩体的渗透性能及其方向性也主要取决于破裂结构面网络的发育与交切特征。因此，岩体结构主要指结构面网络决定的几何结构。

岩体结构通常用下列五个基本要素描述：结构面产状、形态、尺寸、间距（或密度）和张开度（或隙宽）。其中结构面产状反映岩体结构的方向性特征，而其他因素则反映岩体结构的尺度特征。大量结构面的排列组合就构成了岩体结构的基本格架——岩体结构面网络。

本章我们将分别讨论岩体结构测量、各结构要素及总体性质的统计规律与表述方法。

第一节　岩体结构测线测量

20 世纪 70 年代以前，岩体结构研究起步于对结构面产状的测量和统计分析，主要工具是表述角度关系的走向（倾向）玫瑰花图和赤平极射投影图。岩体结构研究对块体稳定性的定性判断和分析具有实用意义。

70 年代前后，人们逐渐认识到结构面尺度对岩体结构及其工程行为有着重要的作用。D. U. Deere（1967 年）提出岩石质量指标 RQD 分级方法，就反映了结构面密度对岩体质量的影响。1976 年，英国 S. D. Priest 和 J. A. Hudson 等发展了岩体结构面的精测线测量方法，对结构面间距、迹长、隙宽等尺度要素进行实测和几何概率研究。近 40 年来，逐步形成了角度和尺度结合的岩体结构研究方法。

岩体结构测量是建立岩体结构模型，开展岩体力学、水力学、动力学等工程行为研究的起点；测量方法是保证实测数据合理性和可靠性的基础。这里先简略介绍岩体结构的精测线（scanning line）测量方法。我们还将介绍采样窗测量法和立体摄影测量方法，考虑到相关计算需要用到相关知识，稍后介绍。

精测线测量方法是在岩体露头面上布置一条测线，依次测量结构面在测线上的交点位置、结构面倾向与倾角、迹线长度、隙宽，鉴定结构面粗糙度、充填物和充填度，并由此获得岩体结构面网络的基本信息。

结构面倾向与倾角是结构面产状分组的基础数据。将结构面的产状按法线投影在施密特（Schmidt）等面积赤平投影网上，按照投影点（极点）的面积密度等值线可以圈定结构面分组，并确定各组结构面的优势产状，即倾向与倾角。

结构面在侧线上的交点位置是用来换算结构面法向间距或密度的基础。按照一组结构面优势法线与测线夹角，依次将该组结构面交点位置的差值投影到结构面法线方向上，

可以得到两两结构面的法向间距 x（m）序列。该组结构面平均间距的倒数即为该组结构面法线密度。

结构面迹线是指一个结构面与露头面的交线。结构面迹线长度简称迹长，通常用 l 表示，单位为 m。迹长的一半称为半迹长，即 $l' = \frac{l}{2}$。当结构面的一端或两端延伸出露头面之外时，我们测量到的实际上只是结构面迹长或半迹长的一部分，称为截尾迹长或截尾半迹长。结构面半迹长或截尾半迹长应当在测线的同一侧测量。

结构面隙宽，或称张开度，是用来描述结构面开启性的指标，其值为结构面两壁之间的法向距离，常用 t 表示，单位为 mm。

结构面隙宽的测量采用一组 0.04～0.63mm 厚度的标准塞尺（图 2.1），通过不同厚度尺片组合塞入裂隙中确定。

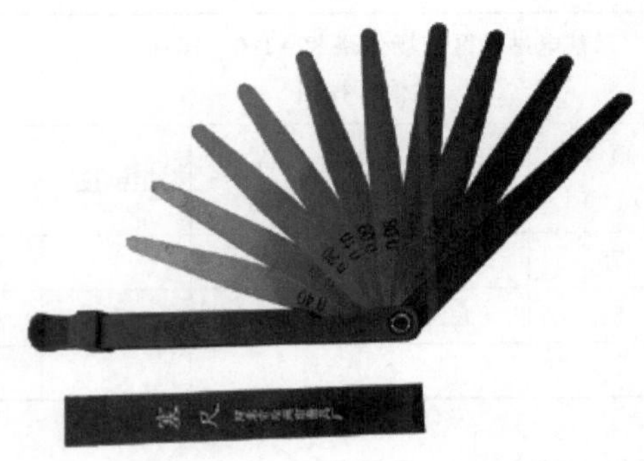

图 2.1　测量结构面隙宽的塞尺

在隙宽测量时要客观描述裂隙的充填物质和充填程度，便于在结构面力学性质研究时考虑充填物的影响。地下水沿结构面的渗流只能发生在未被充填的剩余裂隙中，因此裂隙的水力学有效隙宽对于岩体水力学分析是重要的。

结构面粗糙度指结构面表面的起伏程度，一般用指标 JRC 来表示。根据国际岩石力学学会（ISRM）的推荐，采用 Barton 和 Choubey（1977）提出的 JRC 标准剖面对结构面粗糙度进行分级和描述。

岩体结构精测线测量法的测线布置见图 2.2，测量数据记录表见表 2.1。在现场进行结构面测量时，应首先记录测线编号、测线位置、测线产状，然后对测线所交切的结构面逐条进行测量，不与测线相交的结构面不应纳入测量范围。对于每一条结构面，应记录其交点编号，测量结构面交切测线的位置刻度，然后按表 2.1 逐项测量和鉴定结构面的各项指标。表 2.1 中需要补充说明的信息可以在备注栏给予说明。

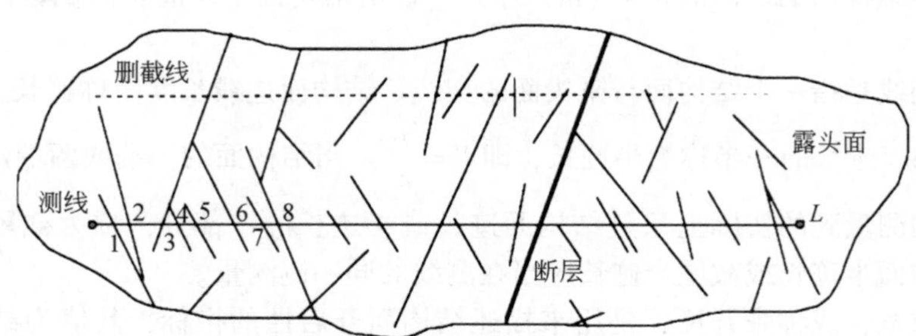

图 2.2　岩体结构精测线测量法测线布置

1~8 为交点编号；L 为长度

表 2.1　岩体结构面精测线法实测记录表

测线编号	s001	测线位置	某电站坝区进场公路 K2+130~165m 内侧开挖面				测线产状	152°∠2°	备注
交点编号	位置/m	倾向/(°)	倾角/(°)	迹长/m	隙宽/mm	粗糙度	充填物	充填度/%	
1	0.35	128	75	2.12	1.2	3	含岩屑软泥	80	
2	0.61	142	81	1.32	0.4	2	钙质薄膜	100	
⋮									

进行结构面精测线测量时应注意如下问题：

1. 结构均一性分区

岩体结构具有空间非均匀性，如在不同岩性接触带两侧，岩体结构具有不同的特征；断层带附近可能出现节理密集带，而远离主断层带则结构面密度逐渐减小。因此，在结构面测量前应当对岩体结构进行分区，使每个区域内岩体结构相对均匀。

2. 测量结构面的尺度范围

工程上一般只对尺度在Ⅳ、Ⅴ级结构面（尺度在数十厘米至 30m；谷德振，1979）进行测量。对于较大的结构面，如断层，则宜做专门记录，在地质分析和力学计算中做单独处理。

3. 保证测量精度

由于与测线小交角的结构面常常存在较大的测量误差，为了减小这种误差，应尽可

能布置相互正交的三条或更多测线，并将各测线数据进行综合整理。

第二节　结构面产状

结构面产状是描述结构面空间方向性的几何要素。大量结构面的产状组合就决定了岩体结构的方向性，即各向异性特征。

一、结构面产状表述方法

结构面产状通常有两种表述方法，即产状要素法和法向矢量法。

产状要素法将结构面产状用该面的倾向（α）与倾角（β）表示，组合写为 $\alpha\angle\beta$。

法向矢量法用结构面法向矢量方向余弦表示结构面产状。取如图 2.3 所示的直角坐标系，使地理北（N）与 x_1 轴负向一致，地理东（E）与 x_2 轴正向一致，x_3 轴正向朝上。设结构面倾斜线矢量为 $\boldsymbol{P}$，法向矢量为 $\boldsymbol{n}$，则法向矢量方向余弦可用倾向与倾角表示为

$$\begin{cases} n_1 = -\cos\alpha\sin\beta \\ n_2 = \sin\alpha\sin\beta \\ n_3 = \cos\beta \end{cases} \tag{2.1}$$

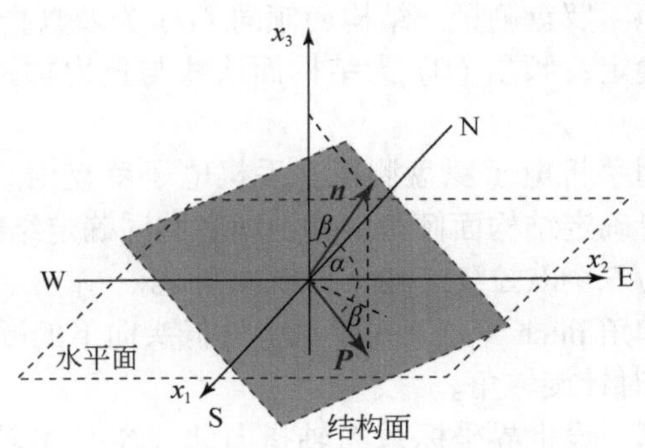

图 2.3　结构面法向矢量的坐标表示

若将结构面法向矢量用半径为 R 的上半球赤平投影图表示，则当用等角度投影（图 2.4）时，网上坐标为

$$\begin{cases} x_1 = -R\cos\alpha\tan\dfrac{\beta}{2} \\ x_2 = R\sin\alpha\tan\dfrac{\beta}{2} \end{cases} \tag{2.2}$$

用等面积投影时有

$$\begin{aligned} x_1 &= -\sqrt{2}R\cos\alpha\sin\frac{\beta}{2} \\ x_2 &= \sqrt{2}R\sin\alpha\sin\frac{\beta}{2} \end{aligned} \tag{2.3}$$

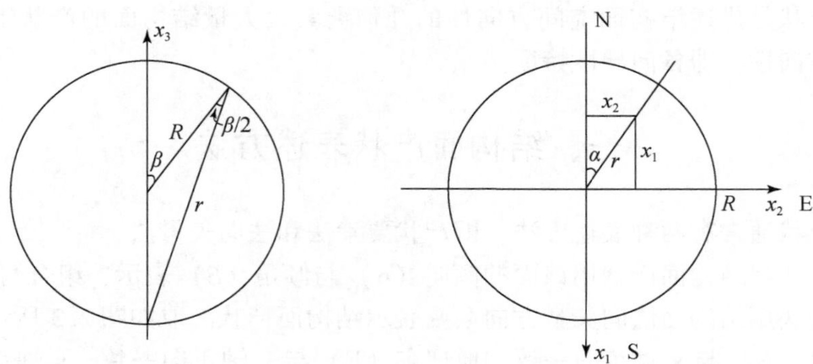

图 2.4　结构面法向矢量的赤平投影图表示

二、结构面产状测量

结构面产状通常用地质罗盘测量。结构面倾向（α）为罗盘指针与地磁场北极的夹角，由罗盘指北针刻度读数确定；倾角（β）为结构面法线与重力加速度方向所夹锐角，由罗盘垂针刻度确定。

结构面产状也可以用手机电子罗盘测得。手机电子罗盘由重力加速度传感器和磁阻传感器组合而成，由前者确定结构面倾角，并由两者共同确定结构面倾向。

罗盘传感器输出量为三个欧拉姿态角，即航向角 yaw（y），为手机上端指向与地磁北顺时针旋转的夹角；俯仰角 pitch（p），为手机上端低头向下的顺时针旋转角；横滚角 roll（r），为手机右侧向下顺时针旋转角。

为了方便重力场计算，设世界坐标系 X 轴指向北（N），Y 轴指向东（E），Z 轴指向下，与重力加速度（g）方向相同。世界坐标系与图 2.3 坐标系都是右手系，差别仅在 X 轴和 Z 轴反向，可在结构面倾向判断中转换。设手机坐标系宜按右手系设定，手机上端为 l 轴，左端为 m 轴，正面法向为 n 轴。

王永军等（2010）提供了三个欧拉角计算方法，其中

$$\begin{cases} \text{pitch} = \arcsin\dfrac{g_l}{g} \\ \text{roll} = -\arcsin\dfrac{g_r}{g\cos p} \end{cases} \tag{2.4}$$

手机 l 轴的地理方位角可由下式计算

$$\text{yaw} = \arctan\frac{H_Y}{H_X} \tag{2.5}$$

其中，H_X、H_Y为

$$\begin{bmatrix} H_X \\ H_Y \\ H_Z \end{bmatrix} = \begin{bmatrix} \cos p & 0 & \sin p \\ -\sin p\sin r & \cos r & \cos p\sin r \\ -\sin p\cos r & -\sin r & \cos p\cos r \end{bmatrix} \begin{bmatrix} H_l \\ H_m \\ H_n \end{bmatrix}$$

式中，$[H_l, H_m, H_n]^T$ 为手机测得的三个地磁场分量；$[H_X, H_Y, H_Z]^T$ 为与地磁场的世界坐标系分量。

将手机从世界坐标系沿 n 轴旋转 yaw（y）角，再沿 m 轴旋转 pitch（p）角，再沿 l 轴旋转 roll（r）角，转换为结构面，即可得到用世界坐标系（X, Y, Z）表示的手机坐标系（l, m, n）。其变换矩阵为

$$\boldsymbol{W} = \begin{bmatrix} \cos y & -\sin y & 0 \\ \sin y & \cos y & 0 \\ 0 & 0 & 1 \end{bmatrix} \begin{bmatrix} \cos p & 0 & -\sin p \\ 0 & 1 & 0 \\ \sin p & 0 & \cos p \end{bmatrix} \begin{bmatrix} 1 & 0 & 0 \\ 0 & \cos r & -\sin r \\ 0 & \sin r & \cos r \end{bmatrix}$$

即有

$$\begin{bmatrix} l \\ m \\ n \end{bmatrix} = \begin{bmatrix} \cos y\cos p & -\cos y\sin p\sin r & -\cos y\sin p\cos r \\ \sin y\cos p & \cos y\cos r - \sin y\sin p\sin r & -\cos y\sin r - \sin y\sin p\cos r \\ \sin p & \cos p\sin r & \cos p\cos r \end{bmatrix} \begin{bmatrix} X \\ Y \\ Z \end{bmatrix}$$

考虑到结构面法线 $\boldsymbol{n}$ 的 Z 轴投影即为结构面倾角（β）的余弦，得到 $\beta = \arccos(\cos p\cos r)$；而 $\boldsymbol{n}$ 的 Y、X 轴分量之比为方位角增量（α_0）的正切值，即 $\tan\alpha_0 = n_y/n_x = \cot p\sin r$，加上航向角 y，即得式（2.6）。

我们导出如下公式并编制 App，可由手机任意姿态贴附结构面时的三个欧拉角一次性计算并显示结构面的倾向（α）和倾角（β）：

$$\begin{cases} \alpha = y + \arctan(\cot p\sin r) \\ \beta = \arccos(\cos p\cos r) \end{cases} \tag{2.6}$$

倾向（α）需由 App 进行如下自动转换，由此完成世界坐标系与图 2.3 坐标系的变换：

$$\alpha \Rightarrow \begin{cases} \alpha + 180°, & p < 0° \\ \alpha, & p > 0° \end{cases}$$

对于经常遇到的结构面露头向下的情形，只需将手机背面以任意姿态角紧贴结构面，此时有 $|r| > 90°$，App 将通过转换

$$\alpha \Rightarrow \begin{cases} 180° + r, & r < -90° \\ 180° - r, & r > 90° \end{cases}$$

即可同时读出产状两个角度数值。

当计算出的倾向（α）超出角度域［0°，360°］时，按方位角表述方法，做下述转换

$$\alpha \Rightarrow \begin{cases} \alpha + 360°, & \alpha < 0° \\ \alpha - 360°, & \alpha > 360° \end{cases}$$

误差分析表明，由式（2.6）得到的结构面倾角（β）误差一般在1°以内；而倾向（α）尚存在一定误差。倾向误差主要来源于传感器的欧拉角数值，应通过设计进行改进。

三、结构面产状分布

在岩体露头面上布置三条近于正交的测线，测量与测线相交切的结构面，一般能保证测到不同产状组的结构面。将这些产状数据投影到赤平投影网上，可得如图2.5所示的极点投影图。

由图2.5可见，结构面极点分布有如下特点：

(1) 具有若干个极点高密度区。反映了结构面产状的优势集中性，据此可将结构面划分为若干个产状组，并用各极密中心产状表征各组结构面的“优势产状”。

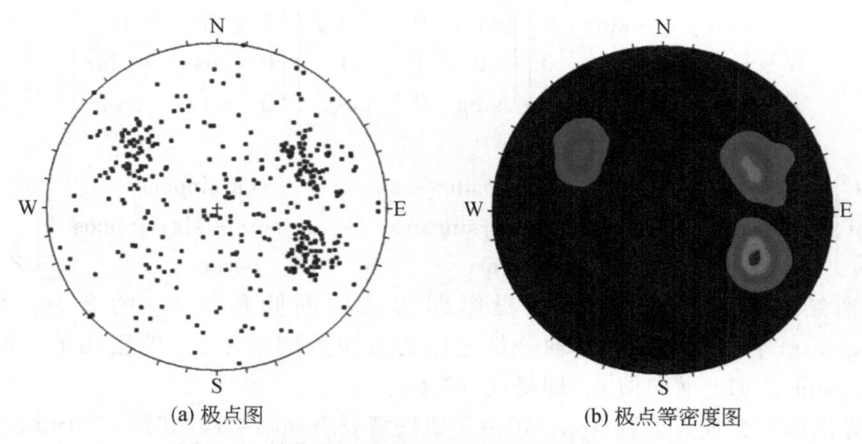

(a) 极点图　　(b) 极点等密度图

图2.5　结构面法线等面积赤平投影图（上半球）

(2) 各组结构面极点围绕极密中心具有近似对称性。这种对称性不仅使得用优势产状代表结构面组产状具有合理性，也使得运用数理统计方法进行产状统计分析成为可能。例如，运用正态分布的均值表征结构面组产状将与优势产状近于一致。

(3) 不同结构面组的极点可能在低密区（边缘区）发生重叠。如果人为的将极点图分组，常会导致产状要素的统计“截尾分布”。因此，在产状统计分析中常需要做特殊处理。

四、结构面组产状分布密度函数与参数确定

在上述产状数据处理后，即可分别对结构面组的倾向（α）和倾角（β）进行分布密度函数拟合，并求取各自的分布参数。倾向和倾角的分布密度形式通常可以选用正态分布、截尾正态分布或对数正态分布来描述。这里仅对正态分布情形做简单讨论。

对于大多数情形，产状数据α或β的分布具有近似的对称性，因此可将其拟合成正态分布密度函数：

$$f(t)=\frac{1}{\sqrt{2\pi}\sigma}\mathrm{e}^{-\frac{1}{2\sigma^2}(t-\mu)^2} \tag{2.7}$$

式中，t 为倾向（α）或倾角（β）；μ 为 t 的均值；σ^2 为方差。且有

$$\mu=\frac{1}{n}\sum_{i=1}^{n}t_i,\ \sigma^2=\frac{1}{n-1}\sum_{i=1}^{n}(t_i-\mu)^2 \tag{2.8}$$

很显然，对于正态分布情形，优势产状即为平均产状，即

$$t_m=\mu \tag{2.9}$$

第三节　结构面迹长与半径

从深大断裂到显微裂纹，结构面的尺度变化范围是巨大的。工程岩体结构研究侧重点在于岩体性质，常限于数十厘米至数十米的尺度范围，对于大尺度结构面则需专门研究。

在岩体露头面上，我们观察到的是结构面与露头面的交线，或称结构面迹线。我们用这种迹线的长度，即迹长（l），来表征结构面的规模。

结构面的迹长及其分布与结构面形状有关，也与结构面实际尺寸有关。

一、结构面形状与迹长

结构面的平面形态及其形成机制至今尚不清楚，大多数学者把均质结晶岩体中的结构面视为圆形或椭圆形，而在层状介质中则多为长方形，这是没有分歧的。

椭圆状埋藏裂纹的力学分析目前仅局限于简单受力情形。

设椭圆裂纹平面与 x-y 坐标面重合，椭圆长轴 a 与 x 轴重合（图 2.6）。对于受远场法向张应力（σ）作用的情形，裂纹周边应力强度因子为

$$K_{\mathrm{I}}=\frac{\sigma\sqrt{\pi}}{E(k)}\left(\frac{b}{a}\right)^{\frac{1}{2}}(a^2\sin^2\theta+b^2\cos^2\theta)^{\frac{1}{4}} \tag{2.10}$$

式中，a、b 分别为椭圆长半轴与短半轴；θ 为极角；而

$$E(k)=\int_0^{\frac{\pi}{2}}\sqrt{(1-k^2\sin^2\theta)}\,\mathrm{d}\theta,\quad k^2=\frac{a^2-b^2}{a^2} \tag{2.11}$$

式（2.11）为第二类完全椭圆积分。

分析式（2.10）和式（2.11）可知，当 $a=b$ 时有

$$K_{\mathrm{I}}=\frac{2}{\sqrt{\pi}}\sigma\sqrt{a} \tag{2.12}$$

即为埋藏圆裂纹的应力强度因子。

由式（2.10）知，因为 $a>b$，故 K_{I} 在 $\theta=\frac{\pi}{2}$ 点即短轴 b 端点取极大值，而在 $\theta=0$ 处即长轴 a 端点取极小值。而岩石的断裂韧度（K_{Ic}）是定值，因此当应力集中达到裂纹

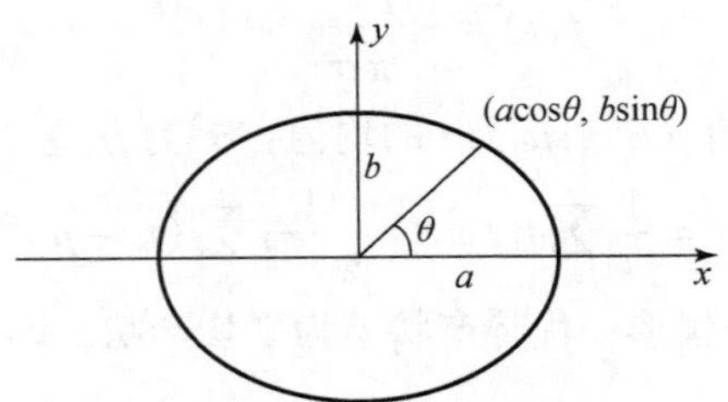

图 2.6　椭圆裂纹示意图

扩展极限时，裂纹将首先从 $\theta = \dfrac{\pi}{2}$ 的部位，即裂纹短轴端点处开始扩展。按照式（2.10）可以推断，裂纹将一直扩展到短轴与长轴相等时，周边应力强度因子的差异消失，这种差异扩展的过程才会结束。

这一现象可称为非圆裂纹扩展的"趋圆效应"。因此，在均质介质中，把裂纹看作圆形是具有一定合理性的。

现设结构面形状为圆形，且结构面形心在三度空间里完全随机分布，则一个露头面与该结构面交切的平均迹长将是圆的平均弦长（图 2.7），即

$$l = \frac{2}{a}\int_0^a \sqrt{a^2 - x^2}\,\mathrm{d}x = \frac{\pi}{4}d = \frac{\pi}{2}a$$

式中，d 和 a 为结构面直径与半径。可见，测量所得到的迹长并非结构面直径。

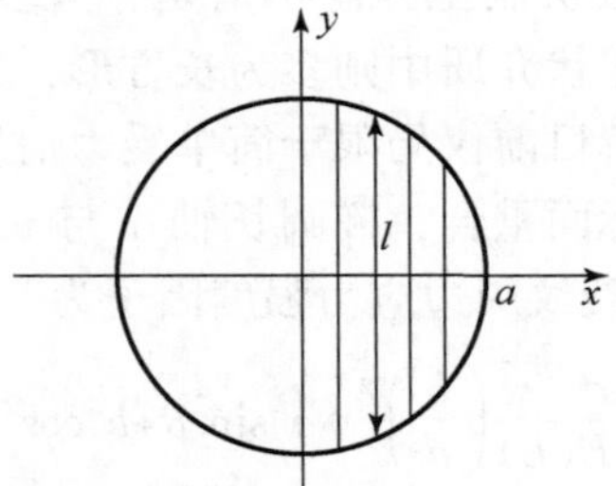

图 2.7　迹长与圆直径关系

由上式可得结构面半径（a）、直径（d）与迹长（l）有下述关系：

$$a = \frac{2}{\pi}l, \quad d = \frac{4}{\pi}l \tag{2.13}$$

二、结构面迹长的实测分布

我们通常采用测线方法来测量与其相交切的结构面迹长。但在大多数情况下，由于露头限制，能够测得全迹长的只有一部分短裂隙，而长裂隙的迹长只能通过统计推断获取。人们发展了利用截尾半迹长测量数据推断全迹长及其分布的方法。

结构面迹长数据测量的方法是（图 2. 8）：在露头面上平行布置一条测线和一条删截线，测量结构面自测线交点至删截线的长度。

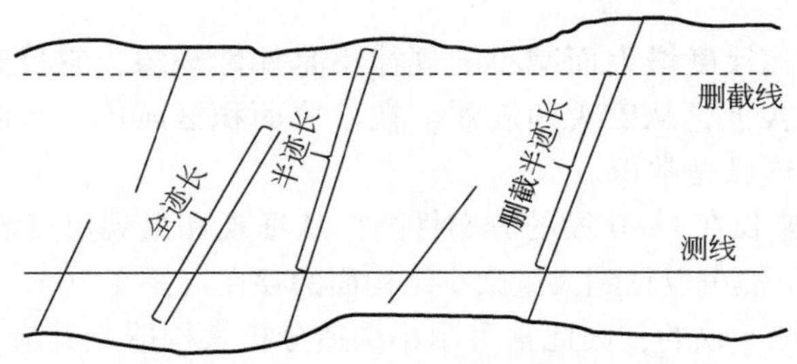

图 2. 8 迹长、半迹长测量方法示意图

这一测量方法的理论基础是：①若结构面形心在三维空间中随机分布，则测线的位置不会影响测量结果，因此可以将测线移向露头面的一侧以保证有更大的截尾长度；②测线两侧交切半迹长统计均值相等，因此可以用半迹长分布推断全迹长分布；③运用概率论方法可以将截尾半迹长分布恢复为半迹长分布。因此，我们可用截尾半迹长分布一直反推出全迹长分布。

图 2. 9 为结构面全迹长和截尾半迹长的典型实测分布，由图可见如下特点：

（1）随着结构面尺度增大，其测得的频数将减小，即结构面尺寸越大，数量越少，而且全迹长与半迹长分布呈同样趋势。研究者们常把这种分布图式用对数正态分布或负指数分布密度函数来拟合。做对数正态分布拟合是因为迹长 $l \to 0$ 的区段结构面频率有所减小。

（2）无论是全迹长还是半迹长分布都是截尾分布，这是由露头面尺寸限制及截尾测量方法决定的。

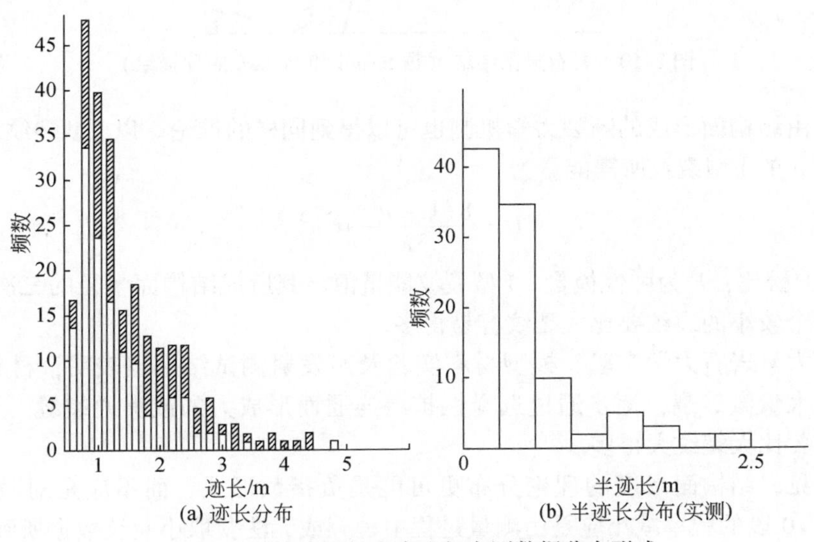

(a) 迹长分布 (b) 半迹长分布(实测)

图 2. 9 结构面迹长和半迹长实测数据分布形式

三、结构面迹长的理论分布

所测结构面频率随尺度增大而减小的规律不是偶然现象，它反映了地质结构面尺度分布的一般规律。事实上，从宏观角度看，在单位面积区域内，大断裂出现的概率显然要比小断层小得多，这已是常识。

首先，重要的是迹长在 $l \to 0$ 段的分布性质。从细观和微观尺度看，一个岩石手标本，乃至一个岩石薄片上仍然可以见到大量微小结构面的存在（图 2.10）。但形成不同尺度结构面的应力环境及成因是一致的，因此常可用小构造分析大构造及其应力场。若将这些小裂纹看作岩体结构面向细观和微观尺度的连续变化，无疑小裂纹的分布密度应该是较大的。

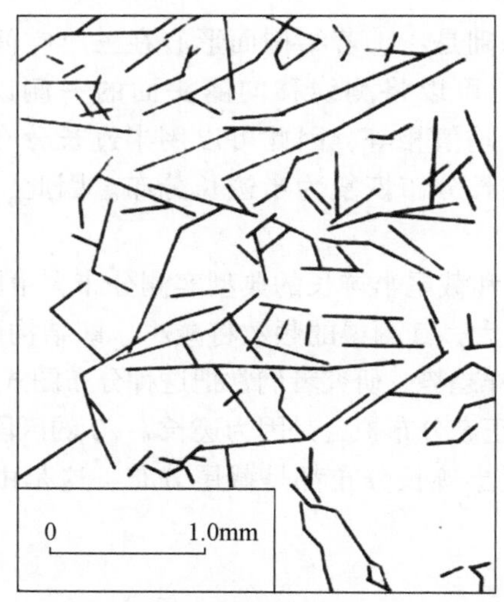

图 2.10　岩石显微结构（据 Segall 和 Pollard 照片描绘）

其次，由结构面形成的断裂力学机制也可以得到同样的推论。以 I 型裂纹为例，形成一个半径为 a 的 I 型裂纹所需能量为

$$U = \frac{8(1-\nu^2)}{3E}\sigma^2 a^3$$

式中，ν 为泊松比；E 为弹性模量。I 型裂纹能量值与其所成结构面半径的三次方成正比。显然形成一个较小的裂纹要比大裂纹容易得多。

最后，大量岩石力学实验、模型材料实验及声发射测试结果也表明，材料的破坏总是首先出现大量微破裂，逐步通过选择性扩展连通而形成大的或贯通裂缝。显然，微小裂纹的数量要比大裂纹大得多。

由此可见，结构面尺度的理论分布更可能是负指数形式，而不应是对数正态分布。实测分布 $l \to 0$ 段的频率减小应是由测量过程中舍弃或无法获取小裂纹数据所致。

不妨设迹长分布密度函数为

$$f(l)=\mu\mathrm{e}^{-\mu l} \tag{2.14}$$

式中，μ 为全迹长均值的倒数。

胡秀宏等（2010）的研究表明，用下述的双参数（α、β）负指数分布能够更好地拟合实测数据分布：

$$f(l)=\alpha\mathrm{e}^{-\beta l} \tag{2.15}$$

四、迹长分布的参数确定

对于负指数分布，只有唯一的待定参数 μ，运用统计或拟合方法是十分容易获得的。但如前所述，迹长的实测分布往往并非标准的理论分布图式，而常是“掐头截尾”的非完全分布。因此，参数拟合中一个必不可少的过程是对于 $l\to 0$ 段的“小裂纹校正”及大裂纹段的“截尾校正”。

对于迹长为负指数分布的情形，这些校正是容易做到的。下面先给出三个结论。

1. 负指数分布的无记忆性与小裂纹校正

由可靠性理论可知，“若随机变量 l 服从负指数分布，则 $s=l-l_0$（$l>l_0$）仍服从同一分布”。这就是负指数分布的无记忆性定理。

现证明如下：

如图 2.11 所示，设 l 服从负指数分布式（2.14），则其累积分布函数为

$$F(l)=1-\mathrm{e}^{-\mu l}$$

则有

$$\overline{F}(l)=1-F(l)=\mathrm{e}^{-\mu l}$$

由于 $l=l_0+s$，于是有

$$\overline{F}(l)=\mathrm{e}^{-\mu l}=\mathrm{e}^{-\mu(l_0+s)}=\mathrm{e}^{-\mu l_0}\mathrm{e}^{-\mu s}=\overline{F}(l_0)\overline{F}(s)$$

所以有

$$\overline{F}(s)=\frac{\overline{F}(l)}{\overline{F}(l_0)}=\frac{\mathrm{e}^{-\mu(l_0+s)})}{\mathrm{e}^{-\mu l_0}}=\mathrm{e}^{-\mu s}$$

因此，有 s 的累积分布函数为

$$F(s)=1-\overline{F}(s)=1-\mathrm{e}^{-\mu s},\quad s=l-l_0>0 \tag{2.16}$$

其分布密度函数为

$$f(s)=\mu\mathrm{e}^{-\mu s},\qquad s=l-l_0>0 \tag{2.17}$$

可见 l 与 s 具有完全相同的分布形式。证毕。

上面所说的“l 与 s 具有完全相同的分布形式”，不仅是指 l 与 s 的分布函数具有同样的形式，更重要的是参数 μ 也是相等的。这一定理为我们利用 $l>l_0$ 段的迹长分布推求在 $l>0$ 全区间的实际分布提供了理论依据。

小裂纹校正的步骤如下：

（1）对实测数据的直方图进行分析，找出小裂纹区间的峰值迹长 l_0；

（2）将全部数据进行 $s=l-l_0$ 变换，即将坐标原点沿横轴向 l 正轴方向平移 l_0；

（3）对以 s 为自变量的直方图进行负指数函数 $f(s)$ 拟合，求取参数 μ；

（4）基于参数 μ 写出负指数分布密度函数 $f(l)$。

2. 负指数分布与截尾校正

若随机变量 l 服从负指数分布式（2.14），当截去 $l\geqslant c$ 的样本后，$l<c$ 的样本所遵从的分布即为截尾负指数分布，其分布图式如图 2.12 所示。令截尾分布函数为 $I(l)$，则其密度函数为

$$I(l) = 1 - \overline{F}(s) = \frac{\mu}{1 - e^{-\mu c}} e^{-\mu l} \tag{2.18}$$

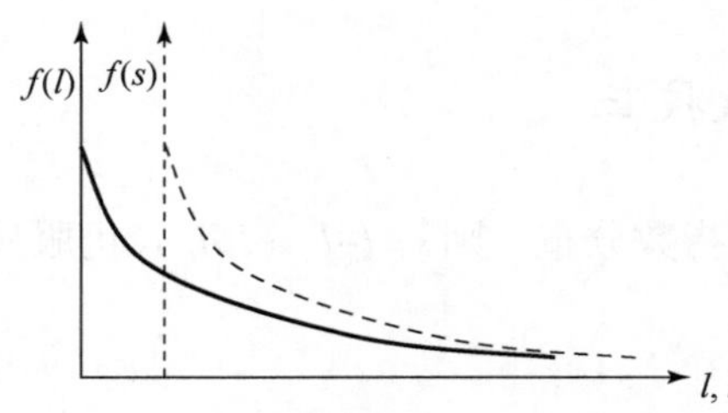

图 2.11　负指数分布的无记忆性

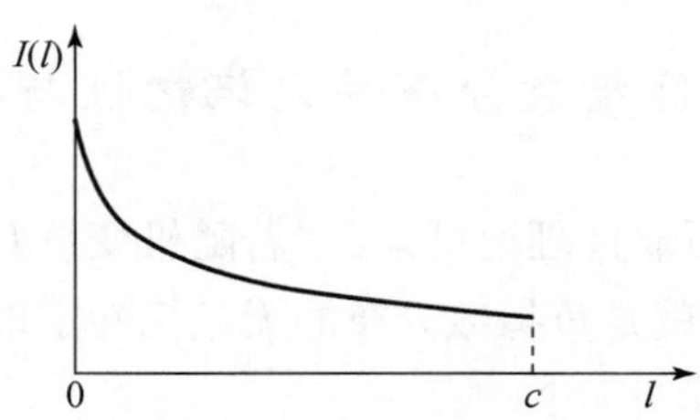

图 2.12　截尾负指数分布

证明如下：

设 l 的样本总量为 n，则 $l<c$ 的样本量（r）为

$$r = nF(c) = n(1 - e^{-\mu c})$$

$l\geqslant c$ 的样本量为

$$n - r = ne^{-\mu c}$$

当截去 $l\geqslant c$ 的样本后，$L<l$ 的概率为

$$P(L < l) = \frac{nF(l)}{n - (n - r)} = \frac{nF(l)}{r} = \frac{n}{r}F(l)$$

$$= \frac{1}{1 - e^{-\mu c}}(1 - e^{-\mu l}) = I(l)$$

对上式求导即得式（2.18）。证毕。

由上述截尾分布可求得 l 均值为

$$\bar{l} = \frac{1}{\mu} - \frac{ce^{\mu c}}{1 - e^{-\mu c}} \tag{2.19}$$

式中，μ 为完全分布下 l 均值的倒数。由于

$$\frac{r}{n} = 1 - e^{-\mu c}$$

∴

$$\mu = \frac{1}{c}\ln\left(\frac{n}{n-r}\right) \tag{2.20}$$

由上列式子，我们可以用删截长度 c、总样本数 n 及 $l<c$ 的样本数 r 求取半迹长的均值。这就是对大结构面的截尾校正方法。

3. 结构面半迹长分布

若结构面迹长（l）服从负指数分布式（2.14），则半迹长 $l'=\frac{l}{2}$ 也服从负指数分布，且半迹长分布密度函数为

$$h(l') = 2\mu e^{-2\mu l'},\quad l'=\frac{l}{2}>0 \tag{2.21}$$

证明如下：

由随机变量函数的分布定理，若随机变量 x 服从分布 $f(x)$，而另一随机变量 $y=y(x)$，则 y 服从分布：

$$f(y) = f[x(y)]\cdot\left|\frac{dx}{dy}\right| \tag{2.22}$$

将 $y=l'=\frac{l}{2}$、$x=l$ 及 l 的负指数分布式（2.14）代入式（2.22），得

$$f(l') = f(l)\,\frac{dl}{dl'} = 2\mu e^{-2\mu l'}$$

此即式（2.21）。证毕。

显然，有半迹长均值为

$$\overline{l'} = \int_0^{\infty} l'h(l')\,dl' = \frac{1}{2\mu} = \frac{1}{2}\bar{l} \tag{2.23}$$

由于半迹长（l'）也服从负指数分布，因此关于截尾负指数分布的所有结论也适用于 l'，只是相应的参数应按半迹长考虑。

五、结构面半径与直径分布

我们已经给出了结构面迹长（l）与半径（a）及直径（d）间的关系式（2.13），同时又知道迹长分布密度函数式（2.14），运用随机变量函数的分布定理式（2.22）可以方便地求得结构面半径与直径的分布。

设半径 a 服从密度函数为 $f(a)$ 的分布，则有

$$f(a) = f(l)\cdot\frac{dl}{da} = \frac{\pi}{2}\mu e^{-\frac{\pi}{2}\mu a}$$

可见结构面半径仍服从负指数分布。可以求得其均值和方差为

$$\bar{a} = \frac{2}{\pi\mu} = \frac{2}{\pi}\bar{l},\quad D_a = \frac{1}{(\bar{a})^2} = \frac{4}{\pi^2}\overline{l^2} \tag{2.24}$$

由式（2.24）有结构面半径分布为

$$f(a)=\frac{1}{\bar{a}}\mathrm{e}^{-\frac{a}{\bar{a}}} \tag{2.25}$$

同理可得到直径分布为

$$f_d(d)=\frac{1}{\bar{d}}\mathrm{e}^{-\frac{d}{\bar{d}}}$$

及平均直径为

$$\bar{d}=\frac{4}{\pi}\bar{l} \tag{2.26}$$

胡秀宏等（2010）指出，结构面迹长的实测分布可以用双参数负指数分布更好地逼近：

$$f(l)=\alpha\mathrm{e}^{-\beta l}\quad(0\leqslant l<\infty,\ 0<\alpha,\ \beta<\infty) \tag{2.27}$$

于是，应有结构面半径分布为

$$f(a)=f(l)\cdot\frac{\pi}{2}=\frac{\pi}{2}\alpha\mathrm{e}^{-\frac{\pi}{2}\beta l} \tag{2.28}$$

第四节　结构面间距与密度

结构面间距是指同一组结构面在法线方向上两相邻面的距离，用 x 表示，单位为 m。结构面密度则是该组结构面法线方向上单位长度内结构面的条数，用 λ 表示，单位为条/m。结构面密度在数值上为平均间距的倒数。我们一般通过间距的研究来获取密度值。

一、结构面间距的分布形式

大量实测资料证实，结构面间距的分布形式为负指数分布（图 2.13）。这一事实可做如下解释：

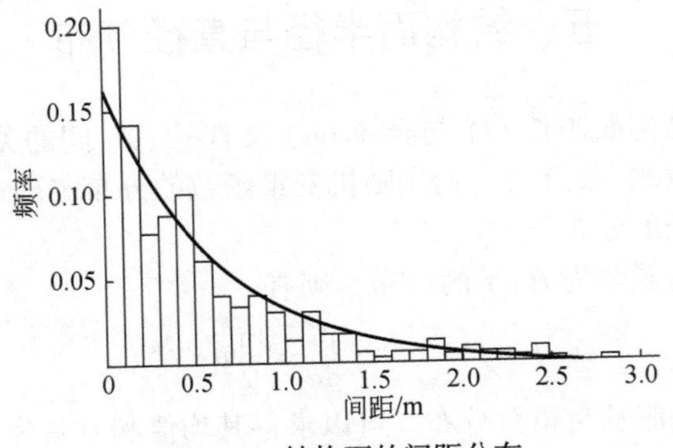

图 2.13　结构面的间距分布

首先，地质体中结构面分布常呈现如下特点：在一条较大规模的断裂两侧，常密集伴生着一系列与之近于平行的小断裂，组成了断裂影响带。这种由大断裂形成的影响随着与其距离的增加而减弱，因而伴生断裂变少。由此可知在较大断裂影响带内将存在结构面的高密度区，而远离大断裂则出现结构面密度降低的现象。显然，较小间距出现的概率将比大间距的概率大。

其次，从细观尺度上，结构面间距分布也表现出小间距偏多的现象（图 2.14）。

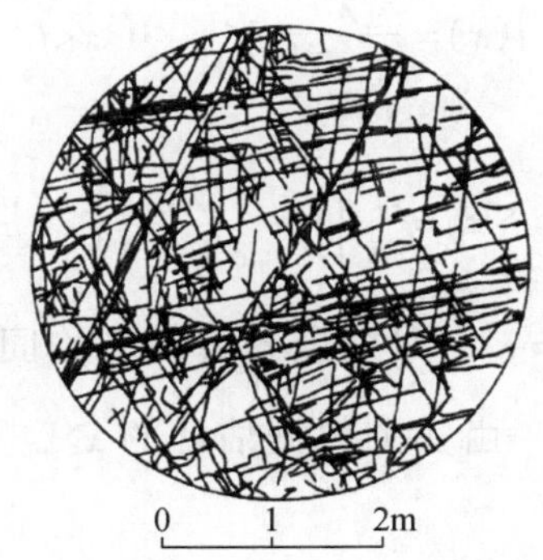

图 2.14　结构面间距分布实例（据 Hudson and Priest，1983）

最后，由于手标本乃至镜下小裂纹的普遍存在，也可知小间距要比大间距出现的概率大。

结合图 2.13 的分布图式，假定结构面间距服从负指数分布是合理的。可设间距分布密度函数为

$$f(x)=\lambda e^{-\lambda x},\quad 0\leqslant x<\infty \tag{2.29}$$

式中，λ 为结构面法线密度。

但是，用实测数据（图 2.13）直接估计式（2.29）的参数 λ 值往往存在由下述原因引起的误差。

（1）结构面的间距是由测线测量得到的，由于测线长度 L 总是有限的，必有一部分 $x>L$ 的间距值测量不到。因此由实际测量数据只能拟合出式（2.29）的截尾分布形式，由此估计出的平均间距（$\bar{x}$）将偏小，即 λ 将偏大。

（2）由于小裂纹往往难于测到，因而由结构面实测数据估计出的平均间距（$\bar{x}$）将偏大，而 λ 偏小。

二、用实测数据估计结构面法线密度

对理想负指数分布的实测数据，估计结构面法线密度（λ）值是不困难的。而对小裂纹和大间距值未测得的情形，则应考虑如下两个校正问题。

1. 截尾校正

与迹长分布的分析类似，对测线长为 L 的情形，所得的只能是截尾分布形式，在求完全分布下的 λ 值时，应做截尾校正。下面给出 Sen（1984）的校正方法。

仿照式（2.18），可以写出实测数据的拟合形式为

$$i(x)=\frac{\lambda}{1-\mathrm{e}^{-\lambda L}}\mathrm{e}^{-\lambda x}, \quad 0<x<L \tag{2.30}$$

而截尾数据的均值为

$$\overline{x_i}=\frac{1}{\lambda}\left[1-\frac{\lambda L}{\mathrm{e}^{\lambda L}-1}\right] \tag{2.31}$$

当 $L\to\infty$ 时，有 $\overline{x_i}\to\frac{1}{\lambda}=\bar{x}$，即完全分布的平均间距。显然 $\overline{x_i}\leqslant\bar{x}=\frac{1}{\lambda}$。将式（2.31）示于图 2.15，对于任一由实测数据估计的 $\overline{x_i}$，可查得相应测线长 L（m）的 $\frac{1}{\lambda}$ 值。

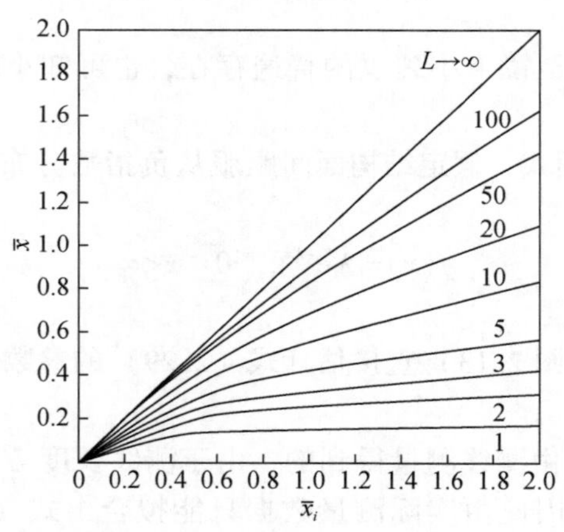

图 2.15　$\overline{x_i}$ 与 $\bar{x}$ 的关系

2. 小裂纹校正

为了在参数 λ 估计中计入未测得小裂纹的影响，我们做如下讨论。

设结构面法线方向测线 L 交切的结构面数为 N，则结构面的平均密度应为 $\lambda=\frac{N}{L}$。若结构面迹长服从分布式（2.14），则在迹长区间 $[l,\ l+\mathrm{d}l]$ 内结构面数应为 $\mathrm{d}N=Nf(l)\mathrm{d}l$，对 $\mathrm{d}N$ 做全区间（0，∞）积分应得到 N。若 $l<l_0$ 的结构面未能测到，则所得的样本数为

$$N' = \int_{l_0}^{\infty} \mathrm{d}N = \int_{l_0}^{\infty} N\mu \mathrm{e}^{-\mu l} = N\mathrm{e}^{-\mu l_0}$$

由此求得的密度值为

$$\lambda' = \frac{N'}{L} = \frac{N}{L}\mathrm{e}^{-\mu l_0} = \lambda \mathrm{e}^{-\mu l_0} \tag{2.32}$$

因此，实际密度应为

$$\lambda = \lambda' \mathrm{e}^{\mu l_0} \tag{2.33}$$

显然有 $\lambda \geqslant \lambda'$，当 $l_0 \to 0$ 时，$\lambda = \lambda'$。

由上可见，由实测截尾数据估计 λ 时，应分两步进行：

(1) 对剔除 $l<l_0$ 以后的数据求出平均间距式 (2.31)，并由此求得 λ' 值；

(2) 由式 (2.33) 求实际密度值 λ。

三、结构面面积密度与体积密度

结构面面积密度和体积密度是岩体力学研究及工程计算中常用的基本参数，结构面体积密度也就是通常所说的“体积节理数”。这里讨论用结构面法线密度 (λ) 推求面积密度 (λ_s) 和体积密度 (λ_v) 的方法。

1. 结构面面积密度

结构面面积密度是指单位面积内结构面迹长中心点数，用 λ_s 表示，单位为条/m²。结构面面积密度为

$$\lambda_s = \frac{\lambda}{2\int_0^{\infty}\int_y^{\infty} h(l')\mathrm{d}l'\mathrm{d}y} \tag{2.34}$$

式中，l' 和 $h(l')$ 分别为结构面半迹长及其分布密度函数。

证明如下：

取如图 2.16 所示的坐标系，测线 L 与 x 轴重合并与结构面正交。设结构面迹长为 l，则半迹长为 $l' = l/2$。假定结构面迹长中点在平面内均匀分布，中点面积密度为 λ_s，则在与测线 L 垂直距离为 y 的微分条面积 ($\mathrm{d}s = L\mathrm{d}y$) 中有结构面迹长中点数为

$$\mathrm{d}N = \lambda_s \mathrm{d}s = \lambda_s L\mathrm{d}y$$

显然，只有当 $l' \geqslant y$ 时，结构面迹线才与测线相交。令半迹长 (l') 的密度函数为 $h(l')$，则中心点在微分条 ($\mathrm{d}s$) 中的所有结构面与测线相交的条数为

$$\mathrm{d}n = \mathrm{d}N\int_y^{\infty} h(l')\mathrm{d}l' = \lambda_s L\int_y^{\infty} h(l')\mathrm{d}l'\mathrm{d}y$$

对 y 从 $-\infty \to \infty$ 积分，并注意到对称性，得到全平面中结构面迹线与 L 相交的数目为

$$n = 2\int_0^{\infty}\mathrm{d}n = 2\lambda_s L\int_0^{\infty}\int_y^{\infty} h(l')\mathrm{d}l'\mathrm{d}y$$

于是，测线上的结构面平均线密度为

$$\lambda = \frac{n}{L} = 2\lambda_s \int_0^{\infty} \int_y^{\infty} h(l')\mathrm{d}l'\mathrm{d}y$$

由此可得式（2.34）。证毕。

若结构面迹长服从负指数分布式（2.25），则半迹长（l'）服从负指数分布式（2.21）。将式（2.21）代入式（2.34）可得结构面的面积密度为

$$\lambda_s = \mu\lambda \tag{2.35}$$

式（2.35）表明，结构面迹长中点的面积密度（λ_s）与结构面法线密度（λ）成正比，而与结构面迹长均值 $\bar{l} = \frac{1}{\mu}$ 成反比。这一结论与 Samaniego（1981）的结果即式（1.22）一致。

上述结论也可用结构面的平均半径、平均直径表示，这里不再详细讨论。

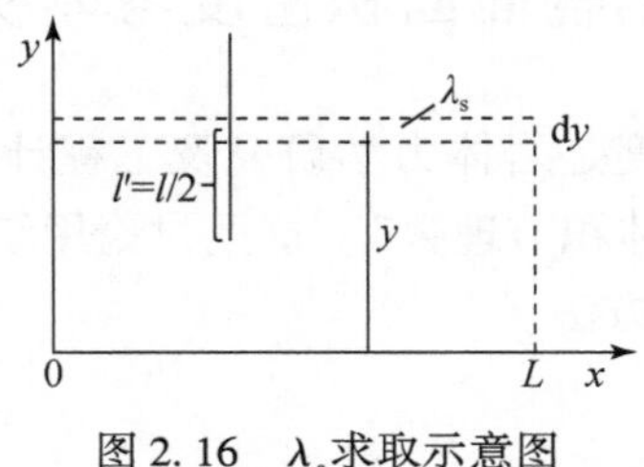

图 2.16　λ_s求取示意图

2. 结构面体积密度

结构面体积密度是单位体积内结构面形心点数，用 λ_v 表示，单位为条/m³。结构面的体密度为

$$\lambda_v = \frac{\lambda}{2\pi \int_0^{\infty} R \int_R^{\infty} f(a)\mathrm{d}a\mathrm{d}R} \tag{2.36}$$

式中，a 和 $f(a)$ 分别为结构面的半迹长和分布密度函数。

证明如下：

选取如图 2.17 所示的测量模型。使测线 L 与结构面法线平行，取向垂直纸面。取圆心在 L 上，半径为 R，厚为 $\mathrm{d}R$ 的空心圆筒，其体积为 $\mathrm{d}V=2\pi RL\mathrm{d}R$，若结构面形心的体积密度为 λ_v，则体积 $\mathrm{d}V$ 内结构面形心数为

$$\mathrm{d}N=\lambda_v\mathrm{d}V=2\pi RL\lambda_v\mathrm{d}R$$

圆心位于 $\mathrm{d}V$ 内的结构面，只有当其半径 $a \geqslant R$ 时才能与测线相交。若结构面半径 a 的密度为 $f(a)$，则圆心在 $\mathrm{d}V$ 中的结构面与测线相交的数目为

$$\mathrm{d}n = \mathrm{d}N\int_R^{\infty} f(a)\mathrm{d}a = 2\pi L\lambda_v R\int_R^{\infty} f(a)\mathrm{d}a\mathrm{d}R$$

对 R 从 0→∞ 积分可得全空间中结构面在 L 上的交点数为

$$n = \int_0^{\infty} \mathrm{d}n = 2\pi L\lambda_{\mathrm{v}} \int_0^{\infty}\int_R^{\infty} f(a)\,\mathrm{d}a\mathrm{d}R$$

于是，结构面法线密度为

$$\lambda = 2\pi\lambda_{\mathrm{v}} \int_0^{\infty} R \int_R^{\infty} f(a)\,\mathrm{d}a\mathrm{d}R$$

由此可得式（2.36）。证毕。

对结构面迹长服从分布式（2.14）的情形，半径分布密度函数为式（2.25），代入式（2.36）可得结构面体积密度为

$$\lambda_{\mathrm{v}} = \frac{2}{\pi^3}\mu^2\lambda = \frac{\lambda}{2\pi\bar{a}^2} \tag{2.37}$$

如果有 m 组结构面，则总体积密度为

$$\lambda_{\mathrm{v}} = \frac{2}{\pi^3}\sum^{m}\mu^2\lambda = \frac{1}{2\pi}\sum^{m}\frac{\lambda}{\bar{a}^2} \tag{2.38}$$

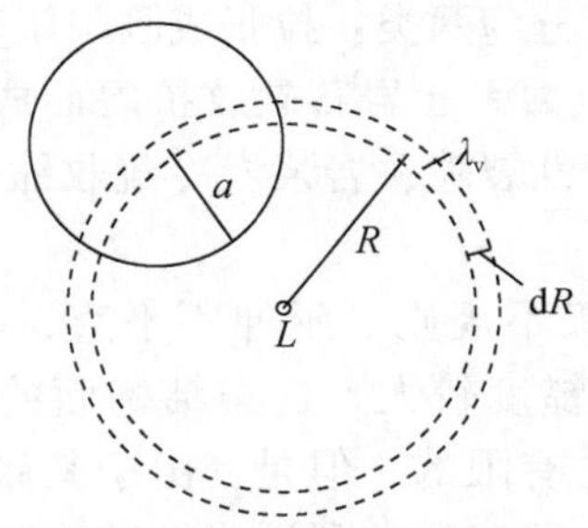

图 2.17　λ_{v}求取示意图

第五节　结构面粗糙度

结构面形态对岩体力学及水力学性质有显著影响，因此它也是岩体结构的一个基本性质。

结构面形态用相对于平均平面的起伏程度来表示，通常分为两级：

第一级称为起伏度，反映了结构面总体起伏特征，采用相对于平均平面的起伏高度（a）或起伏角（i）表示（图 2.18），常用于 VI 级结构面起伏特征描述。这种凸起部分一般不会被剪断，但可以改变结构面两侧岩体运动方向。

第二级称为粗糙度，它反映了结构面次级微小起伏现象，一般适合描述尺度在数米至数厘米范围内的 V 级结构面的起伏状态。粗糙度可以增大结构面摩擦系数，从而提高其抗剪强度。

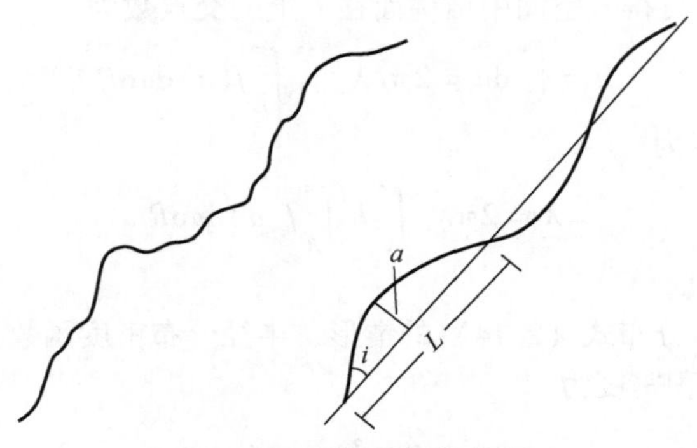

图 2.18　结构面起伏程度

一、结构面力学成因与形态

结构面按其地质力学成因可分为两类：拉张成因与压剪成因。

拉张破裂面（裂隙）由张应力引起岩石裂纹扩展而成。地质构造研究中遇到的纵张破裂面、横张破裂面、羽状张剪性裂隙、岩浆岩冷凝收缩裂隙、沉积岩及土体中的龟裂，以及风化裂隙都是拉张破裂面。

拉张破裂面的特征是形态极不规则，延伸不平直，不一定存在平直的平均破裂面[图 2.19（a）]，显然其表面粗糙度较大。这类结构面的分布密度一般不大，延伸也不远，其对岩体力学性质的影响是有限的。但是，由于其张开度往往较大，因而对岩体水力学性质有显著作用。水文地质学家常常利用张性断裂带，或者背斜脊部的纵张或横张裂隙带寻找地下水，就是利用了拉张裂隙的这一特点。

剪切破裂面（裂隙）是在压剪应力作用下由微小羽状裂纹群剪断贯通形成的[图 2.19（b）]。它是岩体结构中数量最多的一类破裂面，逆断层、平移断层及绝大多数构造节理都属这类破裂面。

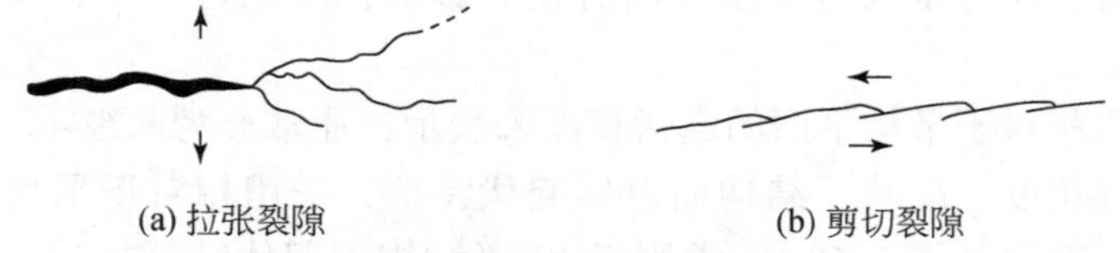
(a) 拉张裂隙　　(b) 剪切裂隙

图 2.19　结构面力学成因与形态

这类结构面一般都经受了一定距离的剪切位移，并剪断、磨平凸起体，因此其面延伸一般较为平直。但是也常常保留着由羽状裂纹发展而来的“阶步”，使结构面呈现出不对称的起伏特征。这种不对称的阶步使结构面在不同方向上具有不同的抗剪性质。

由此可见，结构面表面形态描述是一个重要而又困难的课题。

二、结构面粗糙度标准剖面

实际出现的结构面形态是千姿百态的。为了便于统一进行粗糙度分级，国际岩石力学学会（ISRM）推荐了由 Barton 提出的 10 条长度为 10cm 的标准剖面及其 JRC 值（Barton and Choubey，1977；图 2.20）。将实际结构面剖面与之对比即可确定相应的 JRC 值。

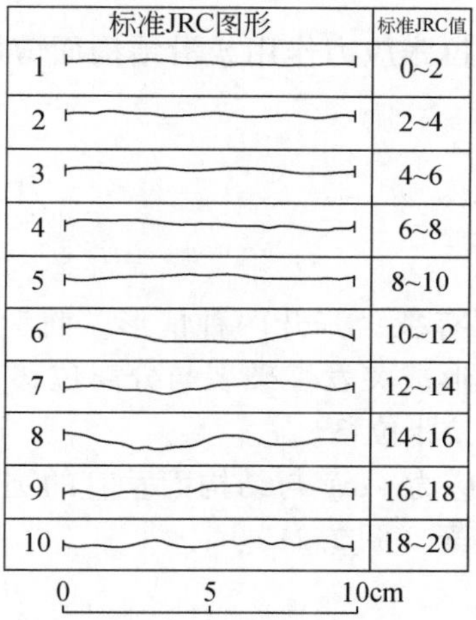

标准JRC图形	标准JRC值
1	0~2
2	2~4
3	4~6
4	6~8
5	8~10
6	10~12
7	12~14
8	14~16
9	16~18
10	18~20

0　5　10cm

图 2.20　JRC 标准剖面

但是实际工程中遇到的结构面尺度通常大于或者远大于 10cm 的尺度。Barton 和 Bandis（1985）又在考虑结构面性质尺寸效应的基础上提出了任意长剖面的节理粗糙度系数（JRC）及结构面壁面抗压强度（JCS）的估计式

$$\mathrm{JRC} = \mathrm{JRC}_0 \left(\frac{L}{L_0}\right)^{-0.02\mathrm{JRC}_0} \tag{2.39}$$

$$\mathrm{JCS} = \mathrm{JCS}_0 \left(\frac{L}{L_0}\right)^{-0.03\mathrm{JRC}_0} \tag{2.40}$$

式中，JRC_0和 JCS_0为标准剖面尺寸下的 JRC 及 JCS 值；L_0和 L 为标准尺寸及实际尺寸。

关于结构面粗糙度的实测与求算理论方法已有不少成果。杜时贵等（1996）研制了一系列用于结构面粗糙度测量的仪器以及 JRC 的手动和智能测量方法，并提出了用于计算考虑尺度效应的结构面 JRC 值公式为（杜时贵和唐辉明，1993；杜时贵，1994）

$$\mathrm{JRC}_n = 49.2114\mathrm{e}^{\frac{29L_0}{450L_n}}\arctan(8R_A)$$

式中，L_0（=10cm）和 L_n分别为标准尺寸和取样实际长度，cm；R_A 为相对起伏幅度，$R_A = \frac{R_Y}{L_n}$，R_Y为取样长度 L_n上的起伏幅度。

关于结构面形态分形描述方法也已有不少成果，我们将在第八节做介绍。

第六节 结构面隙宽

结构面隙宽是指结构面的张开度，用 t 表示，单位 mm。结构面隙宽在岩体力学、岩体水力学的理论研究与实际应用中具有重要意义。

一、隙宽的形成

结构面隙宽主要是岩体受拉张应力作用或沿结构面剪切扩容造成的，此外还有一些非力学成因缝隙和空洞等。

1. 由拉张引起的隙宽

拉张裂缝有新生裂缝和既有裂缝张开两种情形。前者裂纹面一般垂直于拉张应力，且当应力达到一定阈值时才能形成突发性破裂与分离位移；而后者则可能是裂纹面后期承受张应力形成的两壁面相对拉张位移。

对于纯 I 型圆裂纹，即拉应力（σ）与结构面垂直的圆裂纹，两壁面相对张开度（隙宽，t）受下列断裂力学规律支配（图 2.21）：

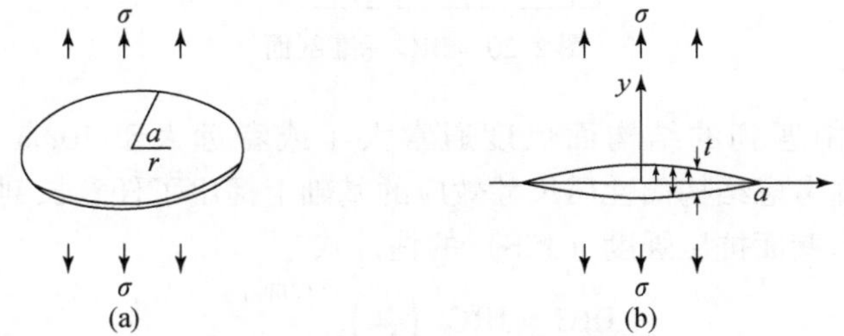

图 2.21　I 型圆裂纹的张开度

$$t = 2v = \frac{8(1-\nu^2)}{\pi E}\sigma\sqrt{a^2 - r^2},\quad 0 \leqslant r \leqslant a \tag{2.41}$$

式中，v 为单壁法向位移；ν 为泊松比；a 为结构面半径；r 为径向变量。显然结构面最大张开度在中心点，并有

$$t_m = \frac{8(1-\nu^2)}{\pi E}\sigma a \tag{2.42}$$

结构面平均张开度为

$$\bar{t} = \frac{1}{\pi a^2}\int_0^a\int_0^{2\pi} tr\mathrm{d}\theta\mathrm{d}r = \frac{16(1-\nu^2)}{3\pi E}\sigma a \tag{2.43}$$

2. 由剪切位移引起的隙宽

由于岩体多处于受压状态，岩体中大多数隙宽是由于沿结构面的剪切位移造成的。剪切位移引起的隙宽分为两种情形，即剪裂纹扩展的分支新裂纹和剪切“爬坡效应”引起的局部张开（图 2.22）。

（1）剪切裂纹扩展引起的隙宽。沿已有裂缝发生剪切位移导致裂纹尖端扩展的现象在地表浅层岩体变形中是常见的［图 2.22（a）］。新扩展的分支裂纹与已有结构面的夹角可由断裂力学应变能密度因子准则求得

$$\theta = \arccos \frac{1 - 2\nu}{3} \tag{2.44}$$

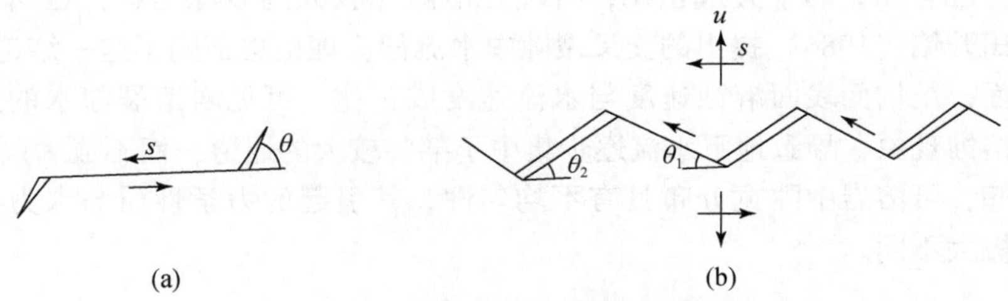

图 2.22　剪切位移引起的隙宽

若结构面两壁相对剪切位移为 s，则新裂纹最大隙宽为

$$t_m = s \cdot \cos\left(\frac{\pi}{2} - \theta\right) = s \cdot \sin\theta \tag{2.45}$$

这种裂纹扩展往往导致结构面之间的连通（图 2.23）。当结构面连通时，新裂纹上各点张开度相同，并有 $t=t_m$。

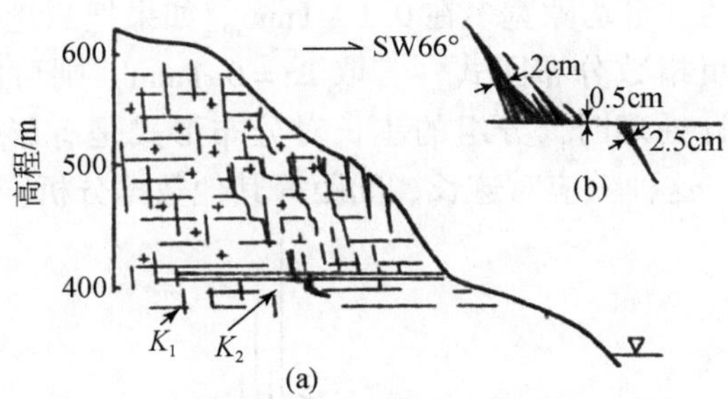

图 2.23　剪切裂纹的扩展（据张倬元等，1983）

（2）爬坡效应导致已有结构面张开。如图 2.22（b）所示，当结构面一侧沿起伏角发生爬坡作用时，必然导致反坡一侧的面张开，其张开度（隙宽）为

$$t = s \cdot \sin\theta_2 + u \cdot \cos\theta_2 \tag{2.46}$$

式中，u 为岩体沿结构面法向的剪胀位移量；s 意义同前。

3. 由于非力学原因造成的隙宽变化

导致结构面隙宽增大的非力学原因主要有裂隙水的潜蚀及可溶岩的表面溶蚀等。前者以裂隙水流带走充填砂泥为主，不会导致隙宽的无限制扩大，而且常发生沉积充填而减小有效隙宽。

在可溶岩中，结构面溶蚀往往与结构面系统的组合特征及结构面法向应力大小有关。法向应力引起裂隙开启或压密闭合，为岩溶裂隙水运移提供条件或造成阻碍。

一方面，由水力学知，单个结构面中的水流速度为

$$v = -\frac{\rho g}{12\mu}t^2 J = -KJ \tag{2.47}$$

即水流速度与已有隙宽的平方成正比，将优先沿隙宽较大的裂隙运移，这叫裂隙水的选择性渗流。田开铭（1986）提出的交叉裂隙中水流偏流理论也证明了这一结论。

另一方面，结构面表面溶蚀速度与水流速度成正比。可见岩溶裂隙水的选择性渗流将引起差异溶蚀现象，导致地下水流逐步集中于某些较大的通道，而不成为网状渗流。

由上可知，可溶岩中隙宽分布具有不均匀性，其引起的力学性质与水力学性质都与非可溶岩有极大不同。

二、隙宽分布形式

结构面隙宽可以通过野外直接测量（塞尺法）和水文地质试验数据反求等多种方法获得，但试验反算法不能确定隙宽的分布形式。

大量野外实际测量资料显示，岩体结构面的隙宽具有负指数分布或对数正态分布形式。但应注意，除少数受拉应力作用的部位外，岩体结构面通常是处于受压闭合状态，因此隙宽一般是十分小的，平均隙宽多在0.1～1mm。如果把测量数据按$\Delta t = 1$mm分组做成直方图，则必呈现出负指数分布图式，若取$\Delta t = 0.1$mm，则可能呈对数正态分布。可见，在进行隙宽数据统计处理时，分组的步长对分布形式是有影响的。这个影响可称作比例尺效应（图2.24）。这种效应对迹长、间距等其他数据分析同样存在。

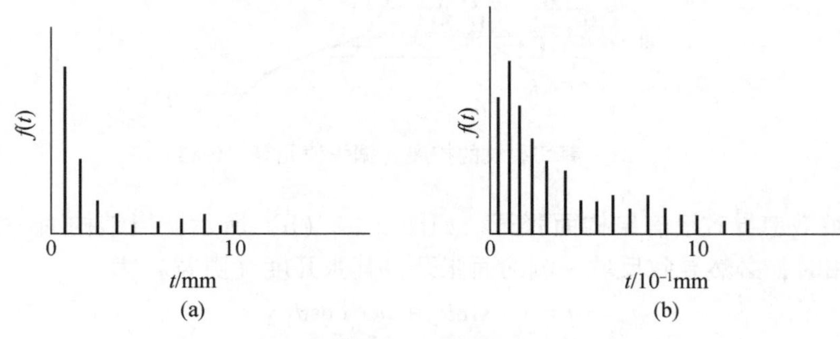

图2.24　隙宽分布及其比例尺效应

这里我们不妨设隙宽 (t) 服从负指数分布和对数正态分布

$$f(t)=\eta e^{-\eta t} \tag{2.48}$$

$$f(t)=\frac{1}{\sigma t\sqrt{2\pi}}e^{-\frac{1}{2\sigma^2}(\ln t-\mu)^2} \tag{2.49}$$

式中，η 为隙宽均值的倒数；μ、σ 为隙宽的正态均值与方差。

这两类分布均表明，隙宽较大的裂隙是十分少见的。但这并不意味着宽大的裂隙的作用不重要，尤其是岩体水力学分析中，宽大裂隙基本上控制着裂隙水的渗流途径。

三、受压条件下隙宽的变化

一些学者对不同埋深结构面隙宽的变化做了研究，得出了如图 2.25 所示的分布图式，即隙宽近似为深度的负指数函数。这里我们对此略做分析。

岩体结构面法向压缩实验的大量资料表明，不同法向压力下隙宽 (t) 服从下述规律。

$$t=t_0-\Delta t=t_0 e^{-\frac{\sigma-p}{K_n}} \tag{2.50}$$

式中，t_0为法向压力 $\sigma=0$ 时的隙宽；p 为裂隙水静压力；K_n为结构面法向压缩模量，应力以压为正。

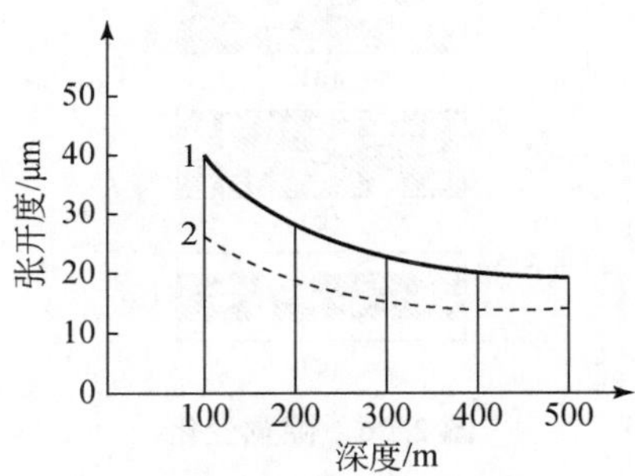

图 2.25　裂隙张开度随深度的变化

一般来说，随着岩体埋藏深度 (h) 的增加，则作用于结构面上的法向应力 (σ) 和水压力 (p) 都会增大。取铅直应力为 $\sigma_{33}=\rho gh$，侧向水平压力为 $\sigma_{11}=\sigma_{22}=\xi\sigma_{33}=\xi\rho gh$，$\xi$ 为侧压力系数，则裂隙面上的法向有效压力为

$$\begin{aligned}\sigma-p&=(\sigma_{11}-p)n_1^2+(\sigma_{22}-p)n_2^2+(\sigma_{33}-p)n_3^2\\&=g[(\xi\rho-1)(n_1^2+n_2^2)+(\rho-1)n_3^2]h=\beta' h\end{aligned} \tag{2.51}$$

结合式 (2.50) 考虑应有

$$t=t_0-\Delta t=t_0 e^{-\beta h} \tag{2.52}$$

可见岩体裂隙隙宽 (t) 是埋深 (h) 的负指数函数。这一结论对分析不同深度岩体渗透性能具有重要意义。

四、有效隙宽及其影响因素

有效隙宽是指沿裂缝面方向可过水断面的平均张开度。有效隙宽一般并不是我们用塞尺测得的某个隙宽。影响有效隙宽的因素大致有两种：一是结构面粗糙度及两壁接触方式；二是结构面充填程度。

1. 结构面粗糙度与接触方式

一般来说，结构面两壁的起伏与粗糙度不会完全相对应。因此，结构面不同部位的隙宽不会一样，也不会是两壁最大凸起高度之和［图 2.26（a）］，而常表现为两壁凸起的啮合，有效隙宽则是沿隙宽中心曲面的平均隙宽值［图 2.26（b）、（c）］。

Witherspoon（1981）建议对典型裂隙测得其最大隙宽（e_0）及裂宽频率分布函数［$n(e)$］，并求得有效裂宽为

$$\bar{e}^3 = \int_0^{e_0} e^3 n(e)\,\mathrm{d}e \Big/ \int_0^{e_0} n(e)\,\mathrm{d}e \tag{2.53}$$

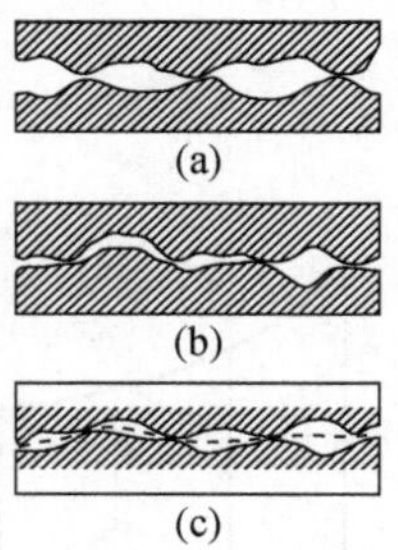

图 2.26　隙宽变化

2. 充填程度

充填物及其充填程度对岩体工程性质的影响表现为以下两个方面：对结构面强度性质的降低和有效渗流断面面积的减小。

充填程度用充填物厚度与结构面张开度的百分比表示。因此，充填物厚度越大则有效隙宽越小。从水文地质意义上测量隙宽时，只需测量实际存在的未充填部分隙宽。

第七节　岩体结构的采样窗测量与三维点云解译

前面系统讨论了岩体结构的精测线测量方法及各种角度、尺度要素的分析理论。这里将介绍岩体结构的采样窗快捷测量方法与基于无人机和三维激光扫描技术的三维点云

数据自动解算方法。

一、采样窗测量与平均迹长估算方法

Kulatilake 和 Wu（1984）提出了估算结构面平均迹长的采样窗法。这种方法无需测量结构面的迹长，而是采用结构面计数来确定平均迹长，但得不到迹长的概率分布形式。

本节将对这一方法进行拓展，发展结构面法线密度的求取方法，由此形成完整的岩体结构快捷测量与估算方法。

在露头面上确定一长为 a、宽为 b 的矩形区域，即采样窗。测量并记录采样窗的尺寸和走向、被测结构面组的编号、倾向（α）和倾角（β）；分组对结构面编号，并记录各迹线与采样窗的关系（图 2.27）。

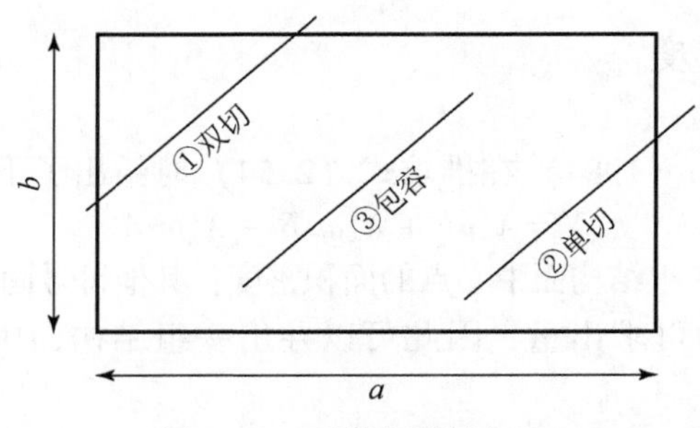

图 2.27　采样窗测量方法

结构面迹线与采样窗的关系有以下三种类型：

（1）包容关系，迹线两端点均在采样窗内；

（2）相交关系，迹线的一个端点落在采样窗内；

（3）切割关系，迹线的两个端点均在采样窗之外。

数据统计按现场记录的结构面组号分组进行，对每组结构面统计如下参数：

（1）具有切割关系的结构面数目 N_0；

（2）具有相交关系的结构面数目 N_1；

（3）具有包容关系的结构面数目 N_2；

（4）采样窗内该组结构面的总数 $N=N_0+N_1+N_2$。

根据概率理论，一组结构面的平均迹长（$\bar{l}$）可按下式计算：

$$\bar{l} = \frac{1}{\mu} = \frac{ab(1 + R_0 - R_2)}{(1 - R_0 + R_2)(aB + bA)} \tag{2.54}$$

式中，μ 为平均迹长的倒数；a 和 b 分别为采样窗的长、短边的长度，m。而

$$
\begin{cases}
A = E(\cos\theta), \quad B = E(\sin\theta) \\
R_0 = \dfrac{N_0}{N}, R_1 = \dfrac{N_1}{N}, \quad R_2 = \dfrac{N_2}{N} \\
N = N_0 + N_1 + N_2
\end{cases}
\tag{2.55}
$$

式中，θ 为结构面迹线在采样窗平面上的视倾角；$A = E(\cos\theta)$，$B = E(\sin\theta)$ 表示 A 和 B 分别为 $\cos\theta$ 和 $\sin\theta$ 的均值。

二、结构面法向密度、面积密度和体积密度的采样窗估计方法

拓展采样窗方法，还可以求取任一组结构面面积密度（λ_s）、法向密度（λ）和体积密度（λ_v）。

1. 结构面面积密度

根据 Kulatilake 和 Wu（1984）在推求式（2.54）时给出了下式

$$N = \lambda'_s ab + \lambda'_s a\mu B + \lambda'_s b\mu A$$

式中，λ'_s 为采样窗平面上一组结构面中心点的面积密度；其他符号同式（2.54）、式（2.55）。

由于式中各参数均为可求出量，因此可以导出一组结构面中心点在采样窗平面的面积密度为

$$\lambda'_s = \frac{N}{ab + \mu(aB + bA)} \tag{2.56}$$

应当注意的是式（2.56）给出的面积密度是在任意方向的采样窗获得的，可称为视面积密度。

设采样窗平面与结构面法线夹角为 δ，则该组结构面中心点真（即最大）面积密度应为

$$\lambda_s = \lambda'_s \cos\delta \tag{2.57}$$

式中，δ 为结构面法向铅直切面与采样窗平面的夹角，(°)，且

$$\cos\delta = n_1 m_1 + n_2 m_2 + n_3 m_3$$

n_i 为结构面法向铅直切面的法线方向余弦，按下式计算：

$$
\begin{cases}
n_1 = \sin\alpha \\
n_2 = \cos\alpha \\
n_3 = 1
\end{cases}
$$

上式由式（2.1）结构面法线方向余弦，将结构面直立（$\beta = 0$）并水平旋转至 $\alpha + 90°$ 得到。m_i 为采样窗法线的方向余弦，按下式计算：

$$
\begin{cases}
m_1 = -\cos\alpha_s \sin\beta_s \\
m_2 = -\sin\alpha_s \sin\beta_s \\
m_3 = \cos\beta_s
\end{cases}
$$

式中，下标 s 表示采样窗产状角。

2. 结构面的法向密度

式（2.35）已经给出了一组结构面的面积密度 λ_s 与结构面平均迹长参数 $\mu=\frac{1}{\bar{l}}$ 和法向密度（λ）的关系，即 $\lambda_s=\mu\lambda$。与式（2.35）对比，可得 $\lambda'_s\cos\delta=\mu\lambda$。由此可解出一组结构面的法向密度为

$$\lambda=\bar{l}\cdot\lambda'_s\cos\delta \tag{2.58}$$

3. 结构面体积密度

式（2.37）已经给出了结构面的体积密度计算式：

$$\lambda_v=\frac{2}{\pi^3}\mu^2\lambda \tag{2.59}$$

结构面的体积密度也可以由采样窗法求得。事实上，考虑到式（2.35），式（2.59）中有 $\mu^2\lambda=\mu\cdot\mu\lambda=\mu\cdot\lambda_s$。将该式代入式（2.59），可得

$$\lambda_v=\frac{2}{\pi^3}\mu\lambda_s=\frac{2}{\pi^3}\mu\lambda'_s\cos\delta \tag{2.60}$$

式中，λ_s' 为任意方向采样窗获得的结构面中心点面积密度；μ 及 δ 意义同前。

上述方法的意义在于无需测量结构面的迹长，通过与采样窗三种交切方式的结构面计数，即可同时求得结构面法向密度、面积密度和体积密度。

三、基于露头面三维点云数据结构面的解译方法

目前，三维激光扫描和无人机倾斜摄影技术在对象的形貌识别与重建方面得到广泛应用。

三维激光扫描获得的是对象表面的三维点云数据，包括（x，y，z）坐标和颜色等属性数据。这类数据的几何误差可达到毫米量级，可用于岩体结构和岩体变形的高精度解译。目前课题组正在着力研发便捷式三维激光扫描数据采集方法和技术手段，并借助相关软件实现了点云数据的处理。

倾斜摄影则可获得设定航路和位姿的一系列照片，通过解析几何解算得到目标物表面的三维点云数据。目前这类数据的误差为厘米级，可用于地质体形貌解译和较显著的变形解译。

十多年来，三维点云数据已经被用于解析岩体结构面，重建岩体结构模型。目前商用软件已经可以采用人机交互方式，识别结构面的产状，并进行赤平投影分组；识别单个结构面的迹长。课题组孔德衡（2018）开发了结构面产状与分组、迹长、间距及隙宽

的智能解算程序 DR，可系统获取岩体结构各类几何参数（图 2.28）。

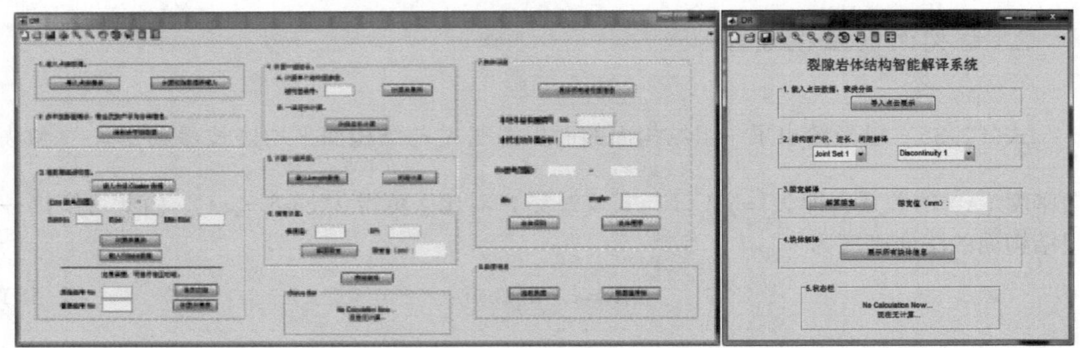

图 2.28　DR 程序专业版（左）与企业简化版（右）主界面

三维点云数据的岩体结构解析大致分为以下几个步骤：

（1）点云数据的预处理，包括不稳定点和错误点过滤、控制点配准、拼接等；

（2）采用三角剖分法，计算任意相邻三个点构成的平面方程及其法向矢量，做法矢极点赤平投影图，并对结构面分组，求取优势产状；

（3）对同一组结构面，根据平面的法向距离和法向矢量差值判断任意两三角面是否共面，由此确定结构面形状和空间位置；

（4）采用最小包络球方法计算各结构面迹长；

（5）沿结构面法线方向，计算组内两两结构面间距；

（6）通过结构面两侧对应点距离识别隙宽；

（7）分组对结构面迹长、间距、隙宽拟合出概率分布函数和特征值。

第八节　岩体结构的统计描述

前面分别讨论了岩体结构各要素的统计特征及其描述方法。但是，各要素对岩体的力学或水力学效应是以组合方式实现的。因此，只有从总体上描述岩体结构性质，才能把握岩体结构及其对岩体工程性质的影响。

本节我们讨论岩体结构性质的几种统计描述方法。

一、结构面测线密度与 RQD

RQD 是反映岩体结构完整性的质量指标。以往 RQD 值是通过对钻孔岩心中长度大于 10cm 的岩心段进行长度累加计算获得的。这种方法不仅耗资耗时，也受钻孔方向的限制，不能获得任意方向的 RQD 值，因此很难刻画岩体结构完整性的方向性特征。

以裂隙测量数据为基础，计算任意方向测线与结构面交点的间距分布和密度，可以更方便地获得相应方向上的 RQD 值。

1. 结构面的测线密度

结构面测线密度是指测线与结构面交点的线密度，仍用 λ 表示，单位为条/m。

取测线长为 L，若岩体中有 m 组结构面，第 i 组结构面与 L 的交点数为 N_i（$i=1$，2，…，m），则 L 上结构面交点总数为 $N=\sum_{i=1}^{m} N_i$，L 上结构面交点的测线密度为

$$\lambda=\frac{N}{L}=\sum_{i=1}^{m}\frac{N_i}{L}=\sum_{i=1}^{m}\lambda_{si}=\sum_{i=1}^{m}\lambda_i\left|\cos\delta_{si}\right| \tag{2.61}$$

式中，λ_{si}为第 i 组结构面与 L 的交点密度；λ_i为第 i 组结构面的法线密度；δ_{si}为测线与第 i 组面法线的交角。

若第 i 组结构面优势产状为 $\alpha_i\angle\beta_i$，则由式（2.1）可以求得结构面法向矢量方向余弦 n_i。注意到式（2.1）是从结构面的倾斜线产状计算其法向矢量在直角坐标系中的方向余弦，若测线产状为 $\alpha_s\angle\beta_s$，计算测线方向余弦时应将 α_s变为 $180+\alpha$、β_s变为 $90-\beta$，代入式（2.1），即有测线方向余弦为

$$\begin{cases} n_{s1}=\cos\alpha\cos\beta \\ n_{s2}=-\sin\alpha\cos\beta \\ n_{s3}=\sin\beta \end{cases} \tag{2.62}$$

由此可得测线与第 i 组结构面法线夹角余弦为

$$\cos\delta_{si}=n_{s1}n_{i1}+n_{s2}n_{i2}+n_{s3}n_{i3},\quad i=1,2,\cdots,m \tag{2.63}$$

结构面的测线密度存在极大值，现推导如下：

对 α_s和 β_s分别求偏微分，并令

$$\frac{\partial\lambda}{\partial\alpha_s}=0,\quad \frac{\partial\lambda}{\partial\beta_s}=0$$

可得到使测线密度（λ）取极大值的测线产状为

$$\alpha_{sm}=\pi-\arctan\frac{b}{a},\quad \beta_{sm}=\arctan\frac{c}{\sqrt{a^2+b^2}} \tag{2.64a}$$

式中，

$$a=\sum_{i=1}^{m}\lambda_i n_{i1},\quad b=\sum_{i=1}^{m}\lambda_i n_{i2},\quad c=\sum_{i=1}^{m}\lambda_i n_{i3} \tag{2.64b}$$

将式（2.64a）、式（2.64b）通过式（2.62）、式（2.63），代入式（2.61），得到测线与结构面交点密度（λ）的极大值为

$$\lambda_m=\sqrt{a^2+b^2+c^2} \tag{2.64c}$$

其产状由式（2.64a）确定。

测线密度极大值（λ_m）也可用赤平投影方法求取。以测线产状 α_s、β_s为变量在赤平投影网上做 λ 等值线，求出 α_{sm}和 β_{sm}，代入式（2.61）即可求得 λ_m值。

图 2.29 中有四组结构面，$\lambda_1=\lambda_2=\lambda_3=\lambda_4=1.0$，各组结构面法向矢量的产状为 $\alpha_1=$

90°，$\beta_1=\beta_2=\beta_3=\beta_4=19.47°$，$\alpha_2=0°$，$\alpha_3=120°$，$\alpha_4=240°$。

做出 λ 的方向分布等值线图如图 2.29 所示，由图可见：①当有四组结构面时，将可能出现七个极大值，其中四个为各组结构面的法向密度，但不是最大值；②λ 没有极小值，其极小点均为尖点。

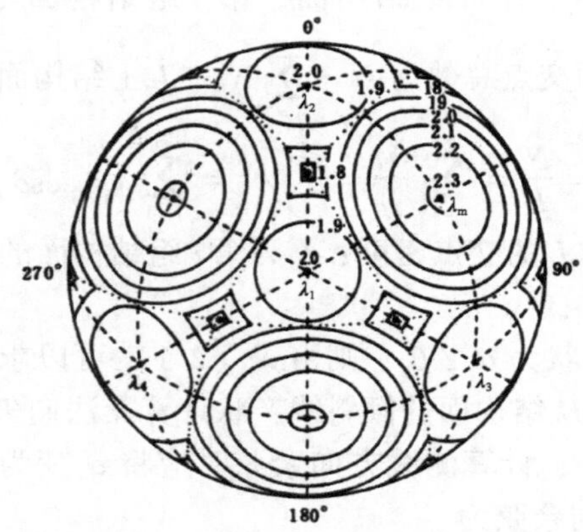

图 2.29　用赤平投影法求 λ_m（据 Hudson and Priest，1983）

2. 任意测线方向的 RQD

RQD 的原始定义为钻孔中长度（t）大于等于 10cm 的岩心柱累计长度（l）与钻孔长度（L）的百分比值。按照这个定义，有三种计算 RQD 计算方法：

1）方法 1

RQD 值可以通过测线上结构面交点密度计算方便地获得为

$$\mathrm{RQD}=(1+0.1\lambda)\mathrm{e}^{-0.2\lambda}\times 100\% \tag{2.65}$$

现推导如下：

首先考察一组结构面，设其间距 x 分布密度函数为 $f(x)$，取测线长度为 L，所测结构面总数为 N，截去 $x\leqslant t$ 的结构面数，令 $x>t$ 的结构面数为 N'，则有

$$N'=N\int_t^{\infty}f(x)\,\mathrm{d}x$$

$x>t$ 的结构面平均间距为

$$\bar{x}'=\int_t^{\infty}xf(x)\,\mathrm{d}x$$

则 $x>t$ 的岩块总长为 $l=N'\cdot\bar{x}'$，于是有

$$\mathrm{RQD}=\frac{l}{L}=\frac{1}{L}N'\cdot\bar{x}'=\lambda\int_t^{\infty}f(x)\,\mathrm{d}x\int_t^{\infty}xf(x)\,\mathrm{d}x\times 100\%$$

式中，$\lambda=\dfrac{N}{L}$ 为结构面组法向密度。当 $f(x)=\lambda\mathrm{e}^{-\lambda x}$ 时有

$$\mathrm{RQD} = (1 + t\lambda)\mathrm{e}^{-2t\lambda} \times 100\% \tag{2.66}$$

在式（2.66）中取 $t=0.1\mathrm{m}$ 时，有测线方向的 RQD 如式（2.65）。

当有 m 组结构面时，若认为测线方向上的交点间距仍服从负指数分布，则由式（2.61）和式（2.65）可求得任一方向上的 RQD 值。当然，要从理论上证明测线方向上的交点间距仍服从负指数分布尚有困难。

由于 RQD 与方向有关，可称为方向 RQD。RQD 的方向分布也可用赤平投影方法表示出，我们将在后续用于章节中介绍。

由式（2.65）可得

$$\frac{\mathrm{dRQD}}{\mathrm{d}\lambda} = -(0.1 + 0.02\lambda)\mathrm{e}^{-0.2\lambda}$$

上式为单一减函数，因此在结构面密度大的方向上，RQD 必然小。这一特点对线性工程轴向选择十分有意义。

2）方法 2

Priest 和 Hudson（1976）曾经导出结构面间距服从负指数分布条件下的 RQD 值计算公式［参见式（1.19）］为

$$\mathrm{RQD} = \lambda\int_{0.1}^{\infty} xf(x)\,\mathrm{d}x \times 100\% = (1 + 0.1\lambda)\mathrm{e}^{-0.1\lambda} \times 100\%$$

比较上式与式（2.66）可以发现，两者的差别在于是否考虑了 $N' = N\int_{t}^{\infty} f(x)\,\mathrm{d}x$。

3）方法 3

考虑到岩体结构测线一般为有限长度（L），按照 RQD 的原始定义应有

$$\mathrm{RQD} = \frac{1}{L}\cdot L\int_{t}^{L} f(x)\,\mathrm{d}x = \int_{t}^{L} f(x)\,\mathrm{d}x$$

当测线上结构面交点间距服从负指数分布时应有

$$\mathrm{RQD} = \frac{1}{1 - \mathrm{e}^{-\lambda L}}(\mathrm{e}^{-\lambda t} - \mathrm{e}^{-\lambda L}) \times 100\%$$

当测线区域无限长时，有

$$\mathrm{RQD} = \mathrm{e}^{-\lambda t} = \mathrm{e}^{-0.1\lambda} \times 100\% \tag{2.67}$$

二、结构面尺度的极值分布

在岩体力学与岩体水力学研究中，结构面尺度的极值分布具有重要意义。例如，对于单裂隙渗流，遵从流速与隙宽二次方成正比的规律，而对裂隙组则为三次方关系，显然张开度大的裂隙对渗流起着控制作用。又如，因为结构面尖端的应力强度因子与其半径的平方根成正比，因此岩体中裂纹的扩展破坏总是沿尺度大的裂隙开始。

因此，寻找一组结构面中最可能出现的最大结构面尺寸具有重要的意义。这里我们

仅以结构面组的半径、隙宽为例进行分析，其他要素可以类推。

1. 一组结构面半径的极大值

可以求出一组结构面半径最可能的极大值（最大结构面半径）为

$$a_{\mathrm{m}} = \bar{a}\ln(n) \tag{2.68}$$

现证明如下：

设某组结构面半径（a）服从密度函数为$f(a)$的分布，则其分布函数为

$$F(a) = \int_0^a f(x)\,\mathrm{d}x \tag{2.69}$$

若测得该组 n 个结构面的半径值，将其排成下列序列

$$a_1<a_2<a_3<\cdots<a_n$$

由概率论，结构面半径取最大值（$a_n<a$）的概率为

$$\begin{aligned} P(a_n<a) &= P[\max(a_1,a_2,\cdots,a_n)<a] \\ &= P(a_1<a,a_2<a,\cdots,a_n<a) \\ &= P(a_1<a)\cdot P(a_2<a)\cdot\cdots\cdot P(a_n<a) \\ &= [P(a)]^n = G(a) \end{aligned}$$

上式推导中隐含着各个结构面半径均为服从独立同分布的随机变量。从这个分析可见，$G(a)$ 是 a 的极大值分布，而 $P(a)=F(a)$为 a 的分布函数，并有

$$G(a) = [P(a)]^n = [F(a)]^n$$

将上式对 a 求导，可得 a 的极大值密度函数为

$$g(a) = G'(a) = nf(a)\,[F(a)]^{n-1} \tag{2.70}$$

令 $g(a)$ 的导数 $g'(a)=0$，有

$$F(a) = -\frac{(n-1)\,[f(a)]^2}{f'(a)} \tag{2.71}$$

解这一方程可以得到最可能出现（概率密度最大）的最大结构面半径（a_{m}）。

若结构面半径服从负指数分布式（2.24），则

$$f(a) = \frac{1}{\bar{a}}\mathrm{e}^{-\frac{a}{\bar{a}}}$$

体积 V 内有结构面总数 $n=\lambda_{\mathrm{v}}V$，则结构面半径值(a)的极大值密度函数式（2.70）可以写为

$$g(a) = \frac{1}{\bar{a}}\lambda_{\mathrm{v}}V\mathrm{e}^{-\frac{a}{\bar{a}}}\,[1-\mathrm{e}^{-\frac{a}{\bar{a}}}]^{\lambda_{\mathrm{v}}V-1} \tag{2.72}$$

又因为

$$f'(a) = -\frac{a}{\bar{a}^2}\mathrm{e}^{-\frac{a}{\bar{a}}},\quad F(a) = 1-\mathrm{e}^{-\frac{a}{\bar{a}}}$$

由式（2.71）可得，最可能的最大结构面半径（a_{m}）为式（2.68）。

由于体积 V 内有结构面总数为

$$n = \lambda_v V = \frac{\lambda V}{2\pi \bar{a}^2}$$

其中，λ_v见式（2.36），因此有

$$a_m = \bar{a}\ln(\lambda_v V) = \bar{a}\ln\left(\frac{\lambda}{2\pi \bar{a}^2}V\right) \tag{2.73}$$

式中，λ 为结构面法向密度。

可见，最可能出现的最大结构面半径不仅与平均半径有关，也与结构面密度（λ 或 λ_v）和体积 V 大小有关。

可以导出 a 服从对数正态分布时，a_m表达式为

$$a_m = \bar{a}e^{-\frac{\lambda_v V+2}{2\lambda_v V}\sigma^2}$$

图 2.30 给出式（2.72）的分布图式，曲线峰值处的 a 即为 a_m。图 2.31 为 a 服从负指数分布时 a_m与 $n=\lambda_v V$ 的关系图。

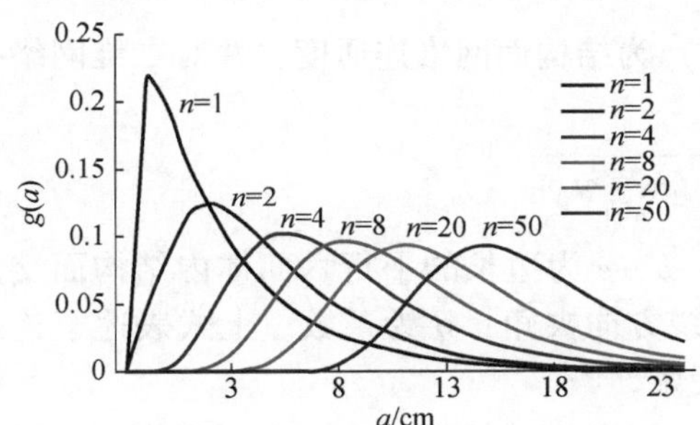

图 2.30　$f(a)$为负指数分布时的 $g(a)$ 曲线

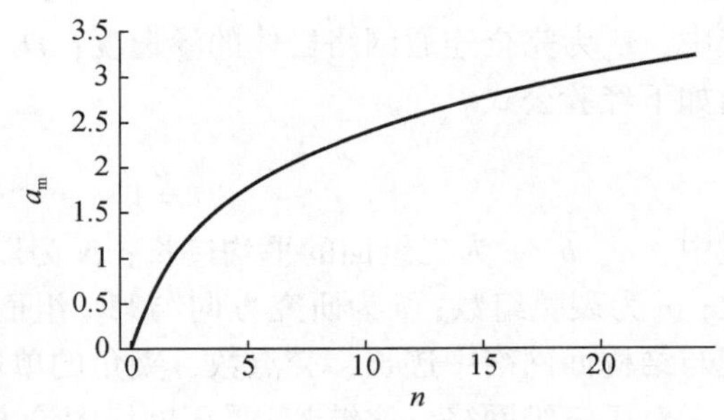

图 2.31　a_m-n 关系曲线

2. 一组结构面隙宽的极大值

对于隙宽的极大值分布，可做类似分析。若一结构面组隙宽（t）服从负指数分布式（2.48）及对数正态分布式（2.49），则最有可能出现的最大隙宽为

$$t_m = \bar{t}\ln(\lambda_v V) \tag{2.74}$$

$$t_m = \bar{t}e^{-\frac{\lambda_v V+2}{2\lambda_v V}\sigma^2}$$

式中，σ 为 t 的正态分布方差。

三、结构面网络的连通性分析

结构面网络的连通性质不同，则岩体的力学和水力学性质都会不同。例如，一种被完全连通的结构面网络切割的岩体，在力学性质上相当于块体介质，而水力学性质上则相当于网状贯通裂隙介质。而通常情况下，岩体的力学性质和水力学性质都会因为裂隙的连通性而表现出一定的各向异性特征。因此，岩体结构面网络的连通性分析具有重要的力学和水力学意义。

结构面网络的连通性与结构面产状、尺度、密度及隙宽均有直接联系，作为结构面网络连通性的描述参数应包括这几个基本要求。

Roulean 和 Gale（1985）从概念上定义两组裂隙的连通指数如下：

$$I_{ij} = \frac{\bar{l}_i}{\bar{S}_j}\sin\gamma_{ij}$$

式中，$\bar{l}_i$ 为第 i 组的平均迹长；$\bar{S}_j$ 为第 j 组面的平均间距；γ_{ij}为两组面的夹角。

显然第 i 组面尺度越大，第 j 组面越密集，则 I_{ij}越大，且当 $\gamma_{ij}=0$ 即两组面平行时连通指数为零。同时有 $I_{ij}\neq I_{ji}$。他们还定义了第 i 组通过其他各组面的总连通指数为

$$I_i = \sum_{j=1}^{n} I_{ij}, \quad i \neq j$$

于青春通过分析连通性的主要影响因素定义了岩体渗透度（K）为

$$K=DK_e$$

式中，K_e为完全连通网络岩体的渗透度；$D(\leqslant 1)$ 为结构面网络连通度，并对二维网络提出如下经验公式

$$D = 1 - e^{-\frac{1}{\eta}\sqrt{(a+b+c)N\sum_{i=1}^{n} l_i^3\sin^3 v_i}}$$

式中，a、b、c 为三组面的平均迹长；N 为以 a、b、c 为边长的平行六面体内结构面交点数；n 为裂隙组数；v_i为研究方向与第 i 组面法线方向夹角；η 为系数。上式表述了连通度与结构面网络中迹长、交点数、夹角的单增关系。

对于三维网络，沈继芳①采用网络图论方法，以两两结构面组为一个子网络，通过叠加形成岩体结构面网络，并以北京西山杨家坨地区奥陶系灰岩岩体为例，进行了结构面网络连通度分析。

下面我们给出连通裂隙率的理论表达式。

设有两组结构面 i 和 j，平均迹长分别为 $\bar{l}_i$ 和 $\bar{l}_j$，平均法线密度为 λ_i和 λ_j，体密度为 λ_{vi}和 λ_{vj}，迹长服从负指数分布，两组面夹角为 θ（图 2.32）。

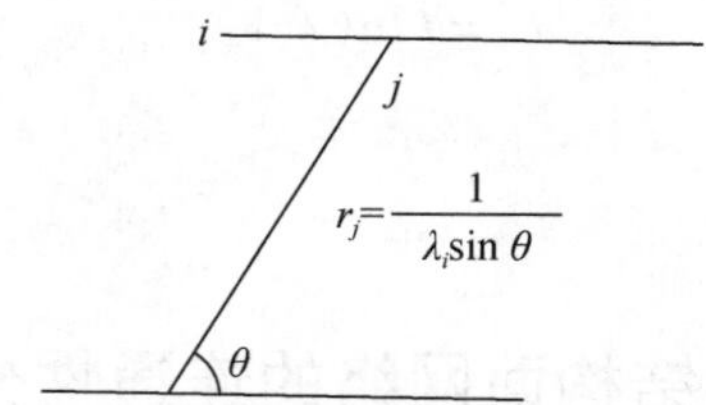

图 2.32　结构面网络连通性分析图

在 j 组中，任一结构能同时交切第 i 组中两个以上结构面而引起连通作用的最小半径长度应为

① 沈继芳，1987，岩体裂隙介质和裂隙水，中国地质大学水文地质教研室。

$$r_j \geqslant \frac{1}{2\lambda_i \sin\theta} \tag{2.75}$$

其中，$1/\lambda_i$为第i组面的平均间距，单位体积内满足这一条件的第j组结构面数为

$$N_j = \lambda_{vj}\int_{r_j}^{\infty} f_j(x)\,\mathrm{d}x = \lambda_{vj}\overline{F}_j(r_j) \tag{2.76}$$

这部分结构面的平均半径（注意与该组全部结构面的平均半径$\bar{a}_j$不同）为

$$\bar{r}_j = \int_{r_j}^{\infty} x f_j(x)\,\mathrm{d}x \tag{2.77}$$

若第j组面平均隙宽为$\bar{t}_j$，则被连通的结构面总裂隙体积为

$$V_j = \pi N_j \cdot \bar{r}_j^{\,2} \cdot \bar{t}_j \tag{2.78}$$

因N_j是单位体积内的被连通的第j组结构面数，因此V_j即为第j组裂隙通过第i组的连通裂隙率η_{ji}，或即水力学意义上的有效裂隙率为

$$\eta_{ji} = V_j = \pi N_j \cdot \bar{r}_j^{\,2} \cdot \bar{t}_j \tag{2.79a}$$

应当注意的是，第i组裂隙构成了第j组裂隙面的水力学通路，也限制了第j组裂隙连通率作用的有效性；反之亦然。就是说，两组结构面的相互连通率η_{ji}和η_{ij}中较小的一个才是它们之间实际发生作用的连通率。

考虑到有

$$\eta_{ij} = V_i = \pi N_i \cdot \bar{r}_i^{\,2} \cdot \bar{t}_i \tag{2.79b}$$

可以取式（2.79a）、式（2.79b）两式中较小的值作为第j组裂隙被第i组的连通率，即

$$\eta_{ji} = \min(\eta_{ji}, \eta_{ij}) \tag{2.79c}$$

若有m组结构面存在，则j组以外的每一组都可能使j组发生连通，我们可以计算出多个η_j值，并有第j组结构面的总连通率为

$$\eta_j = \sum_{i=1}^{m} \eta_{ji} \tag{2.80}$$

作为常见的情形，对于半径服从式（2.25）分布的情形，即

$$f(a) = \frac{1}{\bar{a}} \mathrm{e}^{-\frac{a}{\bar{a}}}$$

积分式（2.77）为

$$\bar{r}_j = \frac{1}{\bar{a}_j}\int_{r_j}^{\infty} x \mathrm{e}^{-\frac{1}{\bar{a}_j}x}\,\mathrm{d}x = (\bar{a}_j + r_j)\,\mathrm{e}^{-\frac{r_j}{\bar{a}_j}}$$

而

$$\overline{F}_j(a_j) = 1 - F = \mathrm{e}^{-\frac{r_j}{\bar{a}_j}}$$

故式（2.79b）可写为

$$\eta_{ji} = \pi\lambda_{vj}\bar{t}_j(\bar{a}_j + r_j)^2 \mathrm{e}^{-\frac{3r_j}{\bar{a}_j}} \tag{2.81}$$

这里顺便讨论一下式（2.75）中$\sin\theta$值的求取问题。若第i值和第j组面法向矢量方向余弦分别为n和l，则有

$$\cos\theta = n_1 l_1 + n_2 l_2 + n_3 l_3$$

于是有

$$\sin\theta = \sqrt{1 - \cos^2\theta} \tag{2.82}$$

此外，岩体中结构面网络的连通性质还可以通过随机网络模拟图抽取连通网络方法获得，对此我们还将做出介绍。

四、裂隙张量法

裂隙张量法是用一个张量来描述岩体中一点处结构面网络统计几何性质的方法，由日本学者 Oda（1983，1984）首次提出，并将这一几何张量称为岩体的“一般结构张量”，其形式为

$$\boldsymbol{F} = \frac{\pi\rho}{4}\int_0^\infty\int_\Omega r^3\boldsymbol{n}\otimes\boldsymbol{n}\otimes\cdots\otimes\boldsymbol{n}E(\boldsymbol{n},r)\,\mathrm{d}\Omega\mathrm{d}r$$

式中，ρ 为单位体积中结构面数，$\rho=m/V$，即 λ_v；r 为结构面等效直径，$r=2\sqrt{s/\pi}$；$\boldsymbol{n}$ 为结构面法向矢量；$\otimes$ 表示并矢积；Ω 为空间角度域，$E(\boldsymbol{n},r)$ 为 $\boldsymbol{n}$、r 的分布密度函数。

实际应用中，上式可写为

$$\boldsymbol{F} = \frac{\pi}{4V}\sum_{k=1}^{m}(r^{(k)})^3\boldsymbol{n}^{(k)}\otimes\boldsymbol{n}^{(k)}\otimes\cdots\otimes\boldsymbol{n}^{(k)} \tag{2.83}$$

式中，V 为体积。

按照上面的定义，裂隙张量具有如下特点：

（1）$\boldsymbol{F}$ 是无量纲量；

（2）张量的阶数为偶数，因为对于任一组面，法向矢量（$\boldsymbol{n}$）方向取正或负所表示的是同一组面，即应有 $E(\boldsymbol{n},r)=E(-\boldsymbol{n},r)$；

（3）$\boldsymbol{F}$ 是对称张量，即 $\boldsymbol{F}_{ij\cdots k}=\boldsymbol{F}_{ji\cdots k}=\boldsymbol{F}_{kj\cdots i}$；

（4）$\boldsymbol{F}$ 的零阶、二阶、四阶张量分别为

$$\boldsymbol{F}_0 = \frac{\pi}{4}\rho\int_0^\infty r^3 f(r)\,\mathrm{d}r$$

$$\boldsymbol{F}_{ij} = \frac{\pi\rho}{4}\int_0^\infty\int_\Omega r^3 n_i n_j E(n,r)\,\mathrm{d}\Omega\mathrm{d}r$$

$$\boldsymbol{F}_{ijkl} = \frac{\pi\rho}{4}\int_0^\infty\int_\Omega r^3 n_i n_j n_k n_l E(\boldsymbol{n},r)\,\mathrm{d}\Omega\mathrm{d}r,\quad i,j,k,l=1,2,3 \tag{2.84}$$

（5）零阶张量是比例张量，为 Budiansky 和 O'Connell（1976）裂隙集中度参数。因为裂隙率为

$$P = \frac{V_v}{V} = \frac{\pi}{4}\rho\int_0^\infty mr^2 tf(r)\,\mathrm{d}r \tag{2.85}$$

式中，t 为隙宽，当 $t=kr$ 时有 $P=kF_0$。

Oda（1985）还定义了另一个“裂隙张量”为

$$\boldsymbol{P}_{ij} = \frac{\pi\rho}{4}\int_0^\infty\int_0^\infty\int_\Omega r^2 t^3 n_i n_j E(\boldsymbol{n},r,t)\,\mathrm{d}\Omega\mathrm{d}r\mathrm{d}t \tag{2.86}$$

用于岩体渗透张量分析。

上述裂隙张量中包含了结构面的体积密度、尺寸、张开度与产状，这些正是岩体结构面网络的主要几何要素。又因张量中包含了几个主要的几何参量的分布密度函数，因此裂隙张量综合反映了岩体几何结构的统计性质。Oda 把这些结构张量用于岩体力学、岩体水力学及岩体动力学分析。

第九节 岩体结构面网络的随机模拟

岩体结构面网络的随机模拟是根据实测的岩体结构各要素的统计分布，采用蒙特卡罗随机抽样模拟，再现岩体几何结构图式的一种方法。

结构面网络二维模拟技术由英国帝国理工学院硕士生 Samaniego 1981 年在他的学位论文中首次提出。1987 年，潘别桐率先将这一技术引入中国，并在黄河小浪底水库、长江三峡电站等重大工程的岩体结构与模拟研究中采用。1990 年，徐继先发展了岩体结构面网络模拟程序。陈剑平等（1995）出版了《随机不连续面三维网络计算机模拟原理》，系统介绍了岩体结构面网络模拟方法和应用。贾洪彪（2008）出版了《岩体结构面三维网络模拟理论与工程应用》。Xu 和 Dowd（2010）发展了二维和三维离散裂隙网络模拟软件包。

1. 结构面网络模拟的基本步骤

陈剑平等（1995）介绍了随机不连续面三维网络计算机模拟原理和 13 步实施过程。这里大致归纳为以下四个步骤：

第 1 步：求取岩体结构均质区。

第 2 步：建立三维随机不连续面几何模型，包括：

（1）优势不连续面组划分与组数确定；

（2）各不连续面组产状取样偏差校正与分布参数确定；

（3）各不连续面组迹长、间距取样偏差校正与分布参数确定；

（4）按圆盘型考虑的不连续面组直径分布参数确定；

（5）各结构面组中心点平均体积密度与中心点个数的随机变量分布参数确定。

第 3 步：蒙特卡罗法随机模拟生成三维网络模型。

第 4 步：三维网络模型有效性对比检验。

采用蒙特卡罗方法随机模拟生成三维网络模型的过程，实际上是一个随机数据统计分析的逆过程（图 2.33）。它通过随机数生成方法产生服从均匀分布的随机数 $r_i \in [0, 1]$ $(i=1, 2, \cdots, n)$，将该随机数 r_i 对应到某组结构面任一要素的累积分布函数 $F(t)$，可以唯一地确定一个随机变量的取值 t。这个值 t 即可称为关于分布 $F(t)$ 的一个随机抽样值。当抽样数 n 足够大时，所获取的一组抽样值将服从分布 $F(t)$，即客观反映了结构面某个要素的统计特征。

对于岩体结构面网络，由于包含了多个要素，我们可以用一个随机数 r_i 去对应一组要素抽样值，这样用一个 r_i 即可唯一地确定某组面中一个面抽样的空间位置、产状、尺度等并落于图上。当抽样次数 n 达到某个数字时，便可做出一个与真实岩体结构统计相似的结构面网络图式。

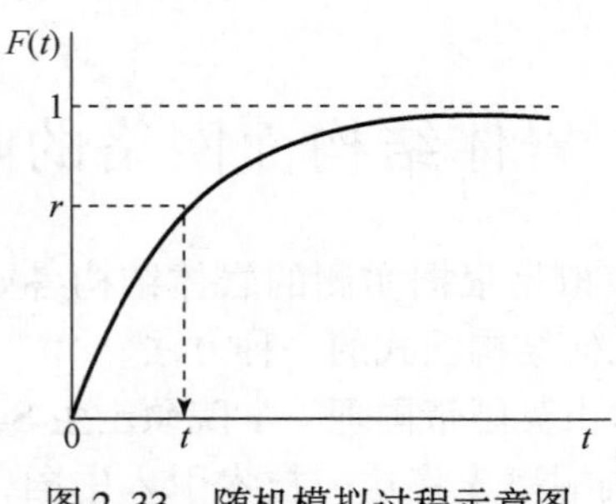

图 2.33　随机模拟过程示意图

2. 均匀分布随机数的产生

为了保证模拟结果与原型统计相似，必须保证随机数序列 $\{r_i\}$ 在 $[0, 1]$ 区间内均匀分布，即有密度函数为

$$f(r) = \begin{cases} 1, & 0 \leqslant r \leqslant 1 \\ 0, & \text{其他} \end{cases}$$

$$r = \int_0^1 rf(r)\,\mathrm{d}r = \frac{1}{2} \tag{2.87}$$

一般计算机中均有产生 $[0, 1]$ 内或任意区间 $[a, b]$ 内均匀随机数的程序，可以直接调用。

3. 随机变量抽样方法

设随机变量 t，如结构面倾向服从经验分布 $F(t)$，由于 $F(t)$ 通常是连续单值的，且值域为 $[0, 1]$，故在该区间上总有一个服从均匀分布的随机数 (r)，使得

$$r = F(t) \tag{2.88}$$

于是有相应的一个倾向抽样值为

$$t = F^{-1}(t) \tag{2.89}$$

式（2.89）必为一个单值对应关系，即一个 r 一定有并且只有一个抽样值 (t) 与之对应（图 2.33）。

对于 t 服从负指数分布的情形，有

$$r = F = \int_0^t f(x)\,\mathrm{d}x = 1 - \mathrm{e}^{-\lambda t} \tag{2.90}$$

于是有随机抽样值

$$t = -\frac{1}{\lambda}\ln(1 - r) \tag{2.91}$$

4. 结构面网络模拟及其应用

自英国学者 Samaniego（1981）首创了岩体结构面平面网络模拟技术以来，网络模拟技术与成果已被广泛用于岩体力学各应用问题中。

在平面网络中，结构面是其与模拟平面的一条交线。在模拟过程中，假定交线中点在模拟平面内服从泊松分布，即在任一面积元中结构面中心点数统计相等，由此通过抽样确定结构面中心点 x 坐标和 y 坐标。单位面积内某组面的中心点数为

$$N = \lambda\mu \tag{2.92}$$

亦即本书中的式（2.35）。

结构面中心点位置一旦确定，便可用上述方法，由同一个随机数 r 产生一组分别服从各自分布的随机变量抽样值 t_i（$i=1，2，\cdots，m$）。例如，同时产生结构面倾向、倾角、半径、隙宽等，这样就可以由一个随机数对应画出图上的一条结构面，n 个随机数画出 n 条结构面。对于第二组，乃至第 i 组结构面，重复上述过程，即可做出结构面网络图形。

当模拟平面上总结构面数全部做出后，即可得到一幅网络图［图 2.34（a）］。

结构面网络模拟的目的不在于得到一张网络图，而在于用它来进行各种应用分析，它们包括：

（1）抽取连通网络图。图 2.34（a）中与边界线相交的结构面有可能与外界沟通形成连通通路。因此，首先可找出结构面与边界线的交点，由此出发对结构面进行追踪，找出与该面相交的所有结构面，并按树形结构分层循序追踪。舍去“盲裂隙”，即不再与其他裂隙继续连通的裂隙，由此即可得到图 2.34（a）的连通网络图［图 2.34（b）］。连通网络图不仅对岩体水力学特性分析有重要意义，对岩体中可能破坏面的搜索确定也具有意义。

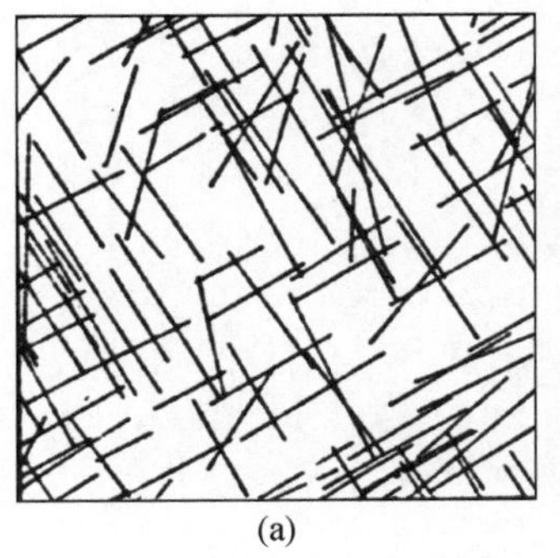

(a)

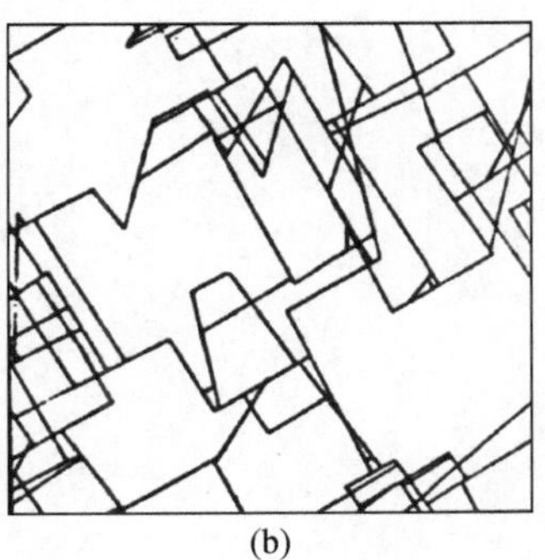

(b)

图 2.34　模拟结构面网络（a）与连通网络图（b）

（2）岩体方向RQD的确定。在模拟网络图内，任取一方向的测量线，可用计算机搜索出与测线相交的结构面，累加相邻间距大于10cm的部分，其与测线长度的百分比值即为计算方向的RQD值。由于结构面网络的模拟平面方向是可以随意选取的，因此，我们可以得到空间各个方向上的RQD值。图2.35为从模拟平面内不同方向上求得的RQD分布图，它清楚地反映了RQD的极大值与极小值分布。

（3）岩体最可能破坏面的搜索。当岩体中某剖面的结构面网络模拟出来后，我们可以结合工程的边界条件，搜索出连通路径，用数值方法算出路径上各结构面处的应力状态，代入力学参量c、φ，采用刚体极限平衡法计算出沿连通路径的稳定性系数。比较各路径的稳定性系数，便可找出最可能破坏的滑动破坏面。图2.36即为由此确定的边坡岩体破坏面。

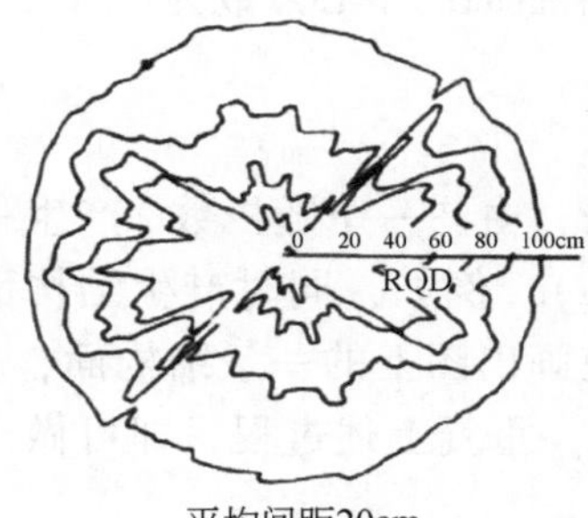

图2.35　二维RQD的方向分布
（据杜时贵等，1996）

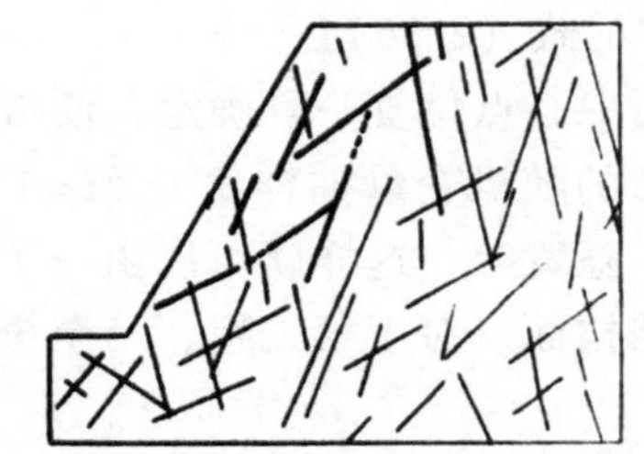

图2.36　边坡中最危险破坏面位置搜索

但是应当看到，岩体结构面网络的任一个模拟图式都只不过是整个岩体结构形式的一次随机抽样，岩体中某个结构面尤其是长大结构面的具体位置、方向在不同次模拟中将可能是不同的。因此，应用一次网络模拟结果进行岩体力学分析和地下水运移分析的可靠性等同于用一个随机样品值代表一个随机总体的均值。但要进行大量的网络模拟，工作量将是巨大的。

由此可见，应用结构面网络模拟技术进行岩体结构、岩体力学与水力学性质研究只是一种几何途径。

第三章　裂隙岩体的弹性应力–应变关系

如何采用力学工具来表述和分析岩体的力学行为，历来是岩石力学的难题。早期的岩石力学是借用了弹性力学、塑性力学，乃至黏-弹-塑性理论来研究岩体的变形和强度行为，但这种努力始终受到力学理论与岩体不连续与各向异性特征巨大差异的限制。

20世纪中后期，人们开始探索结构面的力学特性，提出了岩体力学的概念。这一时期虽然对结构面的力学行为有了深入的认识，但岩体的整体力学行为仍然采用连续介质力学理论来表述。只是到了20世纪末人们才开始探索建立岩体结构模型，并用于研究岩体整体力学行为。

本章将在均质假定的基础上，建立裂隙岩体的应力-应变关系，并介绍损伤力学及裂隙张量方法表述岩体本构理论的若干结论。

第一节　裂隙岩体连续等效的概念

裂隙岩体是由岩石块体和有限长度的结构面及其网络组合而成的地质体。岩体具有细观上不连续性与宏观上似连续性的双重特性。由于岩体中结构面遵从断裂力学的行为规律，因此基于结构面断裂力学分析，建立岩体的宏观连续介质力学模型，应该是恰当的途径。这就是将细观不连续的裂隙岩体进行宏观连续等效分析的方法。

等效途径选择是介质连续等效的关键环节，不恰当的等效途径可能导致问题。损伤力学理论曾经尝试这种等效，并引发了一个时期的研究热潮。但是，对于裂隙岩体建立等效模型存在许多重要困难。

损伤力学理论从一维杆件受拉条件出发，考虑到杆件横截面 A_n 中受拉而张开的微裂纹不能传力，实际传力面积降低为 $A<A_n$，定义损伤因子 $\Omega=\dfrac{A_n-A}{A_n}=1-\varphi$。将实际受力面积上增大了的应力称为“有效应力”，即 $\sigma^*=\dfrac{\sigma}{1-\Omega}>\sigma$，并在此基础上提出了等效应变假设，即把因材料损伤而增大了的应变（ε^*）等效为 σ^* 在原有连续介质上的作用结果，即

$$\varepsilon^*=\frac{\sigma^*}{E}=\frac{\sigma}{(1-\Omega)E}$$

这一“应变等效”假设使人们方便地建立起受拉杆件的一维损伤本构关系。但是对于岩体，这一假设至少带来两个困难：一是如何将一维的损伤因子（Ω）拓展为三维条件下具有九个分量的损伤张量，以往的杆件截面传力面积投影实际上很难操作；二是岩体裂隙多数为受压闭合状态，能够传递法向压应力，也能传递部分剪应力，按照一维损伤力学理论推广所建立的三维模型中有效应力张量不具有对称性，不满足应力理论的基本要求。

人们对损伤张量和有效应力张量进行了各种人为的修正，但这些问题在三维损伤理论中并没有根本解决。问题的根源就在于损伤理论选取了应变等效的途径。

我们将探索采用能量等效的途径来研究问题。考虑到工程及其影响深度是有限的，岩体应力不大；岩体也常常工作在常温状态，多表现出弹性和脆性变形特征。所以，我

们将运用弹性力学、线弹性断裂力学的能量理论来分析岩体的力学习性，建立均质裂隙岩体等效连续力学模型。

第二节　裂隙岩体应力–应变关系的平面问题模型

为了说明建立裂隙岩体应力–应变关系的思路，本节将首先以简单的平面问题进行分析，以便于理解。

一、结构面上的应力

设如图 3.1 所示的单位面积岩体单元，边长分别与坐标轴 x 和 y 平行。单元边界作用应力 σ_{11} 和 σ_{22} 。有一个长为 $2a$ 的穿透性结构面，法线 $\boldsymbol{n}$ 与 x 轴夹角为 θ ，法线方向余弦为

$$n_1 = \cos\theta, \quad n_2 = \sin\theta \tag{3.1}$$

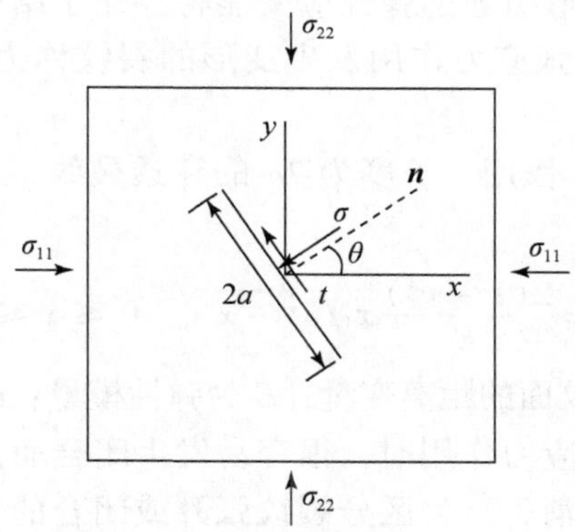

图 3.1　岩体单元受力图示

按照应力投影公式，结构面上的法向应力（σ）和剪应力（τ）分别为

$$\begin{cases} \sigma = \sigma_{11} n_1^2 \theta + \sigma_{22} n_2^2 & (3.2) \\ \tau = (\sigma_{11} - \sigma_{22}) n_1 n_2 & (3.3) \end{cases}$$

结构面在受压闭合时，将存在抗剪强度（τ_f）为

$$\tau_f = c + \sigma\tan\varphi \tag{3.4}$$

在剪应力克服了抗剪强度后剩下的部分称为剩余剪应力（τ_r），为

$$\tau_r = \tau - \tau_f = \tau - (c + \sigma\tan\varphi) \tag{3.5}$$

定义如下的剩余剪应力比值系数（h）为

$$h = \frac{\tau_r}{\tau} \tag{3.6}$$

在式（3.5）中，剪应力（τ）和抗剪强度（τ_f）的作用方向总是相反的。在未发生沿

结构面剪切破坏时，抗剪强度 $\tau_f = c + \sigma\tan\varphi$ 只是一个潜在的值，它所发挥出的量值只能与剪应力（τ）相等，此时有 $\tau_r = 0$，$h=0$；只有当结构面发生剪切滑动时，抗剪强度（τ_f）的潜能才能充分发挥出来，成为 $c + \sigma\tan\varphi$，此时有 $0 \leqslant \tau_r < \tau$，$0<h<1$。

对于受法向拉应力作用张开的情形，由于结构面已经没有抗剪强度，因此剪应力将全部成为剩余剪应力，即有 $h = 1$，$\tau_r = \tau$。

根据上述分析可知，h 是一个无量纲的正数，且有 $0 \leqslant h \leqslant 1$。

二、结构面的变形

在上述应力作用下，结构面上将发生两种变形，即法向变形和剪切变形。

1. 法向变形

当结构面因张开而不传递法向应力时，尖端区域将出现应力集中现象，即发生断裂力学效应。由结构面张开变形引起的弹性应变能将存储于结构面周边的连续介质中。按照断裂力学的说法，受法向张应力作用发生变形的裂纹称为格里菲斯（Griffith）裂纹，或称 I 型裂纹。

对于受法向拉应力（σ）作用，长度为 $2a$ 的穿透裂纹，I 型裂纹壁面法向张开位移（v_{I}）为（范天佑，1978）

$$v_{\mathrm{I}} = \frac{2(1-\nu^2)}{E}\sigma\sqrt{a^2 - x^2}, \quad 0 \leqslant x \leqslant a \tag{3.7}$$

式中，x 为自裂纹中点沿裂纹面的距离变量；E 为弹性模量；ν 为泊松比。

当结构面受到法向压缩应力作用时，很容易发生闭合而使两壁接触，并可以传递法向应力，此时断裂力学效应消失。为区分裂纹张开或闭合的情形，我们定义下述结构面法向应力状态系数（k）为

$$k = k(\sigma) \tag{3.8}$$

当结构面受法向拉应力作用张开时，取 $k = 1$；当其闭合时，取 $k = 0$。由此可以将式（3.8）写为

$$v_{\mathrm{I}} = \frac{2(1-\nu^2)}{E}k\sigma\sqrt{a^2 - x^2}, \quad 0 \leqslant x \leqslant a \tag{3.9}$$

通常结构面两壁多数是点状接触。实验已经证实，闭合结构面在法向压应力作用下会进一步产生压缩变形，且其法向压缩刚度将随压缩量增大而呈指数方式快速增长，因此压缩量是有限的。理想的最大压缩量是结构面的张开度，即隙宽。

2. 剪切变形

结构面承受沿裂纹平面的剪切应力作用时，将会产生剪切变形。按照断裂力学，受

纯剪应力作用发生剪切变形的裂纹称为滑开型裂纹，或称 II 型裂纹。

当结构面闭合时，剪应力会克服两壁面间的抗剪强度，在剩余剪应力（τ_r）作用下发生相对剪切变形。II 型裂纹的剪切位移（v_{II}）为（范天佑，1978）

$$v_{II} = \frac{2(1-\nu^2)}{E}\tau_r\sqrt{a^2 - x^2},\quad 0 \leqslant x \leqslant a \tag{3.10}$$

式中，x 为自裂纹中点沿裂纹面的距离变量。

三、结构面变形引起的应变能

我们知道，在一定的应力作用下，结构面的弹性变形将引起弹性应变能，并存储在结构面周边的连续介质中。我们仍然分别考察结构面的张开变形和剪切变形引起的应变能。

1. 结构面张开变形引起的应变能（U_I）

一个结构面在法向应力（σ）作用下，裂纹表面面积元 $ds = Bdx$ 上的力元为

$$dp = \sigma ds = \sigma B dx = \sigma dx$$

式中，B 为裂纹单元的厚度，可取为单位值。按照功能原理，力元 dp 使裂纹表面元 ds 产生位移（v_I）所做的功（dW_I）将完全转换为裂纹周边连续介质中的弹性应变能（dU_I），因此有

$$dU_I = dW_I = \frac{1}{2}v_I dp = \frac{1}{2}v_I\sigma dx \tag{3.11}$$

应力 σ 对整个结构面上下两壁张开位移转化的弹性应变能为

$$U_I = 2\int_{-a}^{a} dW_I = 4\int_0^a \frac{1}{2}v_I dp = \frac{\pi(1-\nu^2)}{E}k^2a^2\sigma^2 \tag{3.12}$$

2. 结构面剪切变形引起的应变能（U_{II}）

对于 II 型裂纹，力元和位移的表述形式与 I 型裂纹相同，只是将张应力（σ）换成了剩余剪应力（τ_r）。与上述过程相仿，我们可以推得一个 II 型结构面在剪切应力作用下引起的应变能为

$$U_{II} = \frac{(1-\nu^2)}{E}\pi a^2\tau_r^2 = \frac{(1-\nu^2)}{E}h^2\pi a^2\tau^2 \tag{3.13}$$

3. 结构面变形引起的应变能（U_c）

当结构面同时受到法向应力和剪应力的作用时，将产生并存储上述两种应变能。由

于能量是标量，是直接可加量，结构面变形引起的应变能（U_c）应为两者之和，即

$$U_c = U_{\mathrm{I}} + U_{\mathrm{II}} = \frac{(1-\nu^2)}{E}\pi a^2(k^2\sigma^2 + h^2\tau^2) \tag{3.14}$$

四、含结构面的岩体单元应力–应变关系

当岩体单元中含有 m（$p=1, 2, \cdots, m$）组结构面，第 p 组结构面的个数为 N_p（$q=1, 2, \cdots, N_p$），若考虑到同一组结构面应力状态相近，则有单元体中结构面应变能为

$$\begin{aligned} U_c &= \sum_{p=1}^{m}\sum_{q=1}^{N_p} U_{cqp} = \frac{1-\nu^2}{E}\sum_{p=1}^{m}\sum_{q=1}^{N_p}(k^2\sigma^2 + h^2\tau^2)\pi a^2 \\ &= \frac{1-\nu^2}{E}\pi\sum_{p=1}^{m}(k^2\sigma^2 + h^2\tau^2)\sum_{q=1}^{N_p} a^2 \end{aligned} \tag{3.15}$$

若某组结构面面积密度为 λ_s，则在面积 S 内有结构面数 $N_p=\lambda_s S$。将 a^2 用其均值代替，则可将式（3.15）中后面的求和式写为

$$\sum_{q=1}^{N_p} a^2 = N_p\,\overline{a^2} = \lambda_s \cdot S \cdot \overline{a^2} \tag{3.16}$$

若结构面半径（a）服从分布式（2.25），或即

$$f(a) = \frac{\pi}{2}\mu e^{-\frac{\pi}{2}\mu a}$$

根据概率论，a^2 服从分布：

$$h(a^2) = \frac{\pi}{2}\mu e^{-\frac{\pi}{2}\mu a} \cdot \frac{1}{2}a^{-1} = \frac{\pi}{4}\mu a^{-1} e^{-\frac{\pi}{2}\mu a}$$

于是有 a^2 的均值为

$$\overline{a^2} = \frac{8}{\pi^2\mu^2} = 2\bar{a}^2$$

注意到式（2.35），即 $\lambda_s=\mu\lambda$，式（3.16）变为

$$\sum_{q=1}^{N_p} a^2 = \frac{4}{\pi}\lambda \cdot S \cdot \bar{a}$$

式中，引用了 $\bar{a}=\dfrac{2}{\mu\pi}$［即式（2.24）］。

代入式（3.15），并用应变能密度（u_c）表示，可得 m 组结构面引起的应变能密度为

$$u_c = \frac{U_c}{S} = \frac{4(1-\nu^2)}{E}\sum_{p=1}^{m}\lambda\bar{a}(k^2\sigma^2 + h^2\tau^2) \tag{3.17}$$

而由弹性理论，岩块的应变能密度为

$$u_0 = \frac{1}{2E}[\sigma_{11}(\sigma_{11} - \nu\sigma_{22}) + \sigma_{22}(\sigma_{22} - \nu\sigma_{11})] \tag{3.18}$$

令岩体单元的总弹性应变能为

$$u = \frac{1}{2}[\sigma_{11}\varepsilon_{11} + \sigma_{22}\varepsilon_{22} + (\sigma_{11} + \sigma_{22})\varepsilon_{12}] \tag{3.19}$$

按照应变能可加性原理，可得岩体单元应变能为

$$u = u_0 + u_c \tag{3.20}$$

由于式（3.17）中

$$\begin{cases} \sigma^2 = (\sigma_{11}n_1^2 + \sigma_{22}n_2^2)^2 \\ \tau^2 = (\sigma_{11} - \sigma_{22})^2 h^2 n_1^2 n_2^2 \end{cases} \tag{3.21}$$

式中，n_1、n_2 为方向余弦。将式（3.17）、式（3.18）、式（3.19）及式（3.21）代入式（3.20），对比应力可以导出

$$\begin{aligned} 0 = & \sigma_{11}\left[\frac{1}{E}(\sigma_{11} - \nu\sigma_{22}) + \frac{8(1-\nu^2)}{E}\sum_{p=1}^{m}\lambda\bar{a}(k^2n_1^2 + h^2n_2^2)n_1^2\sigma_{11} - \varepsilon_{11}\right] \\ & + \sigma_{22}\left[\frac{1}{E}(\sigma_{22} - \nu\sigma_{11}) + \frac{8(1-\nu^2)}{E}\sum_{p=1}^{m}\lambda\bar{a}(k^2n_2^2 + h^2n_1^2)n_2^2\sigma_{22} - \varepsilon_{22}\right] \\ & + \sigma_{11}\left[\frac{8(1-\nu^2)}{E}\sum_{p=1}^{m}\lambda\bar{a}\sigma_{22}n_1^2n_2^2(k^2 - h^2) - \varepsilon_{12}\right] \\ & + \sigma_{22}\left[\frac{8(1-\nu^2)}{E}\sum_{p=1}^{m}\lambda\bar{a}\sigma_{11}n_1^2n_2^2(k^2 - h^2) - \varepsilon_{12}\right] \end{aligned}$$

由于两个主应力恒不为0，只能是它们的系数为0。取平均剪应变为 $\varepsilon_{12} = \varepsilon_{21}$ 的均值，有图3.1平面应力问题的岩体应力-应变关系为

$$\begin{cases} \varepsilon_{11} = \dfrac{1}{E}\left\{\left[1 + 8(1-\nu^2)\displaystyle\sum_{p=1}^{m}\lambda\bar{a}n_1^2(k^2n_1^2 + h^2n_2^2)\right]\sigma_{11} - \nu\sigma_{22}\right\} \\ \varepsilon_{22} = \dfrac{1}{E}\left\{\sigma_{22} + \left[8(1-\nu^2)\displaystyle\sum_{p=1}^{m}\lambda\bar{a}n_2^2(k^2n_2^2 + h^2n_1^2) - \nu\right]\sigma_{11}\right\} \\ \varepsilon_{12} = \dfrac{4(1-\nu^2)}{E}\displaystyle\sum_{p=1}^{m}\lambda\bar{a}n_1n_2^2(k^2 - h^2)(\sigma_{11} + \sigma_{22}) \end{cases} \tag{3.22}$$

由式（3.22）可见，即使岩体单元边界并无剪应力作用，由于结构面网络的力学效应，在主应力边界仍然出现剪应变。

对于双向应力的平面应变问题，式（3.22）中作用于结构面部分的应力需做平面应变状态变换。我们将在第十章讨论这一问题。

归纳上述，我们可以总结出建立岩体弹性应力-应变关系的基本思路：

（1）写出任一结构面上的法向应力与剩余剪应力、结构面的法向和切向位移；

（2）求得结构面法向和切向变形转换并存储在裂端岩石中的应变能，两者之和即为结构面的弹性变形应变能；

（3）将各组结构面引起的弹性应变能加和，并做结构面几何概率推演，得到结构面网络引起的应变能；

（4）将连续岩石和结构面网络的弹性应变能加和，得到岩体单元的总弹性应变能；

（5）合并应力分量同类项，并令其系数为0，即可得岩体连续等效介质的应力-应变

关系。

下面我们将沿着这个思路，建立三维应力状态下含埋藏型圆形结构面岩体的连续等效应力-应变关系。

第三节　埋藏结构面上的应力

本节讨论三维埋藏圆形结构面上的应力分解。本节将用到张量的下标记法和一些简单的代数运算，并将一些可以直观表达的内容写成习惯形式。对于烦琐的推导过程及其表达形式，可以不必在意，我们将在得到结果后尽可能做出通俗的分析（图 3.2、图 3.3）。

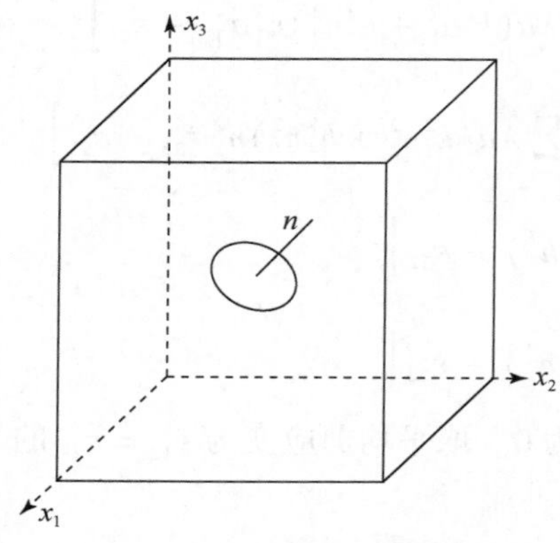

图 3.2　埋藏圆裂纹

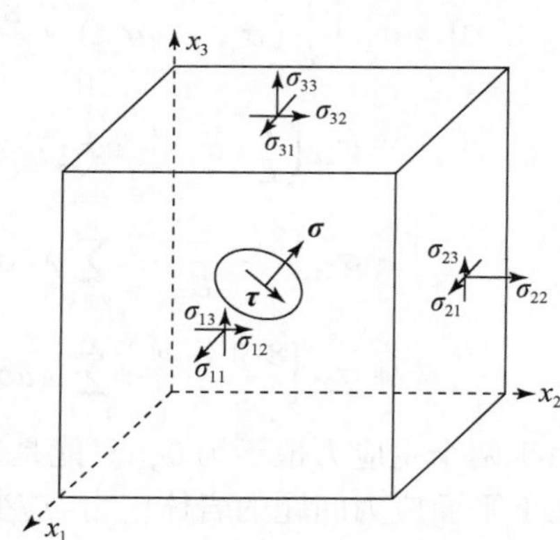

图 3.3　裂纹上的应力

设有一圆形埋藏结构面，半径为 a，产状为 $\alpha\angle\beta$，则其法向矢量（$\boldsymbol{n}$）在三维笛卡儿坐标系 $x_i(i=1,2,3)$ 中的方向余弦可按式（2.1）写为

$$\boldsymbol{n}=\begin{bmatrix}n_1\\n_2\\n_3\end{bmatrix}=\begin{bmatrix}-\cos\alpha\sin\beta\\\sin\alpha\sin\beta\\\cos\alpha\end{bmatrix} \tag{3.23}$$

若结构面中心点附近一定范围内的应力张量可表示为

$$\boldsymbol{\sigma}=\begin{bmatrix}\sigma_{11}&\sigma_{12}&\sigma_{13}\\\sigma_{21}&\sigma_{22}&\sigma_{23}\\\sigma_{31}&\sigma_{32}&\sigma_{33}\end{bmatrix} \tag{3.24}$$

由 Cauchy 公式，结构面上总应力矢量为

$$\boldsymbol{P}=\boldsymbol{\sigma}\cdot\boldsymbol{n} \tag{3.25}$$

结构面法向应力数值为

$$\sigma_{\mathrm{n}}=\boldsymbol{P}^{\tau}\cdot\boldsymbol{n}=\boldsymbol{n}^{\tau}\cdot\boldsymbol{\sigma}^{\tau}\cdot\boldsymbol{n} \tag{3.26}$$

结构面上的剪应力矢量为

$$\boldsymbol{\tau}=\boldsymbol{P}-\boldsymbol{\sigma}_{\mathrm{n}}=\boldsymbol{P}-\sigma_{\mathrm{n}}\boldsymbol{n} \tag{3.27}$$

其量值为

$$\tau = \sqrt{P^2 - \sigma_n^2} \tag{3.28}$$

由于其习惯表达形式较为复杂，不在这里列出。

由库仑强度理论可知，结构面抗剪强度为

$$\tau_f = c + \sigma_n \tan\varphi \tag{3.29}$$

式中，c 为结构面黏聚力；$\tan\varphi$ 为摩擦系数。

或者由 Barton 方程（Barton and Choubey，1977），结构面抗剪强度为

$$\tau_f = \sigma_n \tan\left(\text{JRC} \cdot \lg \frac{\text{JCS}}{\sigma_n} + \varphi_b\right) \tag{3.30}$$

式中，JRC 为节理粗糙度系数，由图 2.20 及式（2.39）给出；φ_b 为结构面基本内摩擦角；JCS 为结构面壁面抗压强度，国际岩石力学学会（1979 年）建议用施密特回弹锤来测定，并按下式计算

$$\lg\text{JCS} = 0.0008\rho R + 1.01 \tag{3.31}$$

式中，ρ 为结构面壁面岩石密度，kN/m^3；R 为回弹值。

与上节的解释相同，结构面上扣除抗剪强度（τ_f）后的剩余剪应力（τ_r）为

$$\tau_r = \tau - \tau_f = \begin{cases} 0, & \text{闭合}(\tau < \tau_r) \\ \tau - (c + \sigma_n \tan\varphi), & \text{闭合}(\tau \geqslant \tau_f) \\ \tau, & \text{张开} \end{cases} \tag{3.32}$$

仍令剩余剪应力比为

$$h = \frac{\tau_r}{\tau} \tag{3.33}$$

应当注意的是，引起结构面剪切变形的动力是剩余剪应力（τ_r），而不是剪应力（τ）。因此我们以后更常用到 τ_r 或 h 来讨论问题。

第四节 裂隙岩体的应力-应变关系

一、含裂隙岩体的应变能构成

前面已经说明，对于一个含有裂纹的弹性系统，外力做功引起的总应变能（U）等于连续介质部分的应变能（U_0）与因为裂纹变形而贮存的应变能（U_c）之和，即

$$U = U_0 + U_c$$

对于含有大量裂隙的弹性介质，由能量可加性知，系统的总应变能为

$$U = U_0 + \sum_{i=1}^{N} U_{ci}$$

式中，N 为裂纹总数；U_0为连续部分引起的应变能，不受裂隙数量多少影响。

将上式两端同时除以研究单元的体积，则上式可用应变能密度函数形式表示为

$$u = u_0 + \sum_{i=1}^{N} u_{ci} = u_0 + u_c \tag{3.34}$$

由弹性理论可知，上式中连续部分的应变能密度可由下式给出

$$u_0 = \frac{1}{2}\boldsymbol{\sigma} : \boldsymbol{e} = \frac{1}{2}\boldsymbol{\sigma} : \boldsymbol{C}_0 : \boldsymbol{\sigma} \tag{3.35}$$

式中，$\boldsymbol{C}_0$ 为连续部分的四阶弹性柔度张量，其逆即为弹性张量 $\boldsymbol{E}_0$。

二、单个结构面引起的应变能

1. 裂纹的法向变形应变能

首先考察一个埋藏的I型圆盘状裂纹，半径为 a，在其法向上无穷远处作用有拉应力 σ（图3.4）。

设在裂纹表面作用一面力为 σ_n，使得裂纹闭合［图3.5（a）］。根据功能原理，我们可以通过求取外力使裂纹从闭合状态到张开所做的功来获得裂纹周边介质中存储的应变能。可以证明，使裂纹闭合与张开所做的功是相等的。

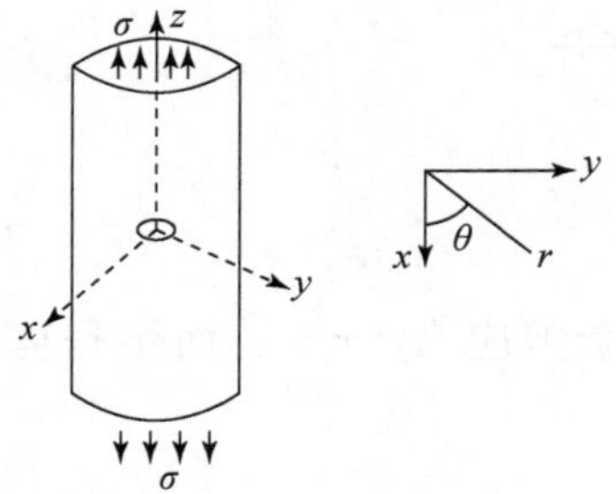

图3.4　埋藏I型裂纹图示

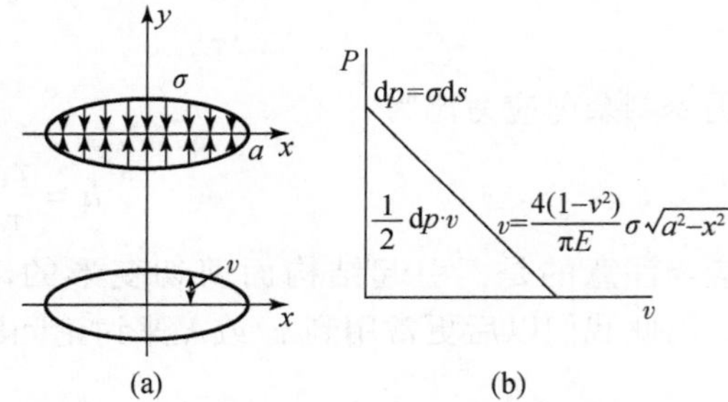

图3.5　裂纹闭合的能量过程

选用圆柱坐标，坐标原点与圆盘状裂纹中心重合，x-y 坐标平面与裂纹平面重合。以原点为中心，取半径为 r 的环状面元为 $\mathrm{d}s=r\mathrm{d}\theta\mathrm{d}r$，则作用在面元 $\mathrm{d}s$ 上的力为

$$\mathrm{d}p = \sigma_n \mathrm{d}s = \sigma_n r\mathrm{d}\theta\mathrm{d}r \tag{3.36}$$

由弹性力学（范天佑，1978），I型埋藏圆形结构面上距圆心 r 处的法向位移为

$$v = \frac{4(1-\nu^2)}{\pi E}\sigma_n\sqrt{a^2-r^2} = \frac{\alpha}{2E}\sigma_n\sqrt{a^2-r^2},\quad 0 \leqslant r \leqslant a \tag{3.37}$$

为了今后推导的简化表达，式（3.37）中我们令

$$\alpha = \frac{8(1-\nu^2)}{\pi} \tag{3.38}$$

当结构面从张开位移为 v 到闭合时，结构面上的应力从零增加到 σ。由于过程是弹性的，使裂纹面元 $\mathrm{d}s = r\mathrm{d}\theta\mathrm{d}r$ 闭合所做的功为

$$dW_{\mathrm{I}} = \frac{1}{2}v_{\mathrm{I}} \cdot dp = \frac{\alpha}{4E}\sigma_{\mathrm{n}}^2\sqrt{a^2 - r^2}\,r d\theta dr \tag{3.39}$$

对全裂纹面积积分，并注意到同时计入上下两个壁面位移所做的功，可以得到由于裂纹闭合储存在周边介质中的应变能为

$$U_{\mathrm{I}} = W_{\mathrm{I}} = 2\int dW_{\mathrm{I}} = \frac{\pi\alpha}{3E}\sigma_{\mathrm{n}}^2 a^3 \tag{3.40}$$

但对于岩体而言，多数情形承受压应力，裂纹从闭合状态起始产生的压缩位移（v）将很小。若将 $v=0$ 代入式（3.39）、式（3.40），结构面受压缩引起的应变能 $U_{\mathrm{I}}=0$。同时由于裂纹受压闭合，压应力也不可能引起应力集中。

为了统一表述，我们同样引入表征法向应力状态系数为

$$k = k(\sigma_{\mathrm{n}}) \tag{3.41}$$

用于表示 I 型埋藏圆裂纹的开合状态，于是有

$$U_{\mathrm{I}} = \frac{\pi\alpha}{3E}k^2\sigma_{\mathrm{n}}^2 a^3 \tag{3.42}$$

由式（3.42）可见，由于应变能与法向应力呈平方关系，因此，法向应力为张应力还是压应力可以获得同样的应变能。

2. 裂纹的剪切变形应变能

对于有远场纯剪应力（τ_{r}）作用的情形（图 3.6），裂纹变为 II、III 复合型。设 τ_{r} 作用方向与裂纹面平行而与 x 轴夹角为 δ，则环状面元 $ds = r d\theta dr$ 上剪力分量为

$$\begin{cases} dT_x = \tau_{\mathrm{r}}\cos\delta \cdot r d\theta \cdot dr \\ dT_y = \tau_{\mathrm{r}}\sin\delta \cdot r d\theta \cdot dr \end{cases} \tag{3.43}$$

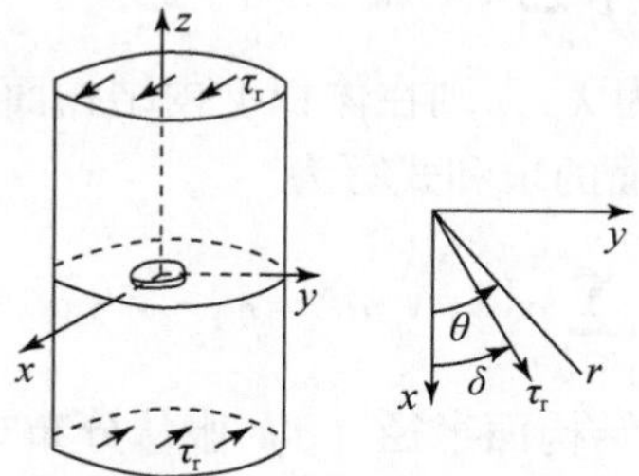

图 3.6　II、III 复合型裂纹受力图

而裂纹表面位移为（Hrii and Nemat-Nasser，1983）

$$\begin{cases} v_x = \dfrac{\alpha\beta}{2E}\tau_{\mathrm{r}}\cos\delta\sqrt{a^2 - r^2} \\ v_y = \dfrac{\alpha\beta}{2E}\tau_{\mathrm{r}}\sin\delta\sqrt{a^2 - r^2} \\ v_z = 0 \end{cases} \tag{3.44}$$

其中，

$$\beta = \frac{2}{2-\nu} \tag{3.45}$$

仿照I型裂纹应变能的推导过程，剪切力使面元 ds 变形所做的功为

$$\mathrm{d}U_{\text{II+III}} = \frac{1}{2}v_x \mathrm{d}T_x + \frac{1}{2}v_y \mathrm{d}T_y$$

对裂纹全面积积分可以导出裂纹上下两面剪切变形所引起的应变能为

$$U_{\text{II+III}} = 2\int\left(\frac{1}{2}v_x \mathrm{d}T_x + \frac{1}{2}v_y \mathrm{d}T_y\right) = \frac{\pi\alpha\beta}{3E}\tau_{\mathrm{r}}^2 a^3 \tag{3.46}$$

注意式（3.46）中的 τ_{r} 是剩余剪应力，即扣除了抗剪强度作用后的值，$\tau_{\mathrm{r}} = h \cdot \tau$。

三、多组结构面引起的应变能密度

我们将式（3.42）和式（3.46）相加，得到裂纹法向变形与剪切变形引起的应变能函数式如下

$$U_{\mathrm{c}} = U_{\mathrm{I}} + U_{\text{II+III}} = \frac{\pi\alpha}{3E}(k^2\sigma_{\mathrm{n}}^2 + \beta\tau_{\mathrm{r}}^2)a^3$$

设体积为 V 的均质岩体中有 m（$p=1, 2, \cdots, m$）组结构面，第 p 组结构面个数为 N_p（$q=1, 2, \cdots, m$），并考虑同一组结构面上的应力（σ 和 τ）差别不大，则该体积中结构面引起的总应变能可写为

$$\begin{aligned} U_{\mathrm{c}} &= \sum_{p=1}^{m}\sum_{q=1}^{N_p} U_{\mathrm{c}qp} = \frac{\pi\alpha}{3E}\sum_{p=1}^{m}\sum_{q=1}^{N_p}(k^2\sigma_{\mathrm{n}}^2 + \beta\tau_{\mathrm{r}}^2)a^3 \\ &= \frac{\pi\alpha}{3E}\sum_{p=1}^{m}(k^2\sigma_{\mathrm{n}}^2 + \beta\tau_{\mathrm{r}}^2)\sum_{q=1}^{N_p}a^3 \end{aligned} \tag{3.47}$$

若某组结构面的体积密度为 λ_{v}，则在体积 V 内结构面数为 $N_p = \lambda_{\mathrm{v}} V$。将 a^3 用其均值代替，则可将式（3.47）中后面的求和式写为

$$\sum_{p=1}^{N_p} a^3 = N_p\,\overline{a^3} = \lambda_{\mathrm{v}} \cdot V \cdot \overline{a^3} \tag{3.48}$$

下面推导 $\overline{a^3}$ 的表达式。若结构面半径（a）服从分布式（2.28）：

$$f(a) = \frac{\pi}{2}\mu \mathrm{e}^{-\frac{\pi}{2}\mu a}$$

根据概率论，a^3 服从如下分布：

$$h(a^3) = \frac{\pi}{2}\mu \mathrm{e}^{-\frac{\pi}{2}\mu a} \cdot \frac{1}{3}a^{-2} = \frac{\pi}{6}\mu a^{-2}\mathrm{e}^{-\frac{\pi}{2}\mu a}$$

于是有 a^3 的均值为

$$\overline{a^3} = \int_0^{\infty} a^3 h(a^3)\,\mathrm{d}a^3 = \frac{48}{\pi^3\mu^3} = 6\,\overline{a}^3$$

式中，引用了 $\bar{a}=\dfrac{2}{\mu\pi}$［即式（2.24）］。注意到 $\lambda_{\mathrm{v}}=\dfrac{\lambda}{2\pi\bar{a}^{2}}$，有

$$\sum_{p=1}^{N_p} a^3=\frac{3}{\pi}\lambda\cdot\bar{a}\cdot V$$

代入式（3.47），并用应变能密度表示，可得 $m(p=1,\ 2,\ \cdots,\ m)$ 组结构面引起的应变能密度为

$$u_{\mathrm{c}}=\frac{U_{\mathrm{c}}}{V}=\frac{\alpha}{E}\sum_{p=1}^{m}\lambda\bar{a}(k^2\sigma_{\mathrm{n}}^2+\beta\tau_{\mathrm{r}}^2) \tag{3.49}$$

其中，α、β 见式（3.38）和式（3.45）的定义。

四、裂隙岩体的应力-应变关系的张量形式

令含结构面网络的岩体总应变能密度为

$$u=\frac{1}{2}\boldsymbol{\sigma}:\boldsymbol{\varepsilon}$$

由于这个总应变能为连续岩块和结构面网络两部分应变能之和［式（3.34）］，因此有

$$\frac{1}{2}\boldsymbol{\sigma}:\boldsymbol{\varepsilon}=\frac{1}{2}\boldsymbol{\sigma}:\boldsymbol{C}_0:\boldsymbol{\sigma}+\frac{1}{2}\boldsymbol{\sigma}:\boldsymbol{C}_{\mathrm{c}}:\boldsymbol{\sigma}=\frac{1}{2}\boldsymbol{\sigma}:\boldsymbol{C}:\boldsymbol{\sigma}$$

在上式两端同时约去 $\boldsymbol{\sigma}$，得到裂隙岩体的应力-应变关系的张量式，应变可写为

$$\boldsymbol{\varepsilon}=\boldsymbol{C}:\boldsymbol{\sigma}=(\boldsymbol{C}_0+\boldsymbol{C}_{\mathrm{c}}):\boldsymbol{\sigma} \tag{3.50}$$

式中，$\boldsymbol{C}$ 为裂隙岩体的四阶弹性柔度张量；$\boldsymbol{C}_0$、$\boldsymbol{C}_{\mathrm{c}}$ 分别为岩块连续部分和裂隙网络部分的分量。与弹性系数相反，柔度是体现岩体易变形性质的指标。

式（3.50）的物理意义是简单明确的，即裂隙岩体单元的应变等于其柔度与应力的乘积；而裂隙岩体的柔度由连续岩块的柔度和裂隙网络柔度之和构成。由此可见，裂隙网络的作用增大了岩体的柔度。

五、裂隙岩体应力-应变关系的分量形式

虽然式（3.50）所表示的岩体应力-应变关系比较简洁，但毕竟不直观。这里将该式写成展开的分量形式，对推导过程不感兴趣的读者可以只留意结论。

首先看连续岩块部分的弹性柔度张量（$\boldsymbol{C}_0$）。由弹性理论，连续岩块的应力-应变关系可以写为

$$\varepsilon_{0ij}=\frac{1+\nu}{E}\sigma_{ij}-\frac{\nu}{E}N_{ij}\sigma_{\mathrm{st}} \tag{3.51}$$

若将式（3.51）写为

$$\varepsilon_{0ij}=C_{0ijst}\sigma_{st} \tag{3.52}$$

式中，C_{0ijst} 是岩块各向同性的四阶弹性柔度张量。由于各向同性弹性柔度张量的下标对称性，设其形式为

$$C_{0ijst}=a\delta_{ij}\delta_{st}+b(\delta_{is}\delta_{jt}+\delta_{it}\delta_{js})$$

代入式（3.52）并与式（3.51）比较可得 $a=-\frac{N}{E}$，$b=\frac{1+v}{2E}$。于是有

$$C_{0ijst}=\frac{1+\nu}{2E}(\delta_{is}\delta_{jt}+\delta_{it}\delta_{js})-\frac{\nu}{E}\delta_{ij}\delta_{st} \tag{3.53}$$

再看结构面网络引起的弹性柔度张量（$\boldsymbol{C}_{\mathrm{c}}$）。在式（3.49）中，

$$\sigma^2=\sigma_k\sigma_k=\sigma_{ij}n_jn_in_k\cdot\sigma_{st}n_sn_tn_k=\sigma_{ij}n_in_jn_sn_t\sigma_{st}$$

$$\begin{aligned}\tau_{\mathrm{r}}^2=\boldsymbol{\tau}_{\mathrm{r}k}\boldsymbol{\tau}_{\mathrm{r}k}&=h^2\tau_k\tau_k=h^2\sigma_{ij}n_j(\delta_{ik}-n_kn_i)\sigma_{st}n_s(\delta_{tk}-n_tn_k)\\&=\sigma_{ij}h^2(\delta_{it}n_jn_s-n_in_jn_sn_t)\sigma_{st}\end{aligned}$$

上列推导中运用了哑标互换、σ_{kj} 的对称性及 $n_in_i=1$。

将上两式代入式（3.49），可得

$$u_{\mathrm{c}}=\frac{1}{2}\sigma_{ij}C_{\mathrm{c}ijst}\sigma_{st}$$

其中，

$$C_{\mathrm{c}ijst}=\frac{\alpha}{E}\sum_{p=1}^{m}\lambda\bar{a}[(k^2-\beta h^2)n_in_t+\beta h^2\delta_{it}]n_jn_s \tag{3.54}$$

将式（3.53）和式（3.54）代入式（3.50），并写成张量分量形式，有

$$\varepsilon_{ij}=C_{ijst}\sigma_{st}=(C_{0ijst}+C_{\mathrm{c}ijst})\sigma_{st} \tag{3.55a}$$

由于式中的弹性柔度张量由式（3.49）和式（3.50）给出，所以式（3.55a）也可以直接写为

$$\begin{aligned}\varepsilon_{ij}=\frac{1}{2E}\{&(1+\nu)(\delta_{is}\delta_{jt}+\delta_{it}\delta_{js})-2\nu\delta_{ij}\delta_{st}\\&+2\alpha\sum_{p=1}^{m}\lambda\bar{a}[(k^2-\beta h^2)n_in_t+\beta h^2\delta_{it}]n_jn_s\}\sigma_{st}\end{aligned} \tag{3.55b}$$

式（3.55b）可写为六个方程，形式较为复杂，这里不再展开。

式（3.55b）还可以写成下面的形式：

$$\begin{aligned}\varepsilon_{ij}=&\frac{1}{2E}[(1+\nu)(\delta_{is}\delta_{jt}+\delta_{it}\delta_{js})-2\nu\delta_{ij}\delta_{st}]\sigma_{st}\\&+\frac{\alpha}{E}\sum_{p=1}^{m}\lambda\bar{a}(k^2\sigma_{\mathrm{n}i}+\beta h^2\tau_i)n_j\end{aligned} \tag{3.55c}$$

式中，$\sigma_{\mathrm{n}i}$、τ_i 为结构面上主应力和剪应力的坐标分量，$\sigma_{\mathrm{n}i}=\sigma_{\mathrm{n}}n_i=n_in_sn_t\sigma_{st}$，$\tau_i=(\delta_{it}-n_in_t)n_s\sigma_{st}$，$\sigma_{\mathrm{n}}$ 由式（3.26）确定，τ_i 由式（3.27）求得。

式（3.55）即为均质裂隙岩体的线弹性应力-应变关系的分量形式。若 C_{ijst} 为坐标的函数时，式（3.55）可表示非均质裂隙岩体的应力-应变关系。

如式（3.55）所示的应力-应变关系还可表示为

$$\sigma_{ij}=D_{ijst}\varepsilon_{st}=C_{ijst}^{-1}\varepsilon_{st} \tag{3.56}$$

式中，D_{ijst} 是裂隙岩体的四阶弹性张量，是 C_{ijst} 的逆形式。

上述应力-应变关系是基于结构面的间距与迹长服从负指数分布建立的。胡秀宏等

(2011) 指出，结构面间距和迹长的双参数负指数分布函数形式为

$$f(x)=\alpha_0 e^{-\beta_0 x} \quad (0 \leqslant x < \infty,\ 0 < \alpha_0,\ \beta_0 < \infty)$$

可以更好地逼近实测分布。基于这一分布函数形式，提出了如下的均质裂隙岩体应力-应变关系

$$\begin{aligned}\varepsilon_{ij}=\frac{1}{6E}\{&3(1+\nu)(\delta_{is}\delta_{jt}+\delta_{it}\delta_{js})-6\nu\delta_{ij}\delta_{st}\\&+\pi^2\alpha\sum_{p=1}^{m}\frac{\beta_0^4}{\alpha_0^2}\lambda\bar{a}^3[(k^2-\beta h^2)n_i n_t+\beta h^2\delta_{it}]n_j n_s\}\sigma_{st}\end{aligned} \tag{3.57}$$

六、层状岩体的应力-应变关系

层状岩体是一种横观各向同性介质。这类介质在垂直于某个对称轴方向的平面内力学性能相同，而在过对称轴的任意剖面内力学性质随与对称轴夹角不同而发生规律变化。层状岩体就是这样的横观各向同性材料，其对称轴就是层面法线。

我们已经知道，裂隙岩体的应力-应变关系可由式 (3.55) 描述。由于岩块的弹性柔度张量 ($\boldsymbol{C}_0$) 与方向无关，因此岩体变形性质的各向异性完全取决于结构面网络引起的弹性柔度张量 ($\boldsymbol{C}_c$)。

当只存在一组结构面时，式 (3.55c) 即为横观各向同性介质的应力-应变关系，即

$$\varepsilon_{ij}=\frac{1}{2E}[(1+\nu)(\delta_{is}\delta_{jt}+\delta_{it}\delta_{js})-2\nu\delta_{ij}\delta_{st}]\sigma_{st}+\frac{\alpha}{E}\lambda\bar{a}(k^2\sigma_{ni}+\beta h^2\tau_i)n_j \tag{3.58}$$

对于层状岩体，可以根据层面的贯通性将 $\bar{a}$ 取为较大值。在后续讨论中将发现，当 $\bar{a}$ 较大时，结构面尺度变化对岩体变形性质影响的敏感性将减缓。

下面考虑一个三向受力的横观各向同性介质应力-应变关系。设 $\sigma_1 > \sigma_2 > \sigma_3 \neq 0$，而 $\tau_{12}=\tau_{23}=\tau_{13}=0$。结构面法线与 σ_1、σ_2、σ_3 的夹角余弦为 (n_1, n_2, n_3)，则式 (3.58) 可写为

$$\varepsilon_{ij}=\frac{1}{E}[(1+\nu)\sigma_{ij}-\nu\delta_{ij}I_1+\alpha\lambda\bar{a}(k^2\sigma_{ni}+\beta h^2\tau_i)n_j] \tag{3.59}$$

式中，I_1 为第一应力不变量；$I_1=\sigma_{11}+\sigma_{22}+\sigma_{33}$；其他符号同前。

七、关于系数 k 与 h 的简单讨论

按照前述定义，k 是结构面法向应力状态系数，而 h 是结构面剩余剪应力比值系数。从岩体的应力-应变模型和弹性参数讨论可知，k 和 h 是决定结构面力学效应的重要参数，其力学作用主要包括：

1. k 用于区分结构面是否受拉张开并发生张、剪断裂力学效应

当结构面受拉张开时，$k=1$，结构面将不传递应力，存在发生拉张和剪切断裂力学效

应可能性；当结构面受压闭合时，$k=0$，结构面传递法向压应力，拉张断裂力学效应消失，并因传递剩余剪应力而发生剪切断裂力学效应。

k 的取值还决定了岩体的变形模量、泊松比及岩体强度的巨大差别，如岩体拉张弹性模量和强度远小于压缩状态、岩体拉张泊松比远小于压缩状态等。

2. h 决定结构面是否发生剪切断裂力学效应

h 是结构面上剩余剪应力 $[\tau_r=\tau-(c+\sigma\tan\varphi)]$ 与总剪应力（τ）的比值。

当结构面受压且 $h>0$ 时，将有部分剪应力驱动结构面的剪切断裂力学效应；而 $h=0$ 则表明结构面不存在剩余剪应力，或结构面受压被锁固，将传递全部正应力和剪应力，而不会发生法向和剪切断裂力学效应；对于张开结构面，由于不存在抗剪强度 $c+\sigma\tan\varphi$，所以 $h=1$，全部剪应力将驱动结构面的剪切断裂力学效应。

h 的上述三种取值决定了变形与强度性质的各向异性特征，岩体的受压大泊松比效应，结构面应力锁固与岩体力学性质增强效应、结构控制与应力控制的转化，即岩体性质非连续与连续性转化等。

第五节　关于岩体弹性参数的讨论

在裂隙岩体应力-应变关系式（3.55）中，应力张量（σ_{st}）和应变张量（ε_{ij}）都是对称张量，与介质物理性质无关，弹性理论中介绍的有关性质仍然适用。这一模型与经典线弹性模型的不同仅在于反映介质物理性质的弹性柔度张量（C_{ijst}）不同。

尽管裂隙岩体已不满足弹性介质假定条件，但是人们习惯采用的弹性模量和泊松比等弹性参数来表征岩体变形特性。这里仍借用弹性力学的思路，探讨岩体的这些参数。

一、柔度张量的对称性

经典弹性理论已经证明，均匀连续各向同性弹性介质的柔度张量是各向同性张量，即

$$C_{0ijst}=\frac{1+\nu}{2E}(\delta_{is}\delta_{jt}+\delta_{it}\delta_{js})-\frac{\nu}{E}\delta_{ij}\delta_{st} \tag{3.60}$$

它具有 i 与 j、s 与 t 及 ij 与 st 的三种下标对称性（即下标互换而不改变其量值的特性），以及关于任意坐标方向的对称性。胡克定律的贡献在于：利用弹性材料的各种对称性，将弹性张量的独立分量减少到两个，即弹性模量（E）和泊松比（ν）。

裂隙岩体弹性柔度张量由两个部分组成，即

$$C_{ijst}=C_{0ijst}+C_{cijst} \tag{3.61}$$

由于 C_{0ijst} 的上述四种对称性，于是 C_{ijst} 的对称性仅取决于 C_{cijst}。

我们考察柔度张量 C_{cijst} 的下标对称性。将裂隙网络锁引起的应变写为

$$\varepsilon_{cij} = C_{cijst}\sigma_{st} = \frac{\alpha}{E}\sum_{p=1}^{m}\lambda\bar{a}[(k^2-\beta h^2)n_i n_j n_s n_t + \beta h^2\delta_{it}n_j n_s]\sigma_{st} \tag{3.62}$$

由于 $n_i n_j n_s n_t$ 已经具备上述三种下标对称性，我们仅讨论 $\delta_{it}n_j n_s$ 部分，并分离出

$$\varepsilon'_{cij} = \frac{\alpha\beta}{E}\sum_{p=1}^{m}\lambda\bar{a}h^2\delta_{it}n_j n_s\sigma_{st} \tag{3.63}$$

式（3.63）代表了九个方程，每个方程右端都由九项组成。对于每个方程，由于 $\sigma_{st}=\sigma_{ts}$，其右端都可以合并成六项，而由此得到 $\sigma_{st}(s\neq t)$ 项的系数将是 $\delta_{it}n_j n_s+\delta_{is}n_j n_t$，这就保证了上述九个方程中各系数项关于下标 s 和 t 的对称性。

其次，因为 $\varepsilon'_{ij}=\varepsilon'_{ji}$，所以九个方程中将有三个方程完全可以用另三个方程代替，即只有六个是独立的。工程计算中，常将 ε_{ij} 和 $\varepsilon_{ji}(i\neq j)$ 两项合并起来形成工程应变，因此关于下标 i 和 j 是对称的。

再次，由于应变能函数的存在性，弹性柔度张量应有 ij 与 st 的下标对称性。由此 C_{ijst} 的独立分量减少为 21 个。

但是由式（3.62）可知，柔度张量 C_{cijst} 不具有坐标对称性。例如，将任一方向余弦 n_i 变为负值或改变其大小，C_{cijst} 都会改变。因此，裂隙岩体的力学性质在不同方向上是不同的。就是说，裂隙岩体一般来说应是各向异性体。

二、弹性模量及其影响因素

在工程上，弹性模量是反映岩体变形性质的重要指标。这里我们对裂隙岩体的弹性模量略做分析。

按照弹性理论的分析方法，考虑仅有 σ_{11} 不为零的单轴应力-应变情形，由应力-应变关系式（3.55）有

$$\varepsilon_{11} = C_{1111}\sigma_{11} \tag{3.64}$$

因此，岩体弹性模量（E_m）可以写为

$$E_m = \frac{\sigma_{11}}{e_{11}} = \frac{1}{C_{1111}} \tag{3.65}$$

可见 E_m 是 C_{1111} 的一个变换形式，两者成倒数关系。代入式（3.55）得岩体弹性模量为

$$E_m = \frac{E}{1+\alpha\sum_{p=1}^{m}\lambda\bar{a}[(k^2-\beta h^2)n_1^4+\beta h^2 n_1^2]} \tag{3.66}$$

式中，α、β 见前述定义。

由式（3.66）显见，岩体弹性模量（E_m）受如下因素的影响：

(1) **E_m 与岩块弹性模量（E）成正比**。坚硬的岩石，岩体弹性模量相对较高，反之亦反。这也是一般岩体质量分级方法中都将岩石力学性质列为主要影响因素的原因。

(2) **受岩体结构影响的弱化**。岩体结构对岩体弹性模量(E_m)的弱化主要受结构面组数(m)、各组面的密度(λ)和平均半径($\bar{a}$)的影响。式(3.66)分母求和项表明，结构面的组数增多，将使E_m降低；而结构面密度和半径以同等的作用弱化岩体的弹性模量。这就是目前许多岩体分类分级系统中基于岩体结构对岩体质量等级进行折减的客观依据。

(3) **各向异性**。式(3.66)中$n_1=\cos\theta$为荷载与结构面法线夹角的余弦。由于$n_1=\cos\theta$，可见岩体弹性模量的方向性，即各向异性是突出的。这一特性在目前的岩体分类分级系统及工程参数获取方法中并未能得到恰当体现。

另一方面，随着结构面组数的增加，岩体将在更多的方向上发生弱化。当岩体中结构面多于三组时，人们认为岩体质量将接近于各向同性弱化。这也是目前岩体各向同性弱化评价可以被接受的原因。

(4) **应力环境的影响**。在式(3.66)中，应力环境的影响为隐含形式，它通过结构面的法向应力状态系数(k)和剩余剪应力比值系数(h)来实现。

这里考察结构面完全张开和完全闭合两种情形，对于结构面受压闭合的过渡情形将在后面讨论。

1. 拉伸作用下的岩体模量

当结构面受法向拉应力作用时，此时系数$k=h=1$。在式(3.66)中代入与上述相同的三角函数变换关系，岩体的弹性模量为

$$E_m=\frac{E}{1+\dfrac{\alpha\beta}{2}\sum_{p=1}^{m}\lambda\bar{a}(2-\nu\cos^2\theta)\cos^2\theta} \tag{3.67}$$

2. 压缩作用下的岩体模量

同理，对于结构面受法向压力作用完全闭合时，$k=0$，得到岩体弹性模量为

$$E_m=\frac{E}{1+\dfrac{\alpha\beta}{2}\sum_{p=1}^{m}\lambda\bar{a}h^2\sin^2 2\theta} \tag{3.68}$$

式中，h为剩余剪应力比，

$$h=\frac{\tau-(c+\sigma\tan\varphi)}{\tau}$$

作为示例，我们考察只有一组结构面的情形。图3.7为岩体与岩块弹性模量比值$\left(\dfrac{E_m}{E}\right)$与各种因素的关系曲线。分析中取岩石泊松比为$\nu=0.3$，结构面黏聚力为$c=0\text{MPa}$；各图一般取结构面平均半径为$a=0.5\text{m}$、内摩擦角为$\varphi=30°$，轴向应力与结构面法向夹角为45°。而不同曲线分别对应结构面法向密度(λ)取0条/m、0.5条/m、2条/m、10条

/m 的情形。

图3.7（a）表明了结构面的存在对岩体变形性质各向异性的影响。可以发现，岩体弹性模量的降低从 $\theta=\varphi$ 开始，弱化最强的夹角在 $\theta=\frac{\pi}{4}+\frac{\varphi}{2}$。$\lambda=0$ 条/m 即为完整岩块的情形，随着结构面密度的增加，变形性质弱化加剧。

图3.7（b）显示了结构面尺度和密度对岩体弹性模量的影响。岩体的弹性模量与结构面的平均半径（$\bar{a}$）和密度（λ）呈反比例关系，两者具有同等比例的影响。

图3.7（c）为结构面内摩擦角对岩体弹性模量的影响。显然，结构面内摩擦角越小，则对岩体弹性模量的弱化越严重。

图3.7（d）则考察了结构面法向应力作用对岩体弹性模量的影响。由图3.7可见，结构面受压闭合与受拉张开的岩体弹性模量弱化存在显著差别。这个差别主要由结构面摩擦强度是否发生作用造成的。因此，结构面受力状态成为岩体变形性质的重要影响因素。

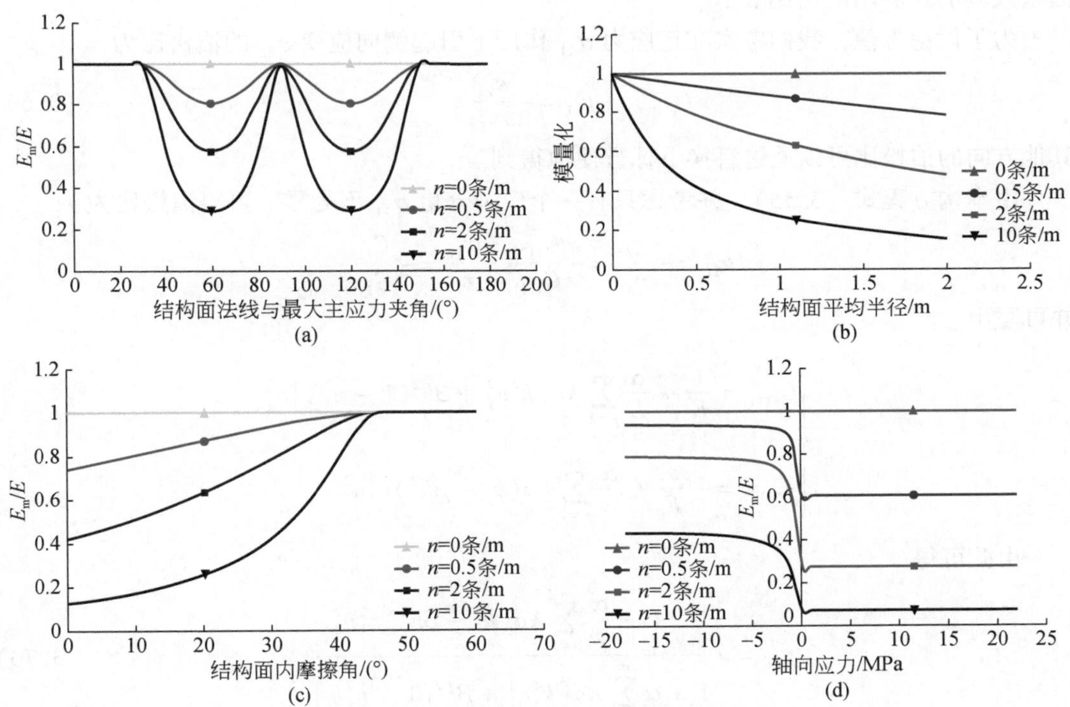

图3.7　结构面特性与应力环境对岩体弹性模量比值的影响

图中取岩石泊松比为 $\nu=0.3$，结构面黏聚力为 $c=0$MPa，裂隙水压力为0.2MPa；除各图考察的因素为自变量外，一般取结构面平均半径为 $a=0.5$m，结构面内摩擦角为 $\varphi=30°$，轴向应力为10MPa，轴向应力与结构面法向夹角为45°。不同曲线分别对应结构面法向密度（λ）取0条/m、0.5条/m、2条/m、10条/m的情形

我们知道，岩体工程中经常采用对岩石力学试验参数的经验弱化方法来估计岩体的变形参数。事实上，通过式（3.66）进行计算也可以达到同样的目的。该式实际上是各

类因素对岩体弹性模量弱化作用的函数表达。

胡秀宏等（2011）根据提出的考虑结构面间距和迹长为双参数负指数分布的应力-应变关系，导出了受压条件下岩体的弹性模量计算公式

$$E_m = \frac{E}{1 + \frac{4(1-\nu^2)}{3\pi}\sum_{p=1}^{m}\lambda \bar{a}^3 \frac{\beta_0^4}{\alpha_0^2} h^2 (1-n_1^2) n_1^2}, \quad \sigma < 0$$

三、岩体的泊松比

1. 泊松比

按照弹性理论，某一方向荷载作用引起与之垂直方向上正应变的现象称为泊松效应。泊松效应的强弱用泊松比表示。

为了讨论方便，我们考察在正应力 σ_{11} 作用下引起侧向应变 ε_{22} 的泊松比为

$$\nu_{21} = -\frac{\varepsilon_{22}}{\varepsilon_{11}} \tag{3.69}$$

其他方向的泊松比可以通过替换下标方便地得到。

由本构方程式（3.55），并考虑只有一个应力分量 σ_{11} 不为零，可得泊松比为

$$\nu_{21} = -\frac{\varepsilon_{22}}{\varepsilon_{11}} = -\frac{C_{1122}\cdot\sigma_{11}}{C_{1111}\cdot\sigma_{11}} = -\frac{C_{1122}}{C_{1111}}$$

并可写出

$$\begin{cases} C_{1111} = \dfrac{1}{E} + \dfrac{\alpha}{E}\sum_{p=1}^{m}\lambda\bar{a}[k^2 n_1^2 + \beta h^2(1-n_1^2)]n_1^2 \\ C_{1122} = -\dfrac{\nu}{E} + \dfrac{\alpha}{E}\sum_{p=1}^{m}\lambda\bar{a}(k^2 - \beta h^2)n_1^2 n_2^2 \end{cases}$$

由此可得

$$\nu_{21} = \nu\frac{1 - \dfrac{\alpha}{\nu}\sum_{p=1}^{m}\lambda\bar{a}(k^2-\beta h^2)n_1^2 n_2^2}{1 + \alpha\sum_{p=1}^{m}\lambda\bar{a}[k^2 n_1^2 + \beta h^2(1-n_1^2)]n_1^2} \tag{3.70}$$

这就是 σ_{11} 在 ε_{22} 方向引起的泊松比。

2. “小泊松比效应”与“大泊松比效应”

下面我们分别考察岩体在受压应力和拉应力作用下的泊松比。

对于结构面受拉应力作用张开时，因为 $k = h = 1$，有

$$\nu_{21} = \nu \frac{2 + \alpha\beta \sum_{p=1}^{m} \lambda \bar{a} \cos^2\theta_1 \cos^2\theta_2}{2 + \alpha\beta \sum_{p=1}^{m} \lambda \bar{a}(2 - \nu \cos^2\theta_1) \cos^2\theta_1} \tag{3.71}$$

在受压结构面闭合的情况下，有 $k=0$，而

$$\nu_{21} = \nu \frac{2 + \frac{2}{\nu}\alpha\beta \sum_{p=1}^{m} \lambda \bar{a} h^2 \cos^2\theta_1 \cos^2\theta_2}{2 + \alpha\beta \sum_{p=1}^{m} \lambda \bar{a} h^2 \sin^2 2\theta_1} \tag{3.72}$$

我们对两种情形下岩体泊松比的取值做简单比较：

对岩体受拉应力作用的情形，由于式（3.71）中有 $2-\nu\cos^2\theta_1 \approx 2 \gg \cos^2\theta_2$，因此有 $\nu_{21} < \nu$，即岩体的泊松比小于岩块的泊松比。这是由于裂隙面的张开抑制了岩块的横向收缩变形所致。这就是所谓**受拉裂隙岩体的“小泊松比效应”**。

另一方面，对于岩体受压应力作用的情形，由于式（3.72）分子含有 $\frac{1}{\nu} \gg 1$ 项，因此有 $\nu_{21} > \nu$，即岩体的泊松比大于岩块的泊松比。这是沿裂隙面的错动导致的横向扩张变形大于岩块泊松效应引起的。这就是所谓**受压裂隙岩体的“大泊松比效应”**。

上述各式还表明，岩体不仅拉压泊松比不同，而且泊松效应还与方向有关，即存在各向异性特征。

我们考察一个简单的例子，即含有一组结构面的情形，考虑仅有 $\sigma_{11}=10\text{MPa}$ 单轴作用时在 ε_{22} 方向引起的泊松比效应。令岩石的参数为 $E=10\text{GPa}$，$\nu=0.3$，结构面组平均半径为 $a=0.5\text{m}$，结构面黏聚力为 $c=0\text{MPa}$、内摩擦角为 $\varphi=30°$，结构面密度做适当变化。

图 3.8 为泊松比随结构面角度变化曲线，图中 $n=\lambda$ 为结构面法向密度（1 条/m），对于受压情形取了 0.1、0.2、0.5、1、2，对于受拉情形取了 0.1、0.2。

一个有趣的现象是：在受压条件下，岩体的泊松比可能大于 0.5。

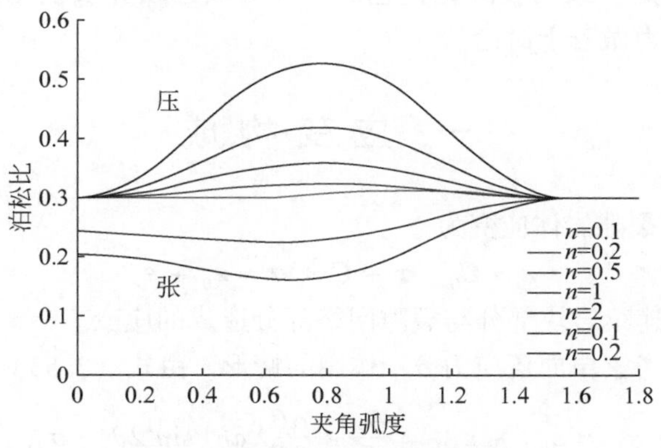

图 3.8　泊松比随结构面角度变化

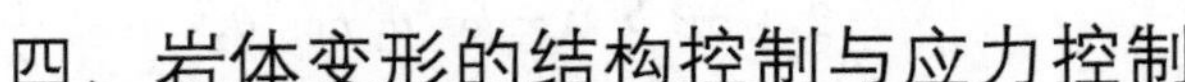

四、岩体变形的结构控制与应力控制

几十年来，岩体力学行为的“结构控制论”已经被广泛地接受，成为以地质为基础的岩体力学与以材料为对象的岩石力学的基本差别。

岩体力学理论强调，在通常情况下岩体的变形和破坏主要是其中结构面网络的变形与破坏，通过结构面的张开和剪切变形来实现。式（3.66）表明，当结构面存在并发生作用时，岩体的弹性模量将出现不同程度的降低，这就是岩体结构对岩体变形控制作用的体现。

但是在式（3.66）中，当岩体处于受压状态时，结构面闭合，$k=0$；而当结构面不能发生错动时，$h\to 0$，则有

$$\frac{E_{\mathrm{m}}}{E}=\frac{1}{1+0}=1$$

这表明，环境应力对岩体的变形性质存在显著的影响。当结构面法向压应力足够大时，该面上的剩余剪应力降低到零，$h\to 0$。这种现象称为结构面的“应力锁固”，裂隙岩体的变形性质趋向于完整岩块，由结构控制转变为应力控制。图 3.7（d）直观地显示了这一转变。

因此，岩体结构控制与应力控制转化的条件可以表示为

$$h=\frac{\tau-(c+\sigma\tan\varphi)}{\tau}=0 \tag{3.73}$$

第六节 等效应力

由式（3.50）和式（3.55）可知，裂隙岩体的弹性应力-应变关系在形式上与均质连续线弹性体本构关系是一致的。因此，它是一种等效连续介质模型。本节我们将对这种等效介质的应变与应力做若干讨论。

一、应变构成

由式（3.50）有裂隙岩体应变为

$$\boldsymbol{\varepsilon}=\boldsymbol{C}_0:\boldsymbol{\sigma}+\boldsymbol{C}_{\mathrm{c}}:\boldsymbol{\sigma}=\boldsymbol{\varepsilon}_0+\boldsymbol{\varepsilon}_{\mathrm{c}} \tag{3.74}$$

式中，$\boldsymbol{\varepsilon}_0$和$\boldsymbol{\varepsilon}_{\mathrm{c}}$分别为连续岩块部分与裂隙网络部分造成的应变。

作为一个例子，考察单向压应力 σ_{11} 作用的情形。由式（3.53）可以导得

$$\varepsilon_{11}=\varepsilon_{011}+\varepsilon_{\mathrm{c}11}=\frac{\sigma_{11}}{E}+\frac{\alpha\beta}{2E}\lambda\,\bar{a}h^2\sin^2 2\theta_1\cdot\sigma_{11}$$

上式中第二项总为正，可见在同样的应力作用下，裂隙网络的存在使岩体单元应变增大了，而第二项的数值就是这个增量。这个总应变 ε_{11} 就是损伤力学中所说的等效应变。

二、等效应力概念

如上所述，裂隙网络的存在导致了比同等应力条件下完整岩块更大的应变。如果我们把这个总应变等效为一个比名义应力 $\boldsymbol{\sigma}$ 更大的应力对岩块的作用结果，则可以将这个应力称为“等效应力”，用 $\boldsymbol{\sigma}^*$ 表示，则可将应力-应变关系写成

$$\boldsymbol{\varepsilon} = \boldsymbol{C}_0 : \boldsymbol{\sigma}^* \tag{3.75}$$

下面导出这个“等效应力张量” $\boldsymbol{\sigma}^*$。事实上，若令裂隙岩体应变能为

$$u = \frac{1}{2}\boldsymbol{\sigma} : \boldsymbol{\varepsilon} = \frac{1}{2}\boldsymbol{\sigma}^* : \boldsymbol{\varepsilon}_0 \tag{3.76}$$

因 $\boldsymbol{\varepsilon} = \boldsymbol{C} : \boldsymbol{\sigma}$，$\boldsymbol{\sigma} = \boldsymbol{D}_0 : \boldsymbol{\varepsilon}_0$，其中 $\boldsymbol{D}_0$ 为岩块的弹性张量，则有

$$\boldsymbol{\sigma}^* : \boldsymbol{\varepsilon}_0 = \boldsymbol{\sigma} : \boldsymbol{\varepsilon} = \boldsymbol{\sigma} : \boldsymbol{C} : \boldsymbol{\sigma} = \boldsymbol{\sigma} : \boldsymbol{C} : \boldsymbol{D}_0 : \boldsymbol{\varepsilon}_0 \tag{3.77}$$

因此有

$$\boldsymbol{\sigma}^* = \boldsymbol{\sigma} : \boldsymbol{C} : \boldsymbol{D}_0 \tag{3.78}$$

这就是等效应力张量 $\boldsymbol{\sigma}^*$ 的表达式，同时也给出了等效应力的计算方法。

由于 $\boldsymbol{C} = \boldsymbol{C}_0 + \boldsymbol{C}_c$，而 $\boldsymbol{C}_0 : \boldsymbol{D}_0 = \boldsymbol{I}$ 为单位张量，所以有

$$\boldsymbol{\sigma}^* = \boldsymbol{\sigma} : \boldsymbol{C} : \boldsymbol{D}_0 = \boldsymbol{\sigma} : \boldsymbol{C}_0 : \boldsymbol{D}_0 + \boldsymbol{\sigma} : \boldsymbol{C}_c : \boldsymbol{D}_0 = \boldsymbol{\sigma} + \boldsymbol{\sigma} : \boldsymbol{C}_c : \boldsymbol{D}_0$$

即

$$\boldsymbol{\sigma}^* = \boldsymbol{\sigma} + \boldsymbol{\sigma} : \boldsymbol{C}_c : \boldsymbol{D}_0 \tag{3.79}$$

将式（3.79）展开可得

$$\sigma_{st}^* = \sigma_{st} + \sigma_{ij} C_{cijkl} D_{0klst} \tag{3.80}$$

由此可见，等效应力张量 σ_{st}^* 实际上是在名义应力张量 σ_{st} 上增加了一个由结构面网络引起的应力增量 $\sigma_{ij} C_{cijkl} D_{0klst}$。

三、等效应力张量的对称性

损伤力学定义了一个与等效应力张量 σ_{st}^* 类似的应力张量，称为有效应力张量。但对于三维岩体模型，这个有效应力张量不具备对称性。这就意味着它不满足剪应力互等定律，不符合应力张量的基本条件。因此这个有效应力张量是不能用于力学分析和计算的，这也成为损伤力学的一个基本困难。为了使有效应力张量具备对称性，人们不得不对其进行修正，由此带入了许多人为因素，使其客观性降低。

考察式（3.80）表达的等效应力张量，由于右端第一项即名义应力张量 σ_{st} 是对称的，因此上式中等效应力张量 σ_{st}^* 的对称性仅取决于右端第二项。

事实上，σ_{st}^* 的对称性可以直接从式（3.80）第二项中观察出来，该式中只有 D_{0klst} 与 s、t 有关，而 D_{0klst} 是关于 s 和 t 对称的。因此，等效应力张量 σ_{st}^* 是对称的。

因为 σ_{st}^* 是对称张量，我们可以方便地求出它的三个主轴，并可证明三个应力主值均

为实值，且三个特征矢量（即主方向矢量）相互正交。于是，过去用应力分析岩石变形与强度的一切方法均可以沿用于裂隙岩体中，不过此时要用等效应力张量 σ_{st}^* 代替通常的名义应力张量 σ_{st}，同时用岩石块体代替真实的裂隙岩体。

第七节　裂隙岩体本构关系的损伤理论

损伤理论在岩石力学领域的应用是20世纪末期的事情。自 Kawamoto 等（1988）将损伤力学的概念引入岩石力学后（Kyoya *et al.*，1985b），我国的孙卫军、周维垣率先建立了裂隙岩体弹塑性损伤本构关系（Kyoya *et al.*，1985b），谢和平和鞠杨（1999）对分数维中的损伤力学进行了探讨，杨友卿（1999）对岩石的强度进行了损伤力学分析，张强勇等（1999）将弹塑性本构模型用于地下厂房工程，秦跃平等（2002、2003）、李同录等（2004）、曹文贵等（2004）、李树忱和程玉民（2005）、刘小强等（2012）先后进行了岩石损伤力学本构模型与损伤演化方程、节理岩体力学参数取值、岩石损伤力学等工程应用研究。

从总体上来看，裂隙岩体的损伤力学理论还存在一些较大的困难。凌建明（1994）曾指出节理裂隙岩体损伤力学研究中的若干问题，包括裂隙尺度效应与岩体损伤力学适应性、节理岩体损伤的数学物理描述与模型建立、节理岩体的损伤机理、损伤变量的定义、节理岩体的损伤与断裂的统一性与差异性等问题。

但是，损伤理论的思想方法，特别是“有效应力”和“等效应变”的概念，对我们有十分重要的启发性意义。从这一意义出发，我们在这里简要地介绍损伤理论的有关结论及其在岩石力学中应用的情况。

一、基本概念

损伤理论主要是在两位苏联学者提出的理论基础上建立的。1958年，苏联塑性力学家 Kachanov 在研究拉伸蠕变断裂时给出了如下公式，来记述蠕变时微观裂隙发展引起的对材料宏观性质的影响：

$$\dot{\varphi} = B\left(\frac{\sigma}{\varphi}\right)^{v}$$

式中，σ 为拉伸应力；B、v 为材料常数；φ 是连续性因子；$\dot{\varphi}$ 是 φ 的时间变化率。

设 A_n 为初始受力面积，当蠕变中出现微裂隙及缩颈现象后，实际受力面积会减少，或称连续性降低。若剩下的连续受力面积为 A，则定义连续性因子（φ）为

$$\varphi = \frac{A}{A_n} \tag{3.81}$$

显然 $\varphi = 1$ 表示材料未受损伤，而 $\varphi = 0$ 则表示材料已断裂。

若 σ^* 为任一时刻实际受力面积上的净应力，显然在 σ 作用方向上有

$$A_n\sigma = A\sigma^* = \varphi A_n\sigma^*$$

于是有净应力为

$$\sigma^* = \frac{\sigma}{\varphi} \tag{3.82}$$

1963 年，苏联学者 Robotnov 推广了这一理论，引进了“损伤因子”的概念，令 A_f 为任一时刻由于微裂隙及其他原因导致的有效受力面积的减少，则有

$$A_f = A_n - A$$

定义 Ω 为损伤因子，即面积减少量与初始面积之比，则有

$$\Omega = \frac{A_f}{A_n} = 1 - \frac{A}{A_n} = 1 - \varphi \tag{3.83}$$

于是式（3.82）可写成

$$\sigma^* = \frac{\sigma}{1 - \Omega} \tag{3.84}$$

1971 年，法国第六大学的 Lemaitre 提出了等效应变假设，把由于损伤引起的应变增大等效为在原有连续介质条件下增大了的应力（σ^*）作用结果。例如，对于一维线弹性材料有

$$\varepsilon^* = \frac{\sigma^*}{E} = \frac{\sigma}{(1 - \Omega)E} \tag{3.85}$$

这一假设使我们可以方便地建立受损材料的本构关系。

同时，式（3.85）也可以理解为受损材料较大的应变（ε^*）是由应力对弹性模量为 $(1-\Omega)E$ 的材料的作用结果。这就是说，材料受损实际上是对材料常数 E 的折减。因此，式（3.85）也提供了已知原有材料常数 E 时，在不变的应力（σ）下测定“等效材料常数”为 $(1-\Omega)E$，从而获得损伤因子的可能性。

上述理论对于材料一维受拉的情形是基本合理的。但工程实际中更常见的是二维和三维情形，此时的基本问题是如何定义损伤因子。

Murkami 和 Ohno 在金属蠕变损伤理论中提出了一个二阶损伤张量，用以描述金属蠕变过程中因损伤引起的材料各向异性。

取一个与坐标面平行的正六面体，三个正交面面积为 s_i（$i=1, 2, 3$），各面上分别有裂隙面积率 Ω_i，则任一法向矢量为 $\boldsymbol{n}$ 的斜面上的连续面积为

$$\boldsymbol{S} = \boldsymbol{S}^* \cdot \boldsymbol{n} = (1-\Omega_1)s_1 n_1 + (1-\Omega_2)s_2 n_2 + (1-\Omega_3)s_3 n_3$$

将上式表示为矩阵形式

$$\begin{aligned} \boldsymbol{S}^* \cdot \boldsymbol{n} &= [s_1, s_2, s_3] \begin{bmatrix} 1-\Omega_1 & 0 & 0 \\ 0 & 1-\Omega_2 & 0 \\ 0 & 0 & 1-\Omega_3 \end{bmatrix} \begin{bmatrix} n_1 \\ n_2 \\ n_3 \end{bmatrix} \\ &= \boldsymbol{S} \cdot (1 - \boldsymbol{\Omega}) \cdot \boldsymbol{n} \end{aligned}$$

其中，

$$\boldsymbol{\Omega} = \begin{bmatrix} \Omega_1 & 0 & 0 \\ 0 & \Omega_2 & 0 \\ 0 & 0 & \Omega_3 \end{bmatrix} \tag{3.86}$$

即为二阶损伤张量，而 $\boldsymbol{S}^{*}=\boldsymbol{S}\cdot(1-\boldsymbol{\Omega})$ 为连续面积张量。

二、损伤理论在岩体力学中的应用

Kawamoto 等（1988）首先将损伤理论引入岩体力学，并对损伤张量做了重新定义（Kyoya *et al.*，1985b）。如图 3.9 所示，取一体积为 V 的裂隙岩体正六面体，将其分割为边长为 l 的基本单元 v，定义 V 的有效面积为

$$S=3V^{\frac{2}{3}}\frac{V^{1/3}}{v^{1/3}}=3\frac{V}{l}$$

设有任一方向矢量为 $\boldsymbol{n}$ 的斜面上有一裂隙，面积为 a，则该裂隙引起的损伤张量为

$$\boldsymbol{\omega}=\frac{3}{S}a\boldsymbol{nn} \tag{3.87}$$

含 N（$i=1,2,\cdots,N$）个裂隙的损伤张量为

$$\boldsymbol{\Omega}=\frac{3}{S}\sum_{i=1}^{N}a\boldsymbol{nn}=\frac{l}{V}\sum_{i=1}^{N}a\boldsymbol{nn} \tag{3.88}$$

对于裂隙岩体，式（3.88）中 l 为裂隙最小间距。

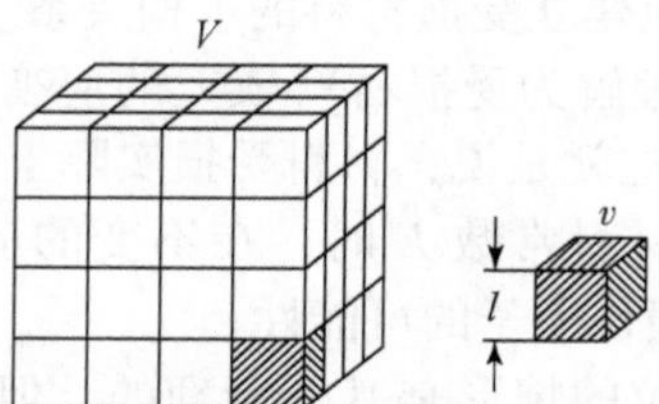

图 3.9　本征单元与有效表面积（据 Kawamoto *et al.*，1988）

孙卫军、周维垣（1990）定义了含 m 组裂隙的损伤张量为

$$\boldsymbol{\Omega}=\sum_{i=1}^{m}\boldsymbol{\omega nn} \tag{3.89}$$

其中，某组裂隙的面裂隙率为

$$\boldsymbol{\omega}=1-\exp\left(-\frac{\pi}{4}\lambda d^{2}\right) \tag{3.90}$$

式中，λ 为裂隙面密度；d 为裂隙直径。

对于任一面积为 S 的斜面，Cauchy 应力张量（$\boldsymbol{\sigma}$）与斜面应力矢量（$\boldsymbol{P}$）之间有如下关系

$$S\cdot\boldsymbol{P}=\boldsymbol{\sigma}\cdot S\cdot\boldsymbol{n}$$

因为有 $S\cdot\boldsymbol{P}=S^{*}\cdot\boldsymbol{P}^{*}$，故

$$S^{*}\cdot\boldsymbol{P}^{*}=\boldsymbol{\sigma}^{*}\cdot S^{*}\cdot\boldsymbol{n}=\boldsymbol{\sigma}^{*}\cdot S\cdot(1-\boldsymbol{\Omega})\cdot\boldsymbol{n}=\boldsymbol{\sigma}\cdot S\cdot\boldsymbol{n}$$

所以有

$$\boldsymbol{\sigma}=(1-\boldsymbol{\Omega})\cdot\boldsymbol{\sigma}^{*}$$

或

$$\boldsymbol{\sigma}^* = \boldsymbol{\sigma} \cdot (1 - \boldsymbol{\Omega})^{-1} \tag{3.91}$$

其分量形式为

$$\boldsymbol{\sigma}_{ij}^* = \boldsymbol{\sigma}_{ik}(\delta_{kj} - \boldsymbol{\Omega}_{kj})^{-1}$$

据等效应变假设，写出裂隙岩体的线弹性本构关系为

$$\boldsymbol{\varepsilon}_{st}^* = [\boldsymbol{D}_{0ijst}(\delta_{kj} - \boldsymbol{\Omega}_{kj})]^{-1}\boldsymbol{\sigma}_{ik} \tag{3.92}$$

Murakami 等提出了下述对称的有效应力张量为

$$\boldsymbol{\sigma}^* = \frac{1}{2}(\boldsymbol{\sigma} \cdot \boldsymbol{\psi} + \boldsymbol{\psi} \cdot \boldsymbol{\sigma})$$

$$\boldsymbol{\psi} = (1 - \boldsymbol{\Omega})^{-1}$$

孙卫军和周维垣（1990）指出，上述形式假定损伤不传力，在用于岩体力学问题研究时应当进行修正，使考虑裂隙传递部分压应力和剪应力，并建议了如下修正方法展开：

$$\boldsymbol{\sigma}^* = \frac{1}{2}(\boldsymbol{\sigma} \cdot \boldsymbol{\psi} + \boldsymbol{\psi} \cdot \boldsymbol{\sigma}) = \begin{bmatrix} \sigma_{11}^* & \sigma_{12}^* & \sigma_{13}^* \\ & \sigma_{22}^* & \sigma_{23}^* \\ \text{对称} & & \sigma_{33}^* \end{bmatrix}$$

令

$$\begin{cases} \sigma_{11}^* = \sigma_{11}V_{11} + \sigma_{12}S_{12} + \sigma_{13}S_{13} \\ \sigma_{22}^* = \sigma_{22}V_{22} + \sigma_{12}S_{12} + \sigma_{23}S_{23} \\ \sigma_{33}^* = \sigma_{33}V_{33} + \sigma_{23}S_{23} + \sigma_{13}S_{13} \end{cases}$$

$$\begin{cases} \sigma_{12}^* = \dfrac{1}{2}[\sigma_{12}(T_{11} + T_{22}) + (\sigma_{11} + \sigma_{22})S_{12} + \sigma_{23}S_{13} + \sigma_{13}S_{23}] \\ \sigma_{23}^* = \dfrac{1}{2}[\sigma_{23}(T_{22} + T_{33}) + (\sigma_{22} + \sigma_{33})S_{23} + \sigma_{12}S_{13} + \sigma_{13}S_{12}] \\ \sigma_{13}^* = \dfrac{1}{2}[\sigma_{13}(T_{11} + T_{33}) + (\sigma_{11} + \sigma_{33})S_{13} + \sigma_{12}S_{23} + \sigma_{23}S_{12}] \end{cases}$$

式中，V_{ij}、T_{ij} 和 S_{ij} 是修正损伤效果因子，

$$V_{ij} = \begin{cases} \psi_{ij}, & \sigma_{ij} < 0 \\ \psi_{ij}(1 - C_v), & \sigma_{ij} \geqslant 0 \end{cases} \quad (ij = 11,22,33)$$

$$T_{ij} = \begin{cases} \psi_{ij}, & I_1 < 0 \\ \psi_{ij}(1 - C_s), & I_1 \geqslant 0 \end{cases} \quad (ij = 11,22,33)$$

$$S_{ij} = \begin{cases} \psi_{ij}, & I_1 < 0, \\ (1 - C_s)\psi_{ij}, & I_1 \geqslant 0 \text{ 且 } |\psi_{ij}| \leqslant 1 \\ \dfrac{\psi_{ij}}{|\psi_{ij}|}(|\psi_{ij}|(1 - C_s) - C_s), I_1 \geqslant 0 \text{ 且 } |\psi_{ij}| > 0, & I_1 \geqslant 0 \text{ 且 } |\psi_{ij}| > 1 \end{cases} \quad (ij = 12,23,13)$$

$$I_1 = \sigma_{11} + \sigma_{22} + \sigma_{33}$$

而 C_v、C_s 分别是裂隙的传压、传剪系数，取值在 0～1，C_v、C_s 值越大，表明裂隙的传压、

传剪能力越强。

他还给出了下述近似关系：

$$C_v = \frac{k_n/E}{a + k_s/G}$$

$$C_s = \frac{k_s/G}{b + k_s/G}$$

式中，k_n、k_s为裂隙的法向刚度和切向刚度；E、G 为岩石的弹性模量和剪切模量；a、b 为材料常数。

由上述可见，要使适合于一维受拉状态的损伤理论适合于三维岩体力学问题，至少需要做两件事情：

一是要按照式（3.91）对 $\boldsymbol{\sigma}^*$ 做对称化处理。这是因为由式（3.92）确定的有效应力不具备对下标 i 和 j 的对称性；

二是要对有效应力做出结构面传力的复杂修正。这些修正尽管在形式上保证了 $\boldsymbol{\sigma}^*$ 的对称性，但不仅复杂，而且引入了人为因素，降低了本构模型客观性。

这也是损伤力学在岩体力学中但应用至今仍然存在的两个基本困难。

三、岩石的损伤软化本构模型

曹文贵（2004）选取岩石的 Drucker-Prager 准则为

$$f(\sigma^*) - k_0 = \alpha_0 I_1 + J_2^{1/2} - k_0 = 0$$

提出了反映岩石微元强度的损伤变量表示方法：

$$\Omega = \int_0^{f(\sigma^*)} p(x)\,\mathrm{d}x$$

式中，α_0为常数；k_0为与材料黏聚力和内摩擦角有关的常数；I_1、J_2为以有效应力表示的应力张量第一不变量和第二不变量；$F = f(\sigma^*)$ 为岩石微元强度变量，并假定其服从 Weibull 分布，$p(x) = p[f(\sigma^*)] = p(F)$ 为岩石微元破坏的 Weibull 分布概率密度函数。

根据 Weibull 分布的定义，可以求得其概率密度函数为

$$p(x) = \frac{m}{F_0}\left(\frac{F}{F_0}\right)^{m-1} \mathrm{e}^{-\left(\frac{F}{F_0}\right)^m}$$

式中，m 和 F_0为 Weibull 参数，则有

$$\Omega = \int_0^{f(\sigma^*)} p(F)\,\mathrm{d}F = 1 - \mathrm{e}^{-\left(\frac{F}{F_0}\right)^m}$$

在有效应力条件下，胡克定律可写为

$$\varepsilon_1 = \frac{\sigma_1^* - \nu(\sigma_2^* + \sigma_3^*)}{E}, \quad \sigma_3^* = \sigma_2^* = \frac{\sigma_3^*}{1 - \Omega}, \quad \sigma_1^* = \frac{\sigma_1}{1 - \Omega}$$

于是有

$$\sigma_1 = E\varepsilon_1(1 - \Omega) + \nu(\sigma_2 + \sigma_3) = E\varepsilon_1 \mathrm{e}^{-\left(\frac{F}{F_0}\right)^m} + \nu(\sigma_2 + \sigma_3) \tag{3.93}$$

他还通过对上式变形和线性拟合得到

$$\alpha = \left(\frac{1}{F_0}\right)^m, \quad F_0 = e^{-\frac{\ln\alpha}{m}} \tag{3.94}$$

而 $F = f(\sigma^*)$ 已在前面提到。这样就得到了岩石的损伤软化本构模型式（3.93）。

第八节　裂隙岩体本构关系的结构张量法

Oda（1983，1984）在定义裂隙岩体的结构张量为

$$\boldsymbol{F} = \frac{\pi\rho}{4}\int_0^\infty\int_\Omega r^3\boldsymbol{n}\otimes\boldsymbol{n}\otimes\cdots\otimes\boldsymbol{n}E(\boldsymbol{n},r)\,\mathrm{d}\Omega\mathrm{d}r$$

或其应用形式为

$$\boldsymbol{F} = \frac{\pi}{4V}\sum_{k=1}^m (r^{(k)})^3\boldsymbol{n}^{(k)}\otimes\boldsymbol{n}^{(k)}\otimes\cdots\otimes\boldsymbol{n}^{(k)}$$

在上式基础上，提出了一个拉应力作用下的岩体本构模型，并于 1986 年给出了适用于压应力条件的新模型。这里先介绍后者，再简单介绍前者。

一、受压条件下裂隙岩体本构模型

Oda 假定岩体的应变张量（ε_{ij}）由岩块应变张量（ε_{0ij}）和裂隙应变张量（ε_{cij}）两部分组成，即有

$$\varepsilon_{ij} = \varepsilon_{0ij} + \varepsilon_{cij} \tag{3.95}$$

其中，ε_{0ij} 已有弹性力学表达式为

$$\varepsilon_{0ij} = C_{0ijst}\sigma_{st} \tag{3.96}$$

式中，C_{0ijst} 为岩块的柔度张量。因此，只要求得 ε_{cij}，即可确定 ε_{ij} 的表达式。

设有一圆形埋藏裂隙，直径为 r。Oda 按图 3.10 模型考虑结构面的力学效应。取结构面法向刚度的割线刚度值为 H，并有

$$H = \frac{h + c\sigma}{r} = \frac{h + c\sigma_{ij}n_in_j}{r}$$

式中，h 为常数；c 为裂隙直径与隙宽的比值，即

$$c = \frac{r}{t_0}$$

取 H 在全空间角域的平均值为

$$\overline{H} = \int_\Omega H\cdot E(n)\,\mathrm{d}\Omega = \frac{h + c\sigma_{ij}N_{ij}}{r} = \frac{\overline{h}}{r}$$

式中，

$$\overline{h} = h + c\sigma_{ij}N_{ij}$$

$$N_{ij} = \int_\Omega n_in_jE(n)\,\mathrm{d}\Omega$$

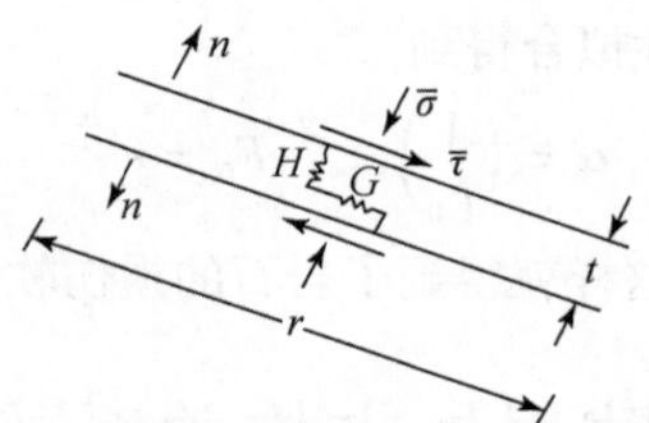

图 3.10　裂隙的 Oda 弹簧模型

考虑结构面的切向刚度为

$$G = \frac{100}{r}\sigma\tan\left(\text{JRC}\cdot\lg\frac{\text{JCS}}{\sigma}+\varphi_{\text{b}}\right) = \frac{g}{r}\sigma_{ij}n_in_j$$

式中，g 为常数；其他符号意义同前。同样取 G 在全空间角域内的平均值，有

$$\overline{G} = \int_{\Omega}GE(n)\mathrm{d}\Omega = \frac{\overline{g}}{r}$$

$$\overline{g} = g\sigma_{ij}N_{ij}$$

法向应力与切向应力为

$$\sigma_i = \sigma_{kl}n_kn_ln_i$$

$$\tau_i = (\sigma_{il}n_l - \sigma_{kl}n_kn_ln_i)$$

结构面的法向位移与切向位移为

$$\delta_{ni} = \frac{1}{H}\sigma_{kl}n_in_kn_l \tag{3.97}$$

$$\delta_{ti} = \frac{1}{G}(\sigma_{ij}n_j - \sigma_{kj}n_jn_kn_i) \tag{3.98}$$

令坐标系 j 轴与测线重合（图 3.11），取测线长为 x^j，绕轴形成一个圆柱体，底面由一个（$\boldsymbol{n}$，r，t）裂隙面构成，则柱体横截面积为

$$s = \frac{\pi}{4}r^2n_j$$

若柱面中结构面总数为 $\rho x^j s$，则（$\boldsymbol{n}$，r，t）裂隙与测线交切的条数为

$$\Delta N^j = \frac{\pi}{4}\rho r^2n_j2E(\boldsymbol{n},r,t)\,\mathrm{d}\Omega\mathrm{d}r\mathrm{d}t$$

式中，$E(\boldsymbol{n}, r, t)$ 为结构面法向矢量（$\boldsymbol{n}$）、直径（r）及隙宽（t）在半空间角域的分布密度函数。

将 ΔN^j 个裂隙的位移累加得

$$\Delta\delta_i = \frac{\pi}{4}x^i\rho\left\{\left(\frac{1}{\overline{h}}-\frac{1}{\overline{g}}\right)n_in_jn_kn_l + \frac{1}{\overline{g}}n_jn_i\delta_{lk}\right\}r^32E(\boldsymbol{n},r,t)\,\mathrm{d}\Omega\mathrm{d}r\mathrm{d}t\cdot\boldsymbol{\sigma}_{kl}$$

在 $\boldsymbol{n}$ 的半空间角域、$r = 0 - r_{\text{m}}$，$t = 0 - t_{\text{m}}$ 积分 $\Delta\delta_i$，并注意到

$$F_{ijkl} = \frac{\pi}{4}\rho\int_0^{t_{\text{m}}}\int_0^{r_{\text{m}}}\int_{\Omega}r^3n_in_jn_kn_lE(\boldsymbol{n},r,t)\,\mathrm{d}\Omega\mathrm{d}r\mathrm{d}t$$

可得全部与测线交切的裂隙造成的位移为

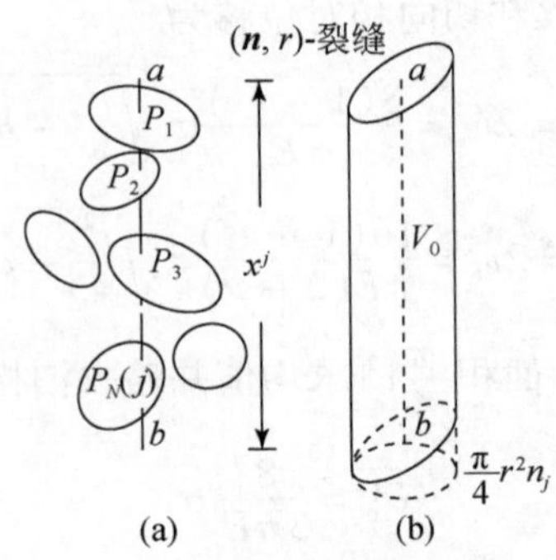

图 3.11　测线与圆柱体

$$\delta_i = \left\{ \left(\frac{1}{h} - \frac{1}{g} \right) F_{ijkl} = \frac{1}{g} \delta_{ik} F_{jl} \right\} \sigma_{kl} x^i \tag{3.99}$$

因为

$$\varepsilon_{cij} = \frac{1}{2}(\delta_{ij} + \delta_{ji})$$

于是有

$$\varepsilon_{cij} = C_{cijkl} \sigma_{kl} \tag{3.100}$$

式中，

$$C_{cijst} = \left(\frac{1}{h} - \frac{1}{g} \right) F_{ijkl} + \frac{1}{4g}(\delta_{ik} F_{jl} + \delta_{jk} F_{il} + \delta_{il} F_{jk} + \delta_{jl} F_{ik}) \tag{3.101}$$

C_{cijst}为四阶对称张量。

若有裂隙水压力为 p，则有效应力为

$$\sigma'_{ij} = \sigma_{ij} - p\delta_{ij}$$

$$\varepsilon_{ij} = C_{0ijkl} \sigma_{kl} + C_{cijkl} \sigma'_{kl} = C_{ijkl} \sigma_{kl} - C_{ij} p \tag{3.102}$$

其中，

$$C_{ijkl} = C_{0ijkl} + C_{cijkl} \tag{3.103}$$

$$C_{ij} = C_{cijkl} \delta_{kl} = \frac{1}{h} F_{ij} \tag{3.104}$$

因为

$$C_{klmn} C_{mnij}^{-1} = \frac{1}{2}(\delta_{ki} \delta_{lj} + \delta_{kj} \delta_{li})$$

将式（3.102）两边同乘 C_{mnij}^{-1}，可得

$$\sigma_{ij} = C_{ijkl}^{-1} \varepsilon_{kl} + C_{ijkl}^{-1} C_{kl} p \tag{3.105}$$

式（3.102）及式（3.105）便是受压条件下裂隙岩体的 Oda 本构模型。

二、受拉条件下裂隙岩体本构关系

对于受环境张应力的情形，Oda（1983）所做的推导简介如下。

结构面两壁的法向相对位移和切向相对位移为

$$\delta'_{\mathrm{n}} = 2v_{\mathrm{n}} = \frac{8(1-\nu^2)}{\pi E}\sigma\sqrt{\frac{r^2}{4}-a^2} \tag{3.106}$$

$$\delta'_{\mathrm{t}} = 2v_{\mathrm{t}} = \frac{16(1-\nu^2)}{\pi E(2-\nu)}\tau\sqrt{\frac{r^2}{4}-a^2} \tag{3.107}$$

式中，a 为半径变量。对裂隙面面积 $\frac{\pi}{4}r^2$ 求均值并略去泊松比（ν），得

$$\overline{\delta'_{\mathrm{n}}} = \frac{8}{3\pi E}r\sigma$$

$$\overline{\delta'_{\mathrm{t}}} = \frac{8}{3\pi E}r\tau$$

若结构面法向矢量为 $\boldsymbol{n} = \{n_i\}$，可将上两位移统一表成分量形式为

$$\overline{\delta}_i = \frac{8}{3\pi E}r\sigma_{ij}n_j = \frac{1}{D}r\sigma_{ij}n_j \tag{3.108}$$

同理，因有

$$\Delta N^j = \frac{\rho}{4}\pi r^2 n_j x^j 2E(\boldsymbol{n}, r)\,\mathrm{d}\Omega\mathrm{d}r$$

注意到

$$F_{kj} = \int_0^\infty\int_\Omega \frac{\rho}{4}\pi r^3 n_k n_j E(\boldsymbol{n}, r)\,\mathrm{d}\Omega\mathrm{d}r$$

有

$$\delta_i = \frac{1}{D}x^j\sigma_{ik}F_{kj} \tag{3.109}$$

于是可得

$$\varepsilon_{\mathrm{c}ij} = \frac{1}{2D}(F_{jk}\sigma_{ik} + F_{ik}\sigma_{jk}) = C_{\mathrm{c}ijkl}\sigma_{kl} \tag{3.110}$$

取 $C_{\mathrm{c}ijst}$ 为对称张量：

$$C_{\mathrm{c}ijst} = \frac{1}{4D}(\delta_{il}F_{jk} + \delta_{jl}F_{ik} + \delta_{jk}F_{il} + \delta_{ik}F_{jl}) \tag{3.111}$$

由此可得本构方程为

$$\varepsilon_{ij} = C_{0ijkl}\sigma_{kl} + C_{\mathrm{c}ijkl}\sigma_{kl} = C_{ijkl}\sigma_{kl} \tag{3.112}$$

第四章　裂隙岩体强度理论

岩体单元的破坏有两种方式：①沿某些结构面破坏；②部分沿结构面，而部分拉断或剪断岩块而破坏。实际发生的破坏往往取决于结构面与岩块两者中破坏可能性较大的部分。

岩体结构面尺寸常常服从一定的统计分布。一方面，一组结构面的破坏总是首先沿该组中尺度最大的面发生；另一方面，岩石强度具有随机性质，岩块的破坏总是沿强度最低的部位发生。综合上述可知，岩体单元的破坏总是沿力学上最薄弱的部位发生。这就是岩体强度“最弱环节”现象。

无论是岩块或是结构面，薄弱环节的分布也是一种随机行为。因此，岩体破坏是一种受弱环理论支配的随机行为，岩体强度理论应该是一种以弱环理论为基础的可靠性理论。

本章将以最弱环节原理为基础，首先建立岩块和结构面网络的破坏判据与破坏概率计算方法，然后讨论岩体的强度理论。

第一节　岩块强度与破坏概率

岩块是岩体的基本构件。在岩体中结构面被锁固而不能发生滑动破坏时，岩体单元便可能压碎或者剪断岩块而发生破坏。因此，岩块的强度性质是岩体强度的重要基础。

研究表明，岩块强度具有分散性与随机性。因此无论是岩块，还是由岩块引起的岩体强度行为都是一种统计极值行为。

一、脆性断裂的 Weibull 统计理论

大量力学试验表明，脆性材料如岩石、玻璃等的拉、压强度常具有随机分布特征和尺寸效应。

Weibull（1939）基于初等统计理论和简单的分布律给出了一个对材料拉破裂强度的统计表述。

设试件破坏概率（P_0）是应力（σ）的函数：$P_0(\sigma)$，则试件不破坏的概率为 $1-P_0$。若进行 n 个重复试验时无试件破坏的概率为 $1-P$，则它应等于各个试件不破坏概率的乘积，即有

$$1-P=(1-P_0)^n \tag{4.1}$$

式中，P 所反映的是 n 个试件中最小值的概率，因此它表示了弱环假设的思想。

材料破坏概率分布常被认为是由试件中微缺陷的尺寸、方位等因素的随机性决定的。因此 $P_0(\sigma)$ 反映了材料中微缺陷的力学效应，而式（4.1）正是在重复试验中这种力学效应的统计表述。

如果我们将 n 个试件合并为一个体积为 V 的较大试件，它将相当于同时进行了 n 次重复试验。于是这个体积为 V 的试件不破坏的概率为

$$1-P=(1-P_0)^V \tag{4.2}$$

式（4.2）反映了试件破坏概率的体积效应。因为，破坏概率（P）为

$$P=1-(1-P_0)^V \tag{4.3}$$

而 $1-P_0$ 为正，且有 $0<1-P_0<1$，故试件的破坏概率（P）随体积增大而呈指数规律递减。

对式（4.2）两边取对数得

$$\ln(1-P)=V\ln(1-P_0) \tag{4.4}$$

令材料性质函数为

$$n(\sigma)=-\ln(1-P_0) \tag{4.5}$$

显然有 $0<n(\sigma)<\infty$。将式（4.4）两边对体积 V 求导，得

$$\frac{\mathrm{d}P}{1-P}=-\ln(1-P_0)\mathrm{d}V=n(\sigma)\mathrm{d}V \tag{4.6}$$

作为一般情形，σ 考虑为非均匀分布的。将式（4.6）在体积 V 上积分，得

$$P=1-\exp\{-\int_V n(\sigma)\mathrm{d}V\} \tag{4.7}$$

由于当 $\sigma\to0$ 时，破坏概率 $P\to0$；当 $\sigma\to\infty$ 时，破坏概率 $P\to1$，且因为 σ 实际上是有限的，因此有 $(1-P)\sigma\to0$，则对于有分布函数式（4.7）的情形，试件的平均强度，即试件破坏时的平均应力为

$$\bar{\sigma}=\int_0^1\sigma\mathrm{d}P=-\int_0^\infty\sigma\frac{\mathrm{d}(1-P)}{\mathrm{d}\sigma}\mathrm{d}\sigma=-[\sigma(1-P)]_0^\infty+\int_0^\infty(1-P)\mathrm{d}\sigma=\int_0^\infty \mathrm{e}^{-\int_V n(\sigma)\mathrm{d}V}\mathrm{d}\sigma \tag{4.8}$$

Weibull（1939）提出材料性质函数的形式为

$$n(\sigma)=\left(\frac{\sigma-\sigma_\mathrm{u}}{\sigma_0}\right)^m \tag{4.9}$$

式中，σ 为体积 $\mathrm{d}V$ 上的拉应力；σ_0、m 为常数；σ_u 为最小抗拉强度，因对岩石材料 σ_u 小，故可忽略。于是有

$$n(\sigma)=\left(\frac{\sigma}{\sigma_0}\right)^m=k\sigma^m \tag{4.10}$$

将式（4.10）代入式（4.8），对于体积 V 不太大或应力基本均匀的情形可得

$$\bar{\sigma}=\int_0^\infty \mathrm{e}^{-kV\sigma^m}\mathrm{d}\sigma=\sigma_0V^{-\frac{1}{m}}\Gamma\left(1+\frac{1}{m}\right) \tag{4.11}$$

式中，$\Gamma\left(1+\frac{1}{m}\right)$ 为伽马函数。

将式（4.10）代入式（4.7）得破坏概率为

$$P=1-\mathrm{e}^{-kV\sigma^m} \tag{4.12}$$

式（4.11）和式（4.12）表明材料的强度与破坏概率均具有体积尺寸效应。

由式（4.12），材料强度的概率密度为

$$f(\sigma)=kVm\sigma^{m-1}\mathrm{e}^{-kV\sigma^m} \tag{4.13}$$

对 $f(\sigma)$ 取极大值，可得强度模数，即概率密度最大的强度值为

$$\sigma_{\mathrm{cm}}=\frac{1}{(kV)^{1/m}}\left(1-\frac{1}{m}\right)^{\frac{1}{m}}=\sigma_0V^{-\frac{1}{m}}\left(1-\frac{1}{m}\right)^{\frac{1}{m}} \tag{4.14}$$

可见强度模数也具有尺寸效应。

上列分析中，m 值是一个重要的参数，它表达了 σ_c 值的分散性。σ 的方差为

$$S^2 = \int_0^1 (\sigma - \bar{\sigma})^2 \mathrm{d}P = \int_0^1 \sigma^2 \mathrm{d}P - \bar{\sigma}^2 = -\int_0^1 \sigma^2 \mathrm{d}(1-P) - \bar{\sigma}^2$$

$$= \int_0^1 \mathrm{e}^{-kV\sigma^m} \mathrm{d}\sigma^2 - \bar{\sigma}^2 = \sigma_0^2 V^{-\frac{2}{m}} \left[\Gamma\left(1+\frac{2}{m}\right) - \Gamma\left(1+\frac{1}{m}\right)\right]$$

由于 m 一般为大于 1 的有限数，而函数在 $m>1$ 时对 m 值大小并不敏感，因此，可粗略地有

$$S^2 \propto \sigma_0^2 V^{-\frac{2}{m}} \tag{4.15}$$

这里可以看出，当 m 增大时，岩块强度的方差 S^2 也将增大。即是说，当 m 越大，岩石强度的分散性也越强。这就是 m 的统计学意义。

应当说明的是，脆性断裂的统计理论是在受拉条件下导出的，这与工程岩体介质宏观受压状态是不吻合的。但是这套理论对我们的思想方法方面的启示是意义深远的，更何况岩石在宏观受压条件下的破坏，其细观结构破坏过程常常也是受拉的。

二、岩块单轴抗压强度的概率分布

岩块单轴抗压强度（σ_c）值也具有显著的分散性。图 4.1 为花岗岩的单轴抗压强度分布直方图。图 4.2 则给出大渡河瀑布沟电站坝区变质玄武岩岩块的 σ_c 实验值分布直方图。

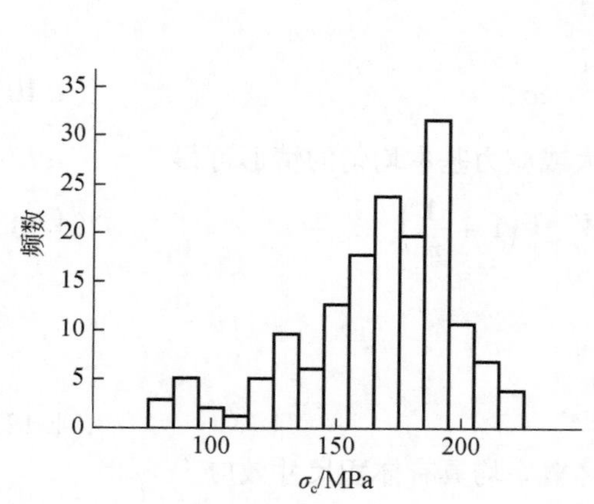

图 4.1　花岗岩强度直方图
（据山口梅太郎和西松一，1982）

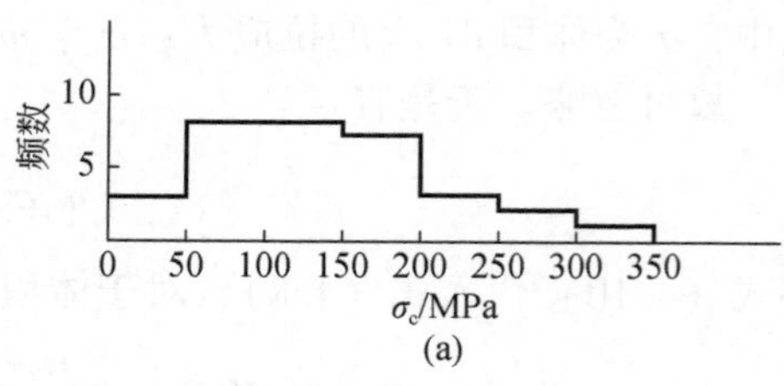

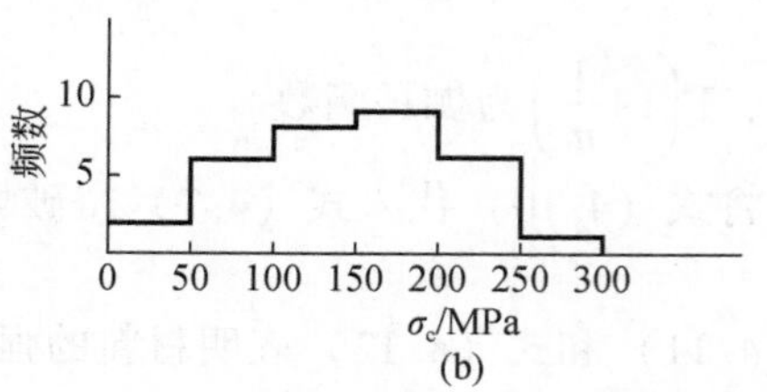

图 4.2　变质玄武岩 σ_c 分布直方图
（据成都勘测设计研究院数据整理）

在实验数据足够多的情况下，σ_c 的分布可以很好地用 Weibull 分布式（4.13）拟合。参数 m 的数值可以通过迭代求取：

$$m=\frac{\sum_{i=1}^{N}\sigma_i^m}{\sum_{i=1}^{N}\sigma_i^m\ln\sigma_i-\frac{1}{N}\sum_{i=1}^{N}\sigma_i^m\sum_{i=1}^{N}\ln\sigma_i} \tag{4.16}$$

而

$$\frac{1}{k}=\sigma_0^m=\frac{1}{N}\sum_{i=1}^{N}\sigma_i^m \tag{4.17}$$

三、岩块单轴抗压强度的合理取值方法

工程上常用岩块单轴抗压强度试验数据的均值作为岩石强度的代表值。但人们常常担心一些不确定因素的不利影响，对岩体强度参数进行弱化处理，以避免因强度参数取值偏高而冒风险。因此出现了实验数据的小值平均取值方法，或者把高值作为异常值予以舍弃，然后取试验数据的平均值。

事实上岩石单轴强度的合理取值应以实验数据的概率密度函数为基础，取其峰值点对应的强度值，即最可能的强度值，亦即强度模数。

考察式（4.14）和式（4.11）的岩块单轴抗压强度模数和平均值之比：

$$\frac{\sigma_{cm}}{\bar{\sigma}}=\left(1-\frac{1}{m}\right)^{\frac{1}{m}}\Big/\Gamma\left(1+\frac{1}{m}\right)$$

计算表明，当 $m>3$ 时，岩石单轴抗压强度的模数将比均值大出约 5%。因此，均值取值方法一般来说已经是偏于保守的。

四、岩块抗压强度的尺寸效应与大试件试验的科学性

1. 岩块强度的尺寸效应

Weibull 理论给我们的一个重要启示是，岩石的强度存在显著的尺度效应，而这种尺度效应在实际中是存在的。

Lundbrog（1967）研究了直径为 1.9 ~ 5.8cm 的 1∶1 的花岗岩圆柱体的抗压强度，分布范围为 219 ~ 175MPa，其分布形式与 Weibull 理论一致。Evans（1958，1961）得出煤的单轴抗压强度（σ_c）与立方体试件边长（a）的关系为

$$\sigma_c=ka^{-\alpha}$$

Greenwald（1941）发现对于非立方体试件有下述关系：

$$\sigma_c=kd^{\beta}a^{-\alpha}$$

式中，a、d 为试件厚度与最小宽度。Hoek 和 Brown（1980a）考察了大量不同直径（d）和 50mm 直径岩样单轴抗压强度比值的尺寸分布，发现如图 4.3 所示的尺寸效应规律。

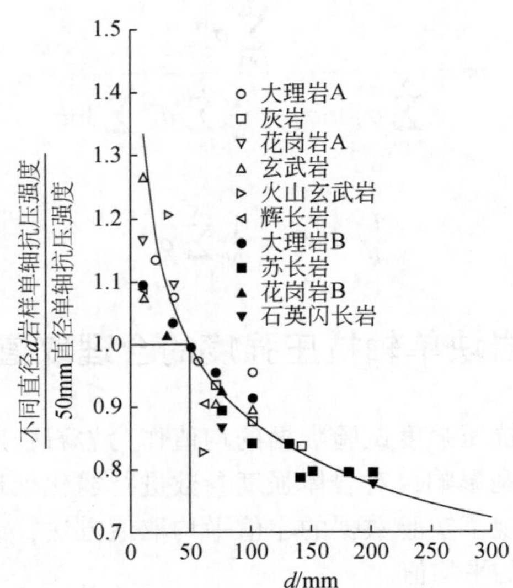

图 4.3　岩样单轴抗压强度的尺寸效应（据 Hoek and Brow，1980a）

上述试验成果多表明岩块强度与试件尺寸呈反比例关系。

从理论层面看，强度的均值式（4.11）和模数式（4.14）中均存在一个因子 $V^{-\frac{1}{m}}$。它表明随着试件体积的增大，岩石强度呈负幂次规律减小（图 4.4）。这就是岩石抗压强度的尺寸效应。

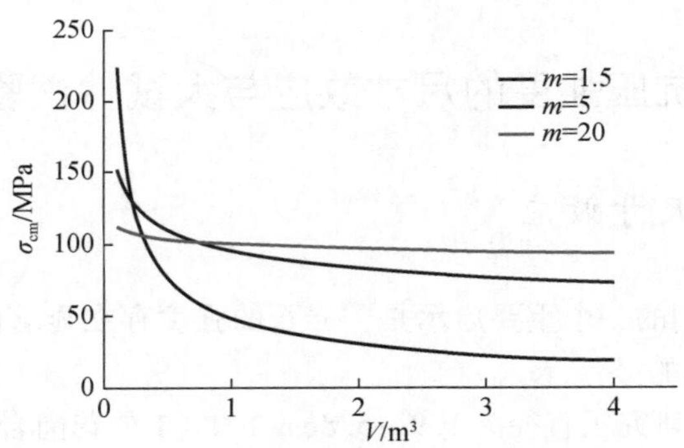

图 4.4　强度模数（σ_{cm}）与体积（V）的关系曲线

2. 岩石强度大试件试验的理论基础

式（4.15）已经表明，强度试验数据的方差 $V^{-\frac{2}{m}}$ 与试件体积呈负二次幂减小。这就是说，随着试件尺寸的增大，试验强度值将收敛于一个相对集中的区间。这就大大地提高

了单个试验的可靠性，也使得人们可以放心地用少量大试件试验获得可靠的强度数据。

这就是人们发展大试件试验以减少试验数量，同时提高试验可靠性的理论基础。

五、三轴条件下岩块的抗压强度与破坏概率

工程上通常采用库仑强度判据来判断岩石在三轴应力条件下的破坏：

$$\sigma_1=\sigma_3\tan^2\theta+\sigma_c,\quad \sigma_c=\frac{2c\cos\varphi}{1-\sin\varphi},\quad \theta=\frac{\pi}{4}+\frac{\varphi}{2} \tag{4.18}$$

式（4.18）说明，在三轴受力条件下岩石抗压强度（σ_1）与其单轴抗压强度（σ_c）和环境应力（σ_3）成正比。

下面来看三轴应力条件下岩块的破坏概率。

前面已经提到，岩石的单轴抗压强度（σ_c）多服从 Weibull 分布式（4.13）。由于 σ_c 具有更强的分散性，而 σ_3 和 φ 的变化性相对较小，因此岩石的破坏概率主要受 σ_c 变化的影响。

令 $x=\sigma_c$，而 $\sigma_1=\sigma_3\tan^2\theta+\sigma_c$，则根据随机变量函数的分布定理：

$$f(\sigma)=f[x(\sigma)]\cdot\left|\frac{\mathrm{d}x}{\mathrm{d}\sigma}\right|$$

岩石的三轴抗压强度（σ_1）服从如下密度函数分布：

$$f(\sigma_1)=kVm(\sigma_1-\sigma_3\tan^2\theta)^{m-1}\mathrm{e}^{-kV(\sigma_1-\sigma_3\tan^2\theta)^m}$$

因此，岩块发生破坏的概率为

$$P_b=1-\mathrm{e}^{-kV(\sigma_1-\sigma_3\tan^2\theta)^m} \tag{4.19}$$

当最大主应力满足岩石单轴抗压强度取其最可能的值 $\sigma_c=\sigma_{cm}$ 时，有

$$P_{bm}=1-\mathrm{e}^{-kV\sigma_{cm}^m} \tag{4.20}$$

注意到式（4.14）和式（4.10），有

$$P_{bm}=1-\mathrm{e}^{-\frac{m-1}{m}}$$

六、岩块的抗拉强度与破坏概率

岩块的抗拉强度判据通常采用如下简单的形式：

$$\sigma_3=\sigma_t \tag{4.21}$$

Habib 和 Bernaix（1966）对马尔基兹灰岩劈裂试验结果表明，岩块抗拉强度与试件尺寸呈反比例关系。

由于 Weibull 理论是从脆性材料的抗拉强度研究发展起来的，因此应用这一分布来描述岩石的抗拉强度应更合理。因此我们仍假定岩石的抗拉强度服从 Weibull 理论分布式（4.13）：

$$f(\sigma)=kVm\sigma^{m-1}\mathrm{e}^{-kV\sigma^m} \tag{4.22}$$

式中，参数 m 和 k 的数值仍采用式（4.16）和式（4.17）求取。

由此，岩石的拉张破坏概率为张应力 $\sigma_3>\sigma_t$ 的概率，即有

$$P_t = \int_{\sigma_t}^{\infty} f(\sigma)\,\mathrm{d}\sigma = \mathrm{e}^{-kV\sigma_t^m} \tag{4.23}$$

第二节 岩体的破坏判据与破坏概率

一般而论，岩体的破坏是优先从结构面开始的。在有多组结构面存在时，破坏总是从某一组力学上最弱的结构面开始。

通常认为，一组结构面是否发生破坏，取决于该组结构面是否满足破坏的力学条件，即破坏判据。但是，由于结构面几何与力学要素往往是随机量，结构面上的应力也随之变化，仅用一个确定的判据来判定一组结构面是否破坏是不科学的。合理的办法应是预测结构面组的破坏概率。

下面我们分别对单个结构面、一组结构面及结构面网络提出破坏判据和破坏概率。

一、单个结构面的失稳扩展判据

按照断裂力学理论，一个埋藏圆裂纹失稳破坏的应变能释放率判据可写为

$$G=G_c \tag{4.24}$$

我们已经得到了形成Ⅰ型埋藏圆裂纹所需的变形能式（3.42），即

$$U_{\mathrm{I}}=\frac{\pi\alpha}{3E}k^2\sigma^2a^3$$

则形成上下两侧裂纹单位面积所需要的变形能，即应变能释放率为

$$G_{\mathrm{I}}=\frac{\partial U_{\mathrm{I}}}{2\partial s}=\frac{\partial U_{\mathrm{I}}}{4\pi a\partial a}=\frac{\alpha}{4E}k^2\sigma^2a$$

同理在有剪应力作用时，根据式（3.46），可得到Ⅱ、Ⅲ型裂纹应变能释放率为

$$G_{\mathrm{II+III}}=\frac{\partial U_{\mathrm{II+III}}}{4\pi a\partial a}=\frac{\alpha\beta}{4E}\tau_r^2a$$

因此，在有法向应力和剪切应力作用下的埋藏型圆裂纹的应变能释放率（G）可写为

$$G=G_{\mathrm{I}}+G_{\mathrm{II+III}}=\frac{\alpha}{4E}a\left[k^2\sigma^2+\beta\tau_r^2\right] \tag{4.25}$$

上列各式中，$\alpha=\frac{8(1-\nu^2)}{\pi}$，$\beta=\frac{2}{2-\nu}$，$k$ 为反映结构面闭合状况的系数，当结构面张开时取1，闭合时取0。

式（4.24）中材料常数 G_c 可由Ⅰ型裂纹实验获得的断裂韧度（K_{Ic}）计算得到

$$G_c=G_{\mathrm{Ic}}=\frac{\pi\alpha}{16E}K_{\mathrm{Ic}}^2 \tag{4.26}$$

因此，由式（4.24）可得单个结构面破坏判据为

$$K_{\mathrm{Ic}}^2=\frac{4}{\pi}a(k^2\sigma^2+\beta\tau_{\mathrm{r}}^2) \tag{4.27}$$

二、一组结构面的破坏判据

对于一组结构面，由于产状大体一致，因此结构面上的应力基本相同。

根据断裂力学，裂纹的应力强度因子与裂纹半径的平方根成正比，即 a 越大的结构面，越容易首先发生破裂扩展。因此，一组结构面的破坏扩展总是会沿最大尺度的面优先发生。

式（2.68）已经求出一组结构面中最可能出现的最大结构面半径为 a_{m}。将 $a_{\mathrm{c}}=a_{\mathrm{m}}$ 代入式（4.27）即可得到

$$K_{\mathrm{Ic}}^2=\frac{4}{\pi}a_{\mathrm{m}}(k^2\sigma^2+\beta\tau_{\mathrm{r}}^2),\quad a_{\mathrm{m}}=\bar{a}\ln(\lambda_{\mathrm{v}}V) \tag{4.28}$$

这就是一组结构面的破坏判据。

由于判据中含有体积变量 V 和体积密度 λ_{v}，可见一组结构面的强度具有尺寸效应和结构面密度效应，即试件体积 V 越大则越容易破坏，强度越小；而结构面密度越大，岩体单元的强度越低。

三、一组结构面的破坏概率

由于一组结构面半径的极大值（a）服从分布式（2.72），即

$$g(a)=\frac{1}{\bar{a}}\lambda_{\mathrm{v}}V\mathrm{e}^{-\frac{a}{\bar{a}}}[1-\mathrm{e}^{-\frac{a}{\bar{a}}}]^{\lambda_{\mathrm{v}}V-1} \tag{4.29}$$

而只有当 a 值大于临界尺度 a_{c}，该组结构面才会破坏，因此对上述密度函数在区间［a_{c}，∞］内积分，可得到该组结构面的破坏概率（图 4.5），即

$$P_{\mathrm{c}}=\int_{a_{\mathrm{c}}}^{\infty}g(x)\,\mathrm{d}x=1-[1-\mathrm{e}^{-\frac{a_{\mathrm{c}}}{\bar{a}}}]^{\lambda_{\mathrm{v}}V} \tag{4.30a}$$

由式（4.28）可知：

$$a_{\mathrm{c}}=\frac{\pi K_{\mathrm{Ic}}^2}{4(k^2\sigma^2+\beta\tau_{\mathrm{r}}^2)}$$

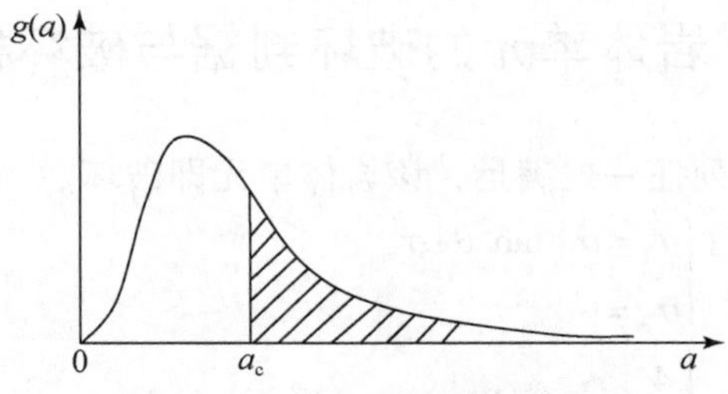

图 4.5　一组结构面的破坏概率

代入式（4.30a）即得到该组结构面在所处应力条件下的破坏概率

$$P_c=1-\left[1-\exp\left(-\frac{\pi K_{Ic}^2}{4\bar{a}(k^2\sigma^2+\beta\tau_r^2)}\right)\right]^{\lambda_v V} \tag{4.30b}$$

式（4.30b）反映出以下特点：

（1）结构面组的破坏概率随其上应力值增大而增大。注意，按照 k 和 h 的定义，当结构面上的法向应力 σ 为张应力时，$k=h=1$，即在张剪状态下，结构面不仅承受拉张作用，其上全部剪应力都变为剩余剪应力（τ_r），直接驱动结构面剪切破坏；而当 σ 为压应力而结构面闭合时，$k=0$，τ_r 值决定结构面破坏概率大小。

（2）结构面组的破坏概率随岩石断裂韧度（K_{Ic}）增大而减小。

（3）结构面组的破坏概率随其平均半径增大而增大。这是破坏概率的结构面尺度效应。

（4）结构面组的破坏概率随体积单元 V 内结构面总数（$\lambda_v V=n$）增大而增大。这就是结构面组破坏概率的体积效应和结构面密度效应。

四、结构面网络的破坏判据与破坏概率

设有 N 组结构面，对第 i 组有

$$K_{Ic}^2=\frac{4}{\pi}a_{mi}(k^2\sigma_i^2+\beta\tau_{ri}^2)$$

由于只要 N 组结构面中有一组满足判据式（4.28），则结构面网络发生破坏。于是，岩体结构面网络破坏判据为

$$\mathrm{Max}\left[\frac{4}{\pi}(k_i^2\sigma_i^2+\beta\tau_{ri}^2)a_{mi}\right]=K_{Ic}^2 \tag{4.31}$$

又因为第 i 组结构面的破坏概率为

$$P_{ci}=1-(1-e^{-\frac{a_{ci}}{\bar{a}_i}})^{\lambda_{vi}V}$$

其中，$a_{ci}=\dfrac{\pi K_{Ic}^2}{4(k^2\sigma^2+\beta\tau^2)}$。按可靠性理论，$N$ 组结构面的破坏概率应为 $P_c=1-\prod_{i=1}^{N}(1-P_{ci})$，于是有

$$P_c=1-\prod_{i=1}^{N}(1-e^{-\frac{a_{ci}}{\bar{a}_i}})^{\lambda_{vi}V} \tag{4.32}$$

五、岩体单元的破坏判据与破坏概率

由弱环理论，只要下列任一式满足，该岩体单元即破坏。

$$\begin{cases}\sigma_1=\sigma_3\tan^2\theta+\sigma_{cm}\\ \sigma_3=-\sigma_{tm}\\ \dfrac{4}{\pi}(k_i^2\sigma_i^2+\beta\tau_{ri}^2)a_{mi}=K_{Ic}^2,i=1,2,\cdots,N\end{cases} \tag{4.33}$$

其中，前两式为岩石块体单元的抗剪和抗拉破坏判据，第三式为各组结构面的破坏判据。

由可靠性理论，岩体单元的破坏概率应为

$$\begin{aligned} P &= 1 - (1 - P_b)(1 - P_t)(1 - P_c) \\ &= 1 - e^{-kV\sigma_{cm}^m}(1 - e^{-k_t V\sigma_t^m})\prod_{i=1}^{N}(1 - e^{-\frac{a_{ci}}{\bar{a}_i}})^{\lambda_{vi}V} \end{aligned} \tag{4.34}$$

式中，P_b、P_t 分别为岩块发生剪破裂、拉破裂的破坏概率；P_c 为结构面系统破坏概率，而

$$a_{ci}=a_{mi}=\frac{\pi K_{Ic}^2}{4(k^2\sigma^2+\beta\tau_r^2)},\quad \sigma_{cm}=\sigma_1-\sigma_3\tan^2\theta$$

第三节 岩体强度的主应力形式

我们这里讨论岩体强度判据的主应力形式，而破坏概率则与前相同，不再赘述。

我们知道，岩体的强度由结构面和连续岩石部分共同决定。岩体单元中岩块与各结构面组强度的平均值称为岩体单元的平均强度；若取岩块和各组结构面的最低强度作为岩体单元强度，就是岩体的“弱环”抗压强度。

下面我们将先建立等围压下岩体抗压强度一般形式，以此为基础讨论岩体的平均抗压强度、弱环抗压强度，以及岩体的等效强度参数，然后讨论岩体的抗拉强度。

一、等围压下岩体抗压强度一般形式

考察如图4.6所示的岩体单元，受铅直方向 σ_1 和水平围压 $\sigma_2=\sigma_3$ 作用，由应力理论知，任意方向铅直面上的正应力均为 σ_3；单元中存在一组结构面，其最大半径为 a_m，法线与 σ_1 的夹角为 δ；结构面黏聚力和内摩擦角分别为 c_j 和 φ_j。

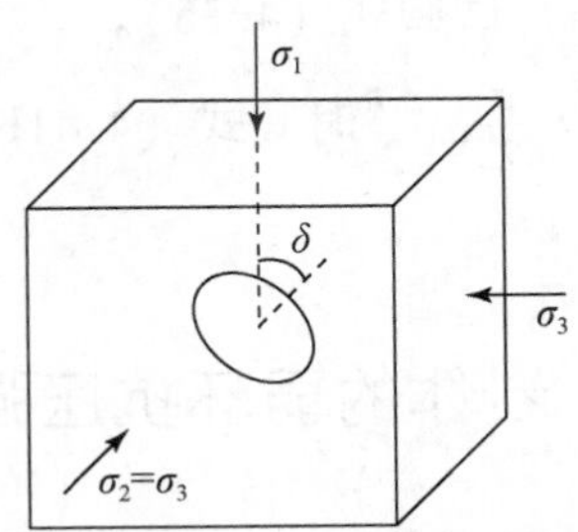

图4.6 等围压岩体单元受力图

判据式（4.33）中连续岩块强度已是主应力形式

$$\sigma_1=\sigma_3\tan^2\theta+\sigma_c,\quad \theta=45°+\frac{\varphi}{2} \tag{4.35}$$

考虑 $\sigma_2=\sigma_3$ 的等围压情形，命 δ 为结构面法线与 σ_1 夹角，则任意方向结构面组的正

应力和剪应力分别为

$$\begin{cases}\sigma=\sigma_1 n_1^2+\sigma_3(1-n_1^2)\\ \tau=(\sigma_1-\sigma_3)n_1 n_3\end{cases} \tag{4.36}$$

结构面的库仑抗剪强度为

$$\tau_{\rm f}=c_{\rm j}+f\sigma=c+f\sigma_1 n_1^2+f\sigma_3(1-n_1^2) \tag{4.37}$$

式中，$f=\tan\varphi_j$ 为结构面内摩擦系数。因此该组结构面上的剩余剪应力为

$$\tau_{\rm r}=\tau-\tau_{\rm f}=\sigma_1(n_1 n_3-fn_1^2)-\sigma_3[n_1 n_3+f(1-n_1^2)]-c_{\rm j} \tag{4.38}$$

对于受压岩体，$k=0$，于是式（4.33）中结构面组的强度判据可变为

$$\tau_{\rm r}=\frac{K_{\rm Ic}}{2}\sqrt{\frac{\pi}{\beta a_{\rm m}}} \tag{4.39}$$

或写为

$$\sigma_1=\frac{n_1 n_3+f(1-n_1^2)}{n_1 n_3-fn_1^2}\sigma_3+\frac{1}{n_1 n_3-fn_1^2}\left(\frac{K_{\rm Ic}}{2}\sqrt{\frac{\pi}{\beta a_{\rm m}}}+c_{\rm j}\right) \tag{4.40}$$

将式（4.35）与式（4.40）统一表述为如下形式

$$\sigma_{1i}=T_i\sigma_3+R_i \tag{4.41a}$$

代入 $n_1=\cos\delta$，$n_3=\sin\delta$，$n_1^2+n_3^2=1$，各系数可写为

$$\begin{cases}T_0=\tan^2\theta,\quad \theta=45°+\dfrac{\varphi}{2},\quad R_0=\sigma_{\rm c}\\ T_i=\dfrac{\tan\delta}{\tan(\delta-\varphi_{\rm j})},\quad R_i=\dfrac{1+\tan^2\delta}{\tan\delta-\tan\varphi_{\rm j}}\left(\dfrac{K_{\rm Ic}}{2}\sqrt{\dfrac{\pi}{\beta a_{\rm m}}}+c_{\rm j}\right)\end{cases} \tag{4.41b}$$

式中，下标 $i=0$ 为岩块，$i=1,2,\cdots,m$，m 为结构面组号。式（4.41b）第二式中省略了下标 i。

需要注意的是，在式（4.41b）第二式中：

（1）当 $\delta<\varphi_{\rm j}$ 时，结构面将被“锁固”而失去作用，式（4.41b）中 T_i 无意义，岩体强度等同于岩块，因而式（4.41a）回归式（4.35）。

（2）当 $\delta-\varphi_{\rm j}=0$，π 时，及 $\delta=\dfrac{\pi}{2}$，$\dfrac{3\pi}{2}$时，式（4.41b）出现奇点，考虑其物理意义的连续性，应做适当的数学处理。

二、岩体的弱环抗压强度

一般来说，岩体的抗压强度更接近其弱环抗压强度，可取为

$$\sigma_{1\min}=\min[T_i\sigma_3+R_i],\quad i=0,1,\cdots,m \tag{4.42}$$

式中，相关参数见式（4.41b）。

岩体的弱环单轴抗压强度 $R_{\min}$ 可取为式（4.41b）第二式中 R_0 和各组结构面 R_i 的最小值。因此有

$$R_{\min}=\sigma_{1\min,\sigma_3=0}=\min[R_i],\quad i=0,1,\cdots,m \tag{4.43}$$

三、岩体的平均抗压强度

岩体的平均抗压强度是一个虚拟强度，它的数值一般介于岩石单轴抗压强度与岩体单元的弱环强度之间。

对式（4.41）求和：

$$\sum_{0}^{m}\sigma_{1i}=\sigma_3\sum_{0}^{m}T_i+\sum_{0}^{m}R_i$$

考虑到有岩块和 m 组结构面，岩体单元平均强度（$\bar{\sigma}_1$）可写为

$$\bar{\sigma}_1=\frac{1}{m+1}\sum_{0}^{m}\sigma_{1i}=\sigma_3\bar{T}+\bar{R} \tag{4.44}$$

式中，系数 $\bar{T}$ 和岩体的平均单轴抗压强度（$\bar{R}$）为

$$\bar{T}=\frac{1}{m+1}\sum_{0}^{m}T_i,\quad \bar{R}=\frac{1}{m+1}\sum_{0}^{m}R_i \tag{4.45}$$

四、结构面应力锁固与岩体抗压强度的变化特征

在第三章第五节我们提到岩体中结构面的应力锁固及其判据式（3.73），那里我们强调应力锁固对结构面和岩体变形的影响。我们还应看到，结构面的应力锁固对岩体强度同样存在影响。

为了直观显示岩体抗压强度的理论规律，我们计算含一组结构面岩体的抗压强度曲线如图4.7所示。表4.1为计算基本数据，其中 δ 分别取 $\delta>\varphi_j=30°$（左图）和 $\delta<\varphi_j=26°$（右图）做对比计算。图4.7中给出了岩块单轴抗压强度、由结构面决定的弱环强度，以及两者的平均强度曲线。

表4.1　岩体抗压强度计算基本数据

δ/(°)	φ_j/(°)	c_j/MPa	a_m/m	v	K_{Ic}/(MPa·$m^{\frac{1}{2}}$)	c/MPa	φ/(°)
30(26)	25	0	2	0.3	1	10	45

由图4.7（a）可见，对于 $\delta>\varphi_j$ 的情形，由结构面决定的弱环强度和平均强度一般小于岩块强度；图4.7（b）则显示，当 δ 与 φ_j 接近时，由于围压的增加而结构面会发生“锁固”，使岩体单元弱环强度与平均强度均趋近于岩块强度；当 $\delta<\varphi_j$ 时，岩体两种强度将与岩块强度一致。

图4.8反映了岩体强度随结构面法线与轴向荷载夹角（δ）的变化规律，这与已有的理论成果一致。

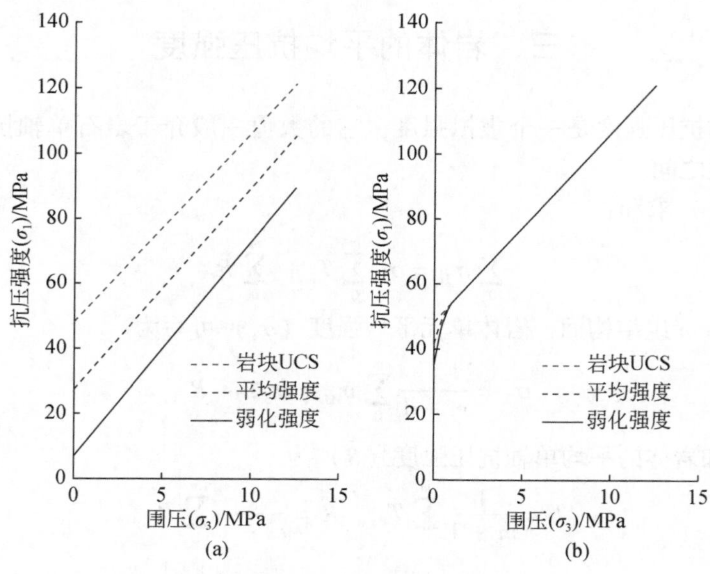

图 4.7　岩体抗压强度计算曲线

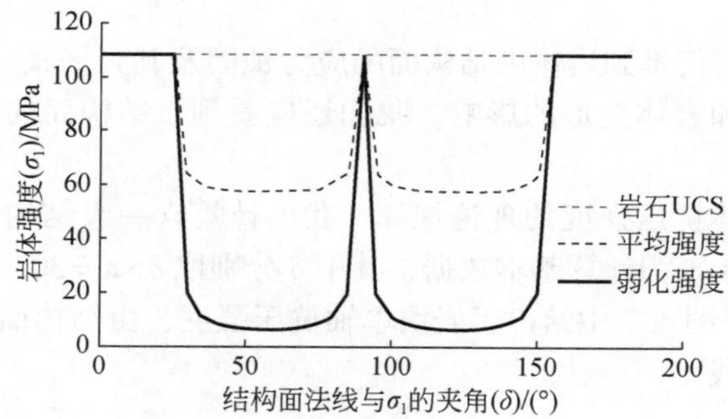

图 4.8　岩体强度随结构面法线与 σ_1 的夹角（δ）的变化规律

五、岩体的等效抗压强度参数

按照库仑理论的方法，可对岩体等效抗压强度参数进行计算。由于

$$\begin{cases}\sigma_{1\mathrm{m}}=\sigma_3 T_{\mathrm{m}}+R_{\mathrm{m}}\\ T_{\mathrm{m}}=\tan^2\theta_{\mathrm{m}}, \quad \theta_{\mathrm{m}}=45^\circ+\dfrac{\varphi_{\mathrm{m}}}{2}\\ R_{\mathrm{m}}=2c_{\mathrm{m}}\sqrt{\dfrac{1+\sin\varphi_{\mathrm{m}}}{1-\sin\varphi_{\mathrm{m}}}}\end{cases} \tag{4.46}$$

式中，下标 m 用于表征岩体的各种参数。

对于岩体的弱环抗压强度，由式（4.46）可得各参数计算式为

$$\begin{cases}R_{\mathrm{m}}=\min[R_i]\\ \varphi_{\mathrm{m}}=2\left(\operatorname{atan}\sqrt{T_{i\min}}-\dfrac{\pi}{4}\right) \quad i=0,1,\cdots,m\\ c_{\mathrm{m}}=\dfrac{1}{2}\sqrt{\dfrac{1-\sin\varphi_{\mathrm{m}}}{1+\sin\varphi_{\mathrm{m}}}}R_{\mathrm{m}}\end{cases} \tag{4.47}$$

对于岩体的平均抗压强度，由于

$$\begin{cases}\tan^2\theta=\dfrac{1}{m+1}\sum\limits_0^m T_i, \quad \theta=\dfrac{\pi}{4}+\dfrac{\varphi}{2}\\ \overline{R}=\dfrac{1}{m+1}\sum\limits_0^m R_i=2c\sqrt{\dfrac{1+\sin\varphi}{1-\sin\varphi}}\end{cases}$$

因此，由式（4.41b）有岩体单元的等效单轴抗压强度、内摩擦角和黏聚力为

$$\begin{cases}\overline{R}_{\mathrm{m}}=\dfrac{1}{m+1}\sum\limits_0^m R_i\\ \varphi_{\mathrm{m}}=2\left(\operatorname{atan}\sqrt{T_i}-\dfrac{\pi}{4}\right)\\ c_{\mathrm{m}}=\dfrac{1}{2}\sqrt{\dfrac{1-\sin\varphi_{\mathrm{m}}}{1+\sin\varphi_{\mathrm{m}}}}\overline{R}_{\mathrm{m}}\end{cases}$$

六、岩体的抗拉强度

岩体单元的抗拉强度实际上决定于其中强度较低的一组结构面的抗拉强度，且轴向荷载以外的应力影响可以忽略。在判据式（4.33）中，由于结构面受拉有 $k=1$，$\tau_{\mathrm{r}}=\tau$，可得

$$\sigma_{11}=\frac{K_{\mathrm{Ic}}}{n_1}\sqrt{\frac{\pi}{2\beta a_{\mathrm{m}}(2-\nu n_1^2)}}=\frac{K_{\mathrm{Ic}}}{\cos\theta}\sqrt{\frac{\pi}{2\beta a_{\mathrm{m}}(2-\nu\cos^2\theta)}} \tag{4.48}$$

式中，$n_1=\cos\theta$ 为结构面法线与荷载方向的夹角余弦；β 意义同前。

第四节　岩体的库仑抗剪强度

库仑抗剪强度是岩体强度的另一种表现形式。对于各向同性岩石材料，可以从强度的主应力形式通过简单的推导求得库仑强度参数：黏聚力（c）和内摩擦系数 $f=\tan\varphi$，从而获得库仑强度直线方程，其中 φ 为内摩擦角。

但对于岩体，由于结构面的影响，其库仑强度求取将变得相对复杂一些。在生产实践中，通常通过若干组大型原位剪切试验获得岩体的库仑强度参数和曲线。但一般来说，由于试验选点的代表性、岩体破坏形式的不确定性，以及剪切方向与结构面方向夹角不同等因素影响，岩体抗剪强度测试结果往往比载荷试验更为分散。

这里仍以弱环假设为基础，尝试建立含一组结构面岩体的库仑抗剪强度理论模型。

为了与通常的库仑理论符号一致，我们将加载面上的法向应力与剩余剪应力写为 σ 和 τ_r，而任一组结构面上的法向应力与剩余剪应力写为 σ_n、τ_{rn}。

结构面剪切分为顺向剪切和逆向剪切。如图 4.9 所示，根据剪应力方向设两种坐标系，后者 x_3方向与前者相反。两种坐标系下的 σ_n、τ_m取值分别为

$$\begin{cases}\sigma_n=\sigma n_1^2\pm\tau n_1 n_3\\ \tau_n=\tau n_1^2\mp\sigma n_1 n_3\end{cases}\tag{4.49}$$

式中，$n_1=\cos\delta$，$n_3=\sin\delta$；符号±、∓为逆剪取第一种、第二种相反。

由于结构面受拉或受压时力学行为的差异性，将结构面剪切变形行为分为逆向压剪、顺向压剪和顺向张剪三种情形。在两种压剪情形中，无论结构面剪切运动方向为顺向或逆向，法向应力（σ_n）为压应力状态；而张剪情形则指法向应力为张应力。

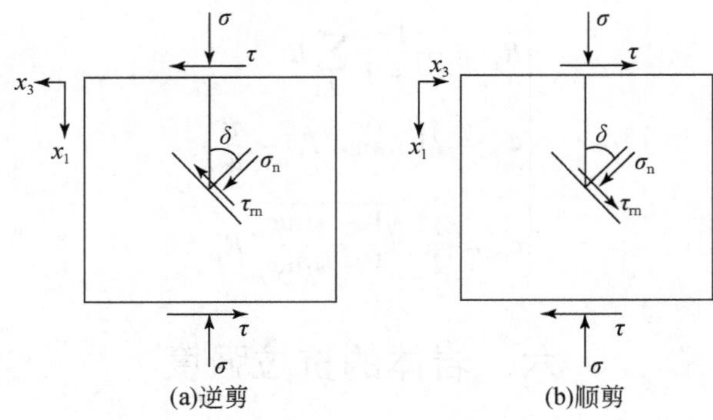

图 4.9　结构面剪切受力图

按照统计岩体力学理论，压剪和张剪结构面强度方程分别为

$$\begin{cases}K_{Ic}^2=\dfrac{4\beta}{\pi}a_m\tau_m^2, & \text{压剪(顺向、逆向)}\\ K_{Ic}^2=\dfrac{4}{\pi}a_m(\sigma_n^2+\beta\tau_n^2), & \text{张剪(顺向)}\end{cases}\tag{4.50}$$

式中，$\beta=\dfrac{\nu}{2-\nu}$；a_m为该组结构面最可能的最大半径。

一、结构面压剪情形

结构面压剪包括逆向压剪、顺向压剪，受力状态如图 4.9 所示，结构面上的应力由式（4.49）给出。结构面的抗剪强度和剩余剪应力为

$$\begin{cases}\tau_f=c+f\sigma_n=c+f\sigma n_1^2\pm f\tau_r n_1 n_3\\ \tau_m=\tau_n-\tau_f=\tau_r^2 n_1(1\mp ff_3)-\sigma n_1^2(f\pm f_3)-c\end{cases}\tag{4.51}$$

式中，$f_3=\frac{n_3}{n_1}$；$f=\tan\varphi_j$ 为结构面内摩擦系数；c 为结构面黏聚力。

将式（4.51）代入式（4.50）第一式得

$$\tau=\frac{f\pm f_3}{1\mp ff_3}\sigma+\frac{1}{n_1^2(1\mp ff_3)}\left(c+\frac{K_{1c}}{2}\sqrt{\frac{\pi}{\beta a_m}}\right) \tag{4.52a}$$

或

$$\tau=\tan(\varphi\pm\delta)\sigma+\frac{1}{\cos^2\delta(1\mp\tan\delta\tan\varphi)}\left(c+\frac{K_{1c}}{2}\sqrt{\frac{\pi}{\beta a_m}}\right) \tag{4.52b}$$

式中，符号±、∓为逆剪取第一种、第二种相反。

作为检验，当 $\delta=0$，以及对于贯通结构面（$K_{Ic}=0$）时，有

$$\begin{cases}\tau=\sigma\tan\varphi+c+\frac{1}{2}\sqrt{\frac{\pi}{\beta a_m}K_{Ic}^2}，\ \delta=0\\ \tau=\sigma\tan\varphi+c，\ K_{Ic}=0\end{cases}$$

二、岩体压剪判据的适用范围

比较式（4.52）和岩块的抗剪强度，得

$$\tau=\sigma\tan\varphi_0+c_0 \tag{4.53}$$

可见，逆向压剪条件下岩体中 τ-σ 曲线的斜率可能大于岩块。

但考虑到弱环假设，在同样应力环境下岩体的抗剪强度不可能大于岩块。因此两曲线必有交点，此点就是结构面抗剪强度向岩块强度转换的应力条件。联立式（4.52）和式（4.53）可得交点坐标（σ_0，τ_0）为

$$\begin{cases}\tau_0=\frac{\tan\varphi_0}{\tan(\varphi+\delta)-\tan\varphi_0}\left[\frac{\tan(\varphi+\delta)}{\tan\varphi_0}c_0-\frac{1}{2\cos^2\delta(1-\tan\delta\tan\varphi)}\left(\sqrt{\frac{\pi}{\beta a_m}}K_{1c}+2c\right)\right]\\ \sigma_0=\frac{1}{\tan(\varphi+\delta)-\tan\varphi_0}\left[c_0-\frac{1}{2\cos^2\delta(1-\tan\delta\tan\varphi)}\left(\sqrt{\frac{\pi}{\beta a_m}}K_{1c}+2c\right)\right]\end{cases} \tag{4.54}$$

当 $\sigma<\sigma_0$ 时岩体强度受结构面控制，否则为岩块强度。

对于结构面压性顺剪情形，曲线斜率一般小于岩块，且起始强度较低，因此其强度曲线将始终低于岩块。

仍采用表 4.1 的计算数据，取结构面内摩擦角为 $\varphi=30°$，考察对结构面逆向和顺向压剪情形时岩体的抗剪强度特征（图 4.10）。为了考察不同结构面倾角（δ）对岩体抗剪强度的影响，图中分别取 δ 为 20°、30°、45°。

由图 4.10 可知，随着结构面倾角的增加，岩体的逆向压剪强度逐渐增加，直至过渡到岩块抗剪强度；结构面锁固的法向应力随着结构面倾角增大而减小。

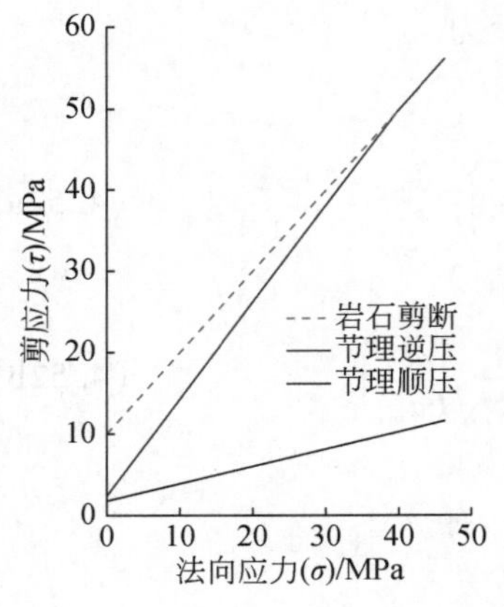

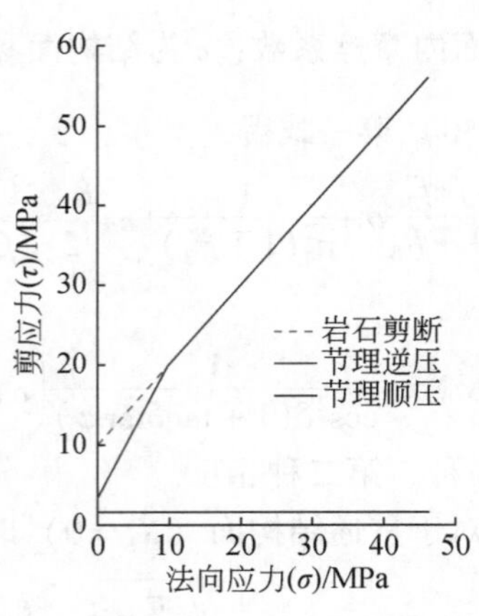

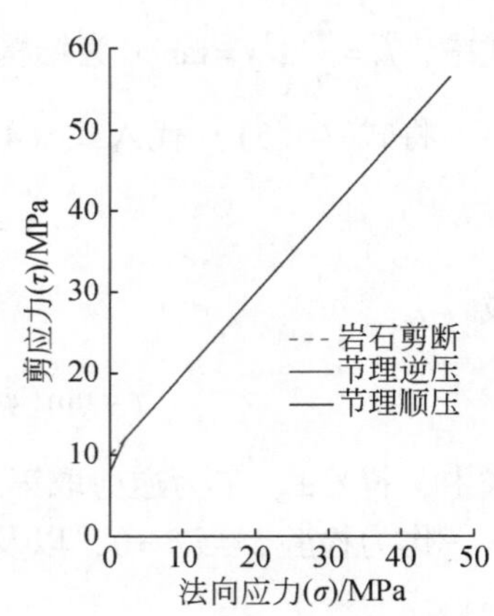

图 4.10　岩体剪切强度曲线

三、结构面张剪情形

对于顺向张剪的情形，结构面上的应力取为 $\sigma_{\mathrm{n}}=\sigma n_1^2-\tau_{\mathrm{r}} n_1 n_3$，$\tau_{\mathrm{n}}=\tau_{\mathrm{r}} n_1^2+\sigma n_1 n_3$。此时结构面上法向为张性应力，因此有 $k=1$，$h=1$，$\tau_{\mathrm{rnj}}=\tau_{\mathrm{nj}}$。将应力式代入式（4.50）第二式得

$$\tau=\frac{(1-\beta)\tan\delta}{\beta+\tan^2\delta}\sigma+\sqrt{\frac{\pi}{\cos^4\delta(\beta+\tan^2\delta)}K_{\mathrm{Ic}}^2-\sigma^2\frac{\beta(1+\tan^2\delta)}{(\beta+\tan^2\delta)^2}} \tag{4.55}$$

第五章　岩体水力学理论

岩体水力学是岩体力学的一个分支，它主要研究岩体中渗流、水压力分布及固液两相耦合作用下岩体的变形响应规律。岩体水力学理论的核心问题是岩体渗透系数或渗透张量与岩体水力学模型的确定。

由于岩石块体的渗透性能远比裂隙弱，因此，岩体水力学本质上是岩体裂隙网络水力学。本章将以岩体的几何结构为基础，讨论岩体渗透张量、岩体的方向渗透率，以及岩体中应力与渗流耦合作用等问题。

第一节　经典的单裂隙水力特征

单个裂隙中的水流运动规律是研究裂隙岩体中地下水渗流的基础，而平行平面流模型又是裂隙水流模型建立的依据。

一、无限大光滑平面裂隙的水力特征

Hele-Shaw 建立了无限大光滑平行板之间水流的水力模型。假定两平行板之间隙宽为 t，取如图 5.1 所示的坐标系。考察图 5.1（a）中任一水流单元体如图 5.1（b），其边长分别为 Δx、Δy、Δz，可得如下水力平衡方程：

$$\frac{\partial \tau}{\partial z}=\frac{\partial p}{\partial y} \tag{5.1}$$

式中，p 为静水压力；τ 为各水流层之间的剪应力。

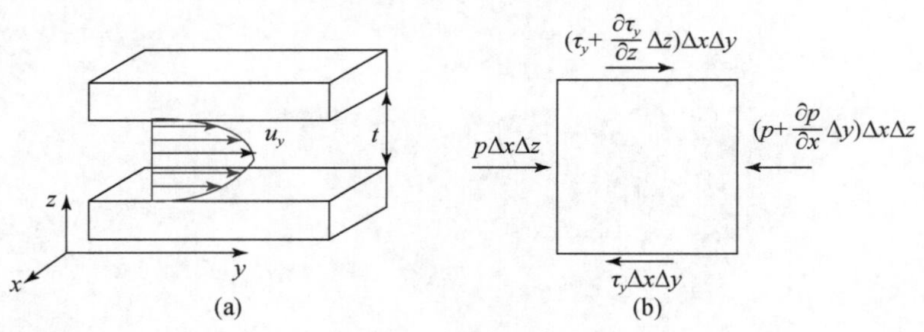

图 5.1　平面裂隙水力学模型

由水流阻尼理论有，各水流微层之间的剪应力为

$$\tau_y=\mu\frac{\partial u_y}{\partial z} \tag{5.2}$$

式中，μ 为水的动力黏滞系数，Pa・s；u_y 为 y 方向水流速度。将式（5.2）代入式（5.1）有

$$\frac{\partial^2 u_y}{\partial z^2}=\frac{1}{\mu}\frac{\partial p}{\partial y}$$

忽略水压力 p 在 z 方向上的变化，对上式在 $0\sim\pm\frac{t}{2}$ 积分，并注意到对称性及边界条件为

$$\begin{cases}\dfrac{\partial u_y}{\partial z}=0, & \text{当 } z=0\\ u_y=0, & \text{当 } z=\pm\dfrac{t}{2}\end{cases}$$

有

$$u_y=\iint\frac{\partial^2 u_y}{\partial z^2}\mathrm{d}z=-\frac{1}{2\mu}\frac{\partial p}{\partial y}\left(\frac{t^2}{4}-z^2\right)$$

可见水流速度在断面上是二次抛物线分布，在中性面上取极大值。由上式可求得断面平均流速为

$$u_y=-\frac{t^2}{12\mu}\frac{\partial p}{\partial y} \tag{5.3}$$

同理，我们也可以得到在 x 方向上的断面平均流速为

$$u_x=-\frac{t^2}{12\mu}\frac{\partial p}{\partial x} \tag{5.4}$$

注意到如下水力学公式：

$$p=\rho_{\mathrm{w}}gh,\quad \frac{\partial h}{\partial y}=J \tag{5.5}$$

于是有断面平均流速为

$$u=-\frac{\rho_{\mathrm{w}}gt^2}{12\mu}J=-K_{\mathrm{f}}J \tag{5.6a}$$

这就是单平面裂隙流的达西定律，其中沿裂面的渗透系数为

$$K_{\mathrm{f}}=\frac{\rho_{\mathrm{w}}gt^2}{12\mu}=\frac{gt^2}{12\nu} \tag{5.6b}$$

式中，$\nu=0.0101\times10^{-4}$（$\mathrm{m^2/s}$），为运动黏滞系数。由于 K_{f} 为一标量，因此流速矢量与水力梯度矢量（$\boldsymbol{J}$）共线同向。

若水力梯度矢量（$\boldsymbol{J}$）与裂隙面不平行（图 5.2），设裂面法向矢量为 $\boldsymbol{n}=\{n_i\}$，则可将 $\boldsymbol{J}$ 向裂面方向投影，得到裂隙方向水力梯度为

$$J_{\mathrm{f}}=\boldsymbol{J}-J_{\mathrm{n}}=\boldsymbol{J}-(\boldsymbol{J}\cdot\boldsymbol{n})\boldsymbol{n}=\boldsymbol{J}(\boldsymbol{I}-\boldsymbol{nn})$$

式中，$\boldsymbol{I}$ 为单位张量。

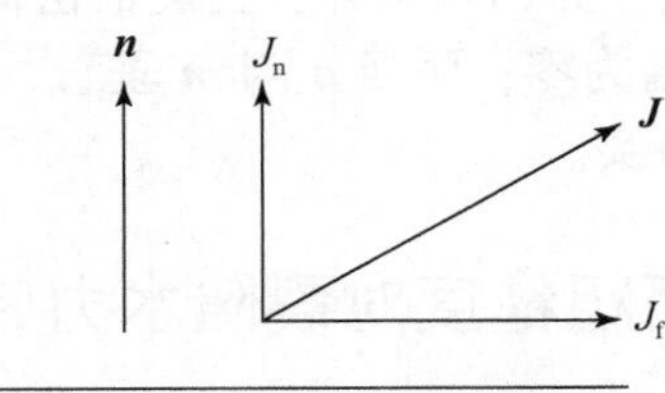

图 5.2　水力梯度矢量分解

于是沿裂面方向的渗透流速为

$$u_{\mathrm{f}}=-K_{\mathrm{f}}J_{\mathrm{f}}=-K_{\mathrm{f}}\boldsymbol{J}(\boldsymbol{I}-\boldsymbol{nn}) \tag{5.7}$$

写成分量形式为

$$J_{\mathrm{f}i}=J_j(\delta_{ij}-n_in_j)$$
$$u_{\mathrm{f}i}=-K_{\mathrm{f}}J_i(\delta_{ij}-n_in_j)$$

令渗透张量为

$$K_{0ij}=K_{\mathrm{f}}(\delta_{ij}-n_in_j)=\frac{gt^2}{12\nu}(\delta_{ij}-n_in_j)$$

它是一个二阶矩阵。于是 Darcy 定律式（5.6a）可以写为

$$u_{\mathrm{f}i}=-K_{0ij}J_j \tag{5.8a}$$

其坐标分量形式可写成

$$\begin{Bmatrix}u_{\mathrm{f}1}\\u_{\mathrm{f}2}\\u_{\mathrm{f}3}\end{Bmatrix}=-\frac{gt^2}{12\nu}\begin{bmatrix}1-n_1^2 & n_1n_2 & n_1n_3\\ n_2n_1 & 1-n_2^2 & n_2n_3\\ n_3n_1 & n_3n_2 & 1-n_3^2\end{bmatrix}\begin{Bmatrix}J_1\\J_2\\J_3\end{Bmatrix} \tag{5.8b}$$

可见渗透张量（K_{0ij}）包含了岩体结构面张开状态与产状，实际上它是通过裂隙系统将水力梯度矢量（$\boldsymbol{J}$）转换为渗透流速矢量（$\boldsymbol{u}$）的变换矩阵。

式（5.8）中 J_j 为水力梯度矢量（$\boldsymbol{J}$）的坐标分量，而 $u_{\mathrm{f}i}$ 是沿裂隙面方向上流速的坐标分量。流速（u_{f}）与水力梯度矢量（$\boldsymbol{J}$）并不平行，原因是 u_{f} 为 $\boldsymbol{J}$ 经过张量 K_{0ij} 作用后的结果。

如果水力梯度矢量（$\boldsymbol{J}$）的方向余弦为 $m_i(i=1,2,3)$，则流速矢量在水力梯度矢量（$\boldsymbol{J}$）方向的投影，即 $\boldsymbol{J}$ 方向上的流速为

$$\boldsymbol{u}=u_{\mathrm{f}i}m_i=-K_{0ij}J_jm_i=-K_{\mathrm{f}}J_i(\delta_{ij}-n_in_j)m_i$$

又因有达西定律

$$\boldsymbol{u}=-K_{\mathrm{g}}\boldsymbol{J}=-K_{\mathrm{g}}J_jm_j \tag{5.9}$$

式中，K_{g} 为 $\boldsymbol{J}$ 方向的渗透系数。比较上两式得

$$K_{0ij}m_i=K_{\mathrm{g}}m_j$$

两边点乘 m_j，并因 $m_jm_j=1$，可得

$$K_{\mathrm{g}}=K_{0ij}m_im_j=K_{\mathrm{f}}(\delta_{ij}-n_in_j)m_im_j=K_{\mathrm{f}}(1-n_in_jm_im_j) \tag{5.10}$$

这里考虑了 $\delta_{ij}=\begin{cases}1, & 当\ i=j\\0, & 当\ i\neq j\end{cases}$ 的下标替换作用和爱因斯坦求和约定，有 $m_jm_j=1$。

对于各向异性介质，一般来说水力梯度方向上的渗透系数（K_{g}）与流速方向上的渗透系数（K_{f}）是不同的。由式（5.10）可知，当裂面法向矢量 $\boldsymbol{n}$ 与水力坡度单位矢量 $\boldsymbol{m}$ 平行，得 K_{g} 在垂直裂面方向值为零；而当 $\boldsymbol{n}$ 与 $\boldsymbol{m}$ 垂直，则 K_{g} 为平行裂面的值 K_{f}，其为 K_{g} 的最大值。这也是显然的事实。

二、裂面粗糙度对裂隙水力特征的影响

裂面粗糙度的一个直接的水力学意义就是减小两壁面之间的水流有效断面面积，即

降低有效隙宽。

罗米捷和路易斯等通过实验研究，具粗糙度的裂隙水力学性质可以用水流立方定律表示为

$$\frac{Q}{\Delta h}=\frac{c}{f}t^3 \tag{5.11}$$

式中，$c=\frac{W}{L}\frac{g}{12v}$，$W$ 为水流宽度，L 为水流长度；Δh 为水头损失；Q 为流量；f 为裂面相对粗糙度修正系数；他们分别得出 f 的表达式为

$$罗米捷：f=1+12\left(\frac{e}{2t}\right)^{1.5}$$

$$路易斯：f=1+8.8\left(\frac{e}{2t}\right)^{1.5}$$

式中，t 为隙宽；e 为凸起高度。并认为当$\frac{e}{2t}\leqslant 0.003$ 时可取 $f=1$。

因为，$Q=u\cdot W\cdot t$，其中 u 为流速，将 Q、c 代入式（5.11），并注意 $J=\frac{\Delta h}{L}$，可得

$$u=-\frac{g}{12\nu}t^2\frac{1}{f}J=-K_f\frac{1}{f}J$$

此即达西定律，式中，$\frac{1}{f}K_f$ 即为有粗糙度结构面的渗透系数，即

$$K=\frac{1}{f}K_f=\frac{g}{12\nu}\frac{t^2}{f}=\frac{g}{12\nu}\left(\frac{t}{\sqrt{f}}\right)^2=\frac{g}{12\nu}t_e^2$$

这就是说，我们可以把有粗糙度的结构面等效为一个隙宽 $t_e\leqslant t$ 的裂隙来计算其水力特性。

第二节　岩体的渗透张量

上面讨论的是单个无限大平面裂隙的水力特性。实际上，在自然界中并不存在无限大的裂隙，结构面往往不仅为有限尺度，而且尺度还服从一定的分布。现在考察含有限尺度圆形结构面岩体的渗透张量。

一、含一组被连通结构面岩体的渗透张量

设岩体含一组结构面，平均半径为 $\bar{a}$，平均张开隙宽为 t，结构面体积密度为 λ_v。当该组结构面被其他方向结构面连通时，由该组结构面引起的岩体渗透流速（$\bar{v}$）与裂隙流速（$\bar{u}_f$）间满足下述关系：

$$\bar{v}\cdot V=\bar{u}_f\cdot V_j \tag{5.12}$$

式中，V 为岩体单元体积；V_j 为单元 V 中被连通裂隙体积，于是有

$$\bar{v}=\frac{V_j}{V}\cdot\bar{u}_f=\eta\cdot\bar{u}_f \tag{5.13a}$$

式中，η 为该组面的连通裂隙率，由式（2.81）给出。

将式（5.6）和式（2.81）代入式（5.13a）得

$$\bar{v}=-K_fJ_f\eta=-\frac{\pi g}{12\nu}\lambda_v\bar{t}^3(\bar{a}+r)^2\mathrm{e}^{-\frac{3r}{\bar{a}}}J_f \tag{5.13b}$$

式中，

$$r=\min\left(\frac{1}{\lambda_i\sin\theta}\right)$$

为第 i 组结构面的视平均间距最小值，计算方法见第二章第八节。

将式（5.13a）与达西定律 $\bar{v}=-KJ_f$ 比较可知，岩体在该组裂面方向上渗透系数为

$$K=\frac{\pi g}{12\nu}\lambda_v\bar{t}^3(\bar{a}+r)^2\mathrm{e}^{-\frac{3r}{\bar{a}}} \tag{5.14a}$$

当 $r\ll\bar{a}$ 即第 i 组结构面足够密集时，可忽略 r，考虑到 $\lambda_v=\frac{\lambda}{2\pi\bar{a}^2}$ 有

$$K\approx\frac{\pi g}{12\nu}\lambda_v\,\bar{t}^3\,\bar{a}^2=\frac{g}{24\nu}\lambda t^3 \tag{5.14b}$$

式中，K 的单位为 m/s；ν 为水的运动黏滞系数，

$$\nu=0.0101\times10^{-4}\mathrm{m}^2/\mathrm{s} \tag{5.15}$$

因此粗略地有

$$K\approx4\times10^5\lambda t^3$$

例如，当结构面法向密度为 $\lambda=1/\mathrm{m}$，裂隙张开度为 $t=10^{-2}\mathrm{m}$ 时，$K\approx0.4\mathrm{m/s}$。注意，这里的 K 是岩体的平均断面渗透系数，而不是裂隙的渗透系数。

据式（5.14a），可将含一组有限尺寸结构面岩体的渗透张量写为

$$K_{ij}=K(\delta_{ij}-n_in_j)=\frac{\pi g}{12\nu}\lambda_v\bar{t}^3(\bar{a}+r)^2\mathrm{e}^{-\frac{3r}{\bar{a}}}(\delta_{ij}-n_in_j) \tag{5.16}$$

其矩阵形式为

$$K_{ij}=\frac{\pi g}{12\nu}\lambda_v\bar{t}^3(\bar{a}+r)^2\mathrm{e}^{-\frac{3r}{\bar{a}}}\begin{bmatrix}1-n_1^2 & -n_1n_2 & -n_1n_3\\ -n_2n_1 & 1-n_2^2 & -n_2n_3\\ -n_3n_1 & -n_3n_2 & 1-n_3^2\end{bmatrix}$$

二、含多组结构面岩体的渗透张量

当岩体中存在 N 组结构面时，各组面间的相互连通应不存在困难。因此，我们认为每组面都通过其他组面得到连通。

Romm（1966）、Snow（1969）先后提出了渗透性可叠加的假设，认为由不同方向裂隙组相交的裂隙网络中，其中某一组裂隙的水流可不受其他水流的干扰。因而可将各组裂隙的渗透张量叠加构成岩体裂隙网络的渗透张量，对于岩体有

$$K_{ij} = \sum_{p=1}^{N} K_{ijp}$$

按照这一思想，代入式（5.16）得

$$K_{ij} = \frac{\pi g}{12\nu}\sum_{p=1}^{N}\lambda_{v}\bar{t}^{3}(\bar{a}+r)^{2}e^{-\frac{3r}{\bar{a}}}(\delta_{ij}-n_{i}n_{j}) \tag{5.17}$$

当各组结构面均被完全连通，即对各组面均有 $r \ll 2\bar{a}$ 时，式（5.17）变为

$$K_{ij} \approx \frac{g}{24\nu}\sum_{p=1}^{N}\lambda\bar{t}^{3}(\delta_{ij}-n_{i}n_{j})$$

表5.1列出了大渡河瀑布沟水电站经变形松动的变质玄武岩三个测段的渗透系数，计算公式为式（5.17）。由于岩体结构的各向异性，渗透性也表现出方向性，即顺主结构面的南北向与上下向 K 值显著大于东西向（垂直主结构面）。

表5.1　瀑布沟水电站玄武岩渗透系数　　（单位：10^{-2}cm/s）

	南北向（K_{11}）	东西向（K_{22}）	上下向（K_{33}）
硐口段	1.70	0.53	1.23
中1段	5.33	3.22	4.69
中2段	3.92	2.46	4.22
综合三段	4.77	2.91	4.36

三、方向渗透系数与渗透性椭球

方向渗透系数包括两种通常的情形，即沿水力梯度方向上的渗透系数和流速方向上的渗透系数。这里我们仅考察前者。

对于裂隙岩体，在水力梯度矢量（$\boldsymbol{J}$）作用下水流渗透速度为

$$\boldsymbol{v} = v_i m_i = -K_{ij} m_i J_j \tag{5.18}$$

式中，m_i 为 $\boldsymbol{J}$ 的单位矢量坐标分量；K_{ij}为岩体渗透张量，令 K_g 为 $\boldsymbol{J}$ 方向的方向渗透系数，则该方向上达西定律形式为

$$\boldsymbol{v} = -K_g\boldsymbol{J} = -K_g J_j m_j \tag{5.19}$$

比较式（5.18）和式（5.19），得

$$K_g m_j = K_{ij} m_i$$

两边乘以 m_j 并注意 $m_j m_j = m_1^2 + m_2^2 + m_3^2 = 1$，得

$$K_g = K_{ij} m_i m_j \tag{5.20}$$

变换 $\boldsymbol{J}$ 的方向，即在式（5.20）中变换 m_i、m_j 的值，可以做出 K_g 随空间方向变化曲面。

令做图点坐标为 X_i，并令

$$X_i = m_i\sqrt{K_g}$$

则有

$$X_iX_j=m_im_jK_g=K_{ij} \tag{5.21}$$

式中，后一等号只要对式（5.20）两边乘以 m_im_j 并注意到 $m_im_i=m_jm_j=1$ 即可证明成立。

由式（5.21）可见，式（5.20）是一个椭球面方程。即是说，对于一定结构的岩体，渗透系数的量值随方向是变化的，在全空间角中的分布构成一个椭球面；渗透系数有极大值、极小值和中间值，且三者相互垂直。

用 K_{ij} 值椭球的主轴形式表示式（5.21），有

$$\begin{bmatrix} X_1X_1 & 0 & 0 \\ 0 & X_2X_2 & 0 \\ 0 & 0 & X_3X_3 \end{bmatrix}=\begin{bmatrix} K_{11} & 0 & 0 \\ 0 & K_{22} & 0 \\ 0 & 0 & K_{33} \end{bmatrix}$$

两边同乘 K_{ij}^{-1} 可得

$$\begin{bmatrix} \dfrac{X_1^2}{K_{11}} & 0 & 0 \\ 0 & \dfrac{X_2^2}{K_{22}} & 0 \\ 0 & 0 & \dfrac{X_3^2}{K_{33}} \end{bmatrix}=\begin{bmatrix} 1 & 0 & 0 \\ 0 & 1 & 0 \\ 0 & 0 & 1 \end{bmatrix} \tag{5.22}$$

可见式（5.22）所描写的方向渗透系数椭球有半轴

$$X_1=\sqrt{K_{11}},\quad X_2=\sqrt{K_{22}},\quad X_3=\sqrt{K_{33}} \tag{5.23}$$

第三节　岩体渗透系数的立方率与尺寸效应

一、岩体渗透系数的立方率

由式（5.14）可知，岩体的渗透系数与结构面平均隙宽的三次方成正比，这就是岩体渗透系数的立方率。

岩体渗透系数的立方率有着特殊的意义。它告诉我们，当结构面的隙宽增大时，岩体的渗透性能将以隙宽的三次方速度急剧增大。特别是当不同方向的结构面平均隙宽存在差别时，将导致岩体渗透性能强烈的各向异性。

另一方面，尽管我们采用了一组结构面的平均隙宽来分析岩体的渗透性能，但实际上在该组结构面中，由于各个结构面的隙宽也存在差异性，渗透水流将高度集中在大隙宽的结构面中。对此我们做如下对比分析：

设岩体中一组结构面的体积密度为 $\lambda_v=10$ 条/m^3，平均半径为 $\bar{a}=1.0$m，平均隙宽 $\bar{t}=0.01$m，将上述参数代入式（5.14）可得

$$K=\frac{\pi g}{12\nu}\lambda_v\bar{a}^2\bar{t}^3=12.7$$

如果考虑该组结构面中一条最大隙宽结构面对渗透系数的贡献，因 $t_m=\bar{t}\ln(\lambda_v V)=0.023\text{m}$，其他参数同上，则得到

$$K_f=\frac{g}{12v}t^2=213.88$$

这个值显然远远大于前面计算出的平均渗透系数。可见一组裂隙中最可能最大隙宽的裂隙对渗流的贡献是超出想象的。

另一方面，根据隙宽的分布 $f(t)=\eta e^{-\eta t}\left(\eta=\frac{1}{\bar{t}}\right)$，$t<t_m$ 的概率为

$$F(t)=1-e^{-\eta t_m}=90\%$$

而 $t<t_m$ 部分的平均隙宽为

$$\bar{t}'=\int_0^{t_m}\tau\eta e^{-\eta\tau}d\tau=0.0067$$

平均渗透系数为

$$K=\frac{\pi g}{12\nu}\lambda_v\bar{a}^2\bar{t}'^3=3.818$$

这说明最大裂隙（t_m）的渗透系数将远大于一般隙宽的裂隙。

顺便我们讨论差异岩溶的形成机理。

可溶岩体中由于存在裂隙而发生渗流，且因为裂隙张开度不同而渗流速度不同。设其单位宽度可过水断面面积为 $A=t$，流量按下式计算

$$Q=vA=KJt$$

由于溶蚀速率与渗流量有关，则过水断面面积增大的速率（单位：cm^2/a）为（张倬元等，1993，490 页）

$$\dot{A}=\frac{31.56}{\rho_r}\cdot Q\cdot\frac{dC}{dL}=\alpha A^4 J\frac{dC}{dL}=\alpha t^4 J\frac{dC}{dL}$$

式中，α 为反映方解石密度（ρ_r）、水的黏滞性及节理形态和密度的系数；$\frac{dC}{dL}$为单位渗透途径上被溶蚀的碳酸盐浓度增量，mg/cm，反映水流的溶蚀能力。

这表明，岩溶通道的断面面积增加的速率与水力梯度和水的溶蚀能力成正比，与现有断面面积的四次方成正比。这就是岩溶通过强烈差异溶蚀快速形成集中通道的物理基础。

对于沿裂隙交线形成溶洞的情形，可以圆管作为模型进行分析。对于圆管渗流，设管截面半径为 r，$A=\pi r^2$，$Q=vA=\frac{2\pi g}{3\nu}r^2 J\cdot\pi r^2$ 则有

$$\dot{A}=\alpha'\cdot 2\pi r^4 J\frac{dC}{dL}$$

而溶洞半径增加速率为

$$\dot{r}=\alpha'\cdot r^3 J\frac{dC}{dL}$$

二、岩体渗透系数的尺寸效应

Hubbert（1956）、Bear（1972）、Freeze 及 Franciss（1978）讨论了取样范围对岩体渗透性能稳定性的影响。图 5.3 表明当取样范围小于 V_r 时，则岩体渗透系数 K 值波动显著；当 $V>V_r$ 时，则 K 趋于稳定值，才能与真实的岩体 K 值一致。他们把这个 V_r 值称为代表性单元体积。

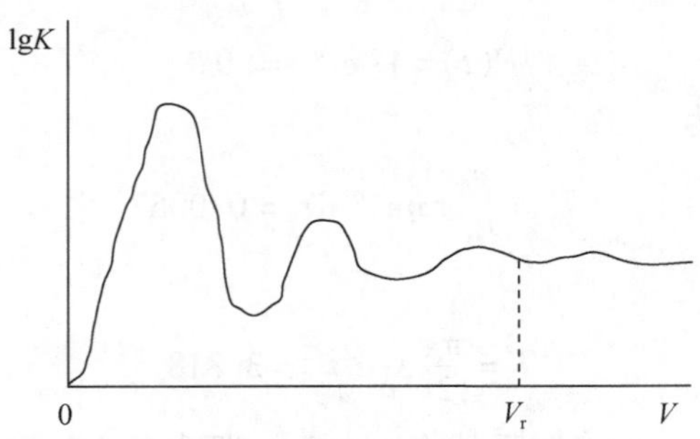

图 5.3　渗透性代表性体积单元

上述这种 K 值的波动性是由于取样段中不同隙宽裂隙的随机间隔出现和断面平均渗透系数计算方法导致的波动。随着测量尺度增大，再大的裂隙渗流引起的波动也会因平均化而使渗透系数趋于平稳。

另一方面，式（5.14）告诉我们，岩体渗透张量与各组结构面密度成正比。只有研究范围足够大，才能获得稳定的密度数值。由此可见，不能用过小尺寸研究结果代替岩体真实的渗透性能。

第四节　渗流场与应力场的耦合作用

渗流场与应力场之间的耦合作用，也称“水-岩耦合作用”，已经不是一个新概念。水-岩耦合作用通常是指：①地下水渗流在岩体中引起渗流体积力，包括动水压力与静水压力，这种体积力将改变岩体中原始存在的应力状态；②岩体中应力状态的变化将改变岩体的渗透性能，从而改变岩体的水力学状态。这两种相互作用通过岩体的渗透性能及其改变而联系起来。当有渗流发生时，这两种作用将通过反复耦合作用而达到稳定平衡状态。

研究渗流场与应力场的这种复杂的耦合作用是岩体力学的一个基本课题。但是迄今对这种耦合作用的规律性认识总体上还嫌较为粗浅。这里对此略做讨论。

一、渗流体积力

根据伯努利定律，不可压缩流体在重力作用下的恒定有势流总水头 h 为

$$h=z+\frac{p}{\rho_{w}g}+\frac{u^2}{2g}$$

式中，z 为位置水头；p 为静水压力；$p/(\rho_{w}g)$ 为压力水头；u 为水流速度；$u^2/(2g)$ 为速度水头。岩体中裂隙水流速（u）是很小的。因此，由 u 引起的速度水头相比压力水头和位置水头可以忽略，于是有

$$p=\rho_{w}g(h-z) \tag{5.24}$$

根据流体力学平衡原理，透水单元体两侧的压力差即为该单元受到的渗流体积力，于是有渗流引起的体积力

$$X_i=-\frac{\partial p}{\partial x_i}=\rho_{w}g\frac{\partial h}{\partial x_i}+\rho_{w}g\delta_{3i}, \quad i=1,2,3 \tag{5.25a}$$

式（5.25a）也可以写为

$$X=-\frac{\partial p}{\partial x}=-\rho_{w}g\frac{\partial h}{\partial x}=-\rho_{w}gJ_x, \quad Y=-\rho_{w}gJ_y, \quad Z=-\rho_{w}g(J_z-1) \tag{5.25b}$$

可见渗流引起的体积力由两部分组成，第一部分为动水压力，即 $-\rho_{w}g\frac{\partial h}{\partial x_i}$，$\frac{\partial h}{\partial x_i}=J_i$ 为水力梯度的坐标分量；第二部分为浮力，即 $\rho_{w}g$，它在渗流空间中是一常量。

式（5.25）表明，只要求出岩体中各点的水头值 h，便可完全确定渗流场中各点的体积力 X_i，进而由式（5.24）求得相应各点的静水压力 p。

二、渗流场分析

由于渗透流速为

$$v_i=-K_{ij}J_j=-\left(K_{i1}\frac{\partial h}{\partial x_1}+K_{i2}\frac{\partial h}{\partial x_2}+K_{i3}\frac{\partial h}{\partial x_3}\right)$$

两边对 x_i 微分，并考虑到水流连续性方程 $\frac{\partial v_1}{\partial x_1}+\frac{\partial v_2}{\partial x_2}+\frac{\partial v_3}{\partial x_3}=0$，有渗流场偏微分方程

$$v_{i,i}=-K_{ij}h_{ij}=0 \tag{5.26}$$

或

$$\frac{\partial v_i}{\partial x_i}=-K_{ij}\frac{\partial^2 h}{\partial x_i \partial x_j}$$

求解上式的边值问题，即可得到 $h(x_i)$，从而得到渗流体积力（X）和静水压力（p）。

三、应力对岩体渗流的耦合作用

这里先考察岩体应力和变形状态对地下水渗流的影响。

当岩体中存在应力时，裂隙张开度（t）将发生变化。而由前述可知，t 的变化将显著影响岩体的渗透性能。不少学者对结构面上法向应力变化导致岩体渗透系数的改变做过研究。

Snow 提出如下经验公式

$$K=K_0+\frac{k_n(2t)^2}{x}(p-p_0)$$

式中，K 为压力 p 时的裂隙渗透系数；K_0 为初始压力 p_0 时的渗透系数；k_n 为裂隙法向刚度；x、t 为裂隙间距与隙宽。

Jones（1975）的经验公式（适用于碳酸盐岩）为

$$K=K_0\left(\ln\frac{p_n}{p}\right)^3$$

式中，K_0 为常数；p_n 为裂隙闭合（$K=0$）时的有效压力。

马克西莫夫经验公式为

$$K=K_0 e^{\alpha_k(p_0-p)}$$

式中，a_k 为系数；K_0 为地表渗透系数。

若 p_0 为大气压，$p=\gamma h$，h 为埋深，$\gamma=\rho g$ 为岩石单位体积重力，则上式可写为

$$K=K_0 e^{-\alpha_k\rho gh}$$

马克西莫夫经验公式目前已被广泛接受，用于把地表资料向深部外推预测。

Louis 也根据一坝址钻孔抽水试验资料提出了如下经验公式，其形式与上两式相近：

$$K=K_0 e^{-a\sigma_0}$$

式中，a 为系数；σ_0为有效应力。

下面我们给出一个理论表达式。

我们已经给出了裂隙在不同法向应力或埋深条件下隙宽变化规律如式（2.52）：

$$t=t_0 e^{-\frac{\sigma}{k_n}}=t_0 e^{-\beta h} \tag{5.27}$$

式中，t_0 为某组裂隙在地表的隙宽；k_n为裂面法向刚度；σ 为裂面所受法向应力。

将式（5.27）代入式（5.17）可得不同埋深岩体的渗透张量为

$$K_{ij}=\frac{\pi g}{12\nu}\sum_{p=1}^{N}\lambda_v \bar{t}_0^3(\bar{a}+r)^2 e^{-\frac{3r}{\bar{a}}}(\delta_{ij}-n_i n_j)e^{-\beta h}=K_{0ij}e^{-\beta h} \tag{5.28}$$

这就是岩体渗透张量随深度变化的负指数公式，其中 K_{0ij}为地表岩体渗透张量。这说明，随着埋深的增加，岩体应力增高，其渗透性能将以负指数规律迅速衰减，直至为零。深部岩体渗透性低，以至于岩体常常处于干燥状态，就是这个原因。

岩体渗透性能的这种负指数规律已被大量实际资料所证实。图 5.4 为法国马尔帕塞坝区片麻岩的岩体应力与渗透系数（K）之间的试验关系曲线。图 5.5 为长江三峡三斗坪坝区花岗岩体埋深与 K 之间的关系。

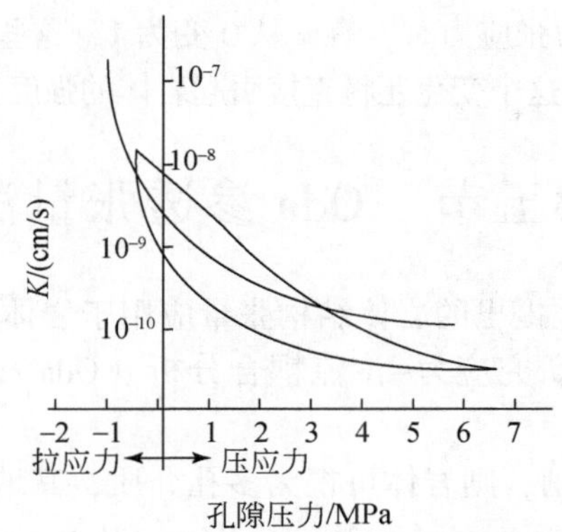

图 5.4　片麻岩应力与 K 之间的关系（据 Rissler，1978）

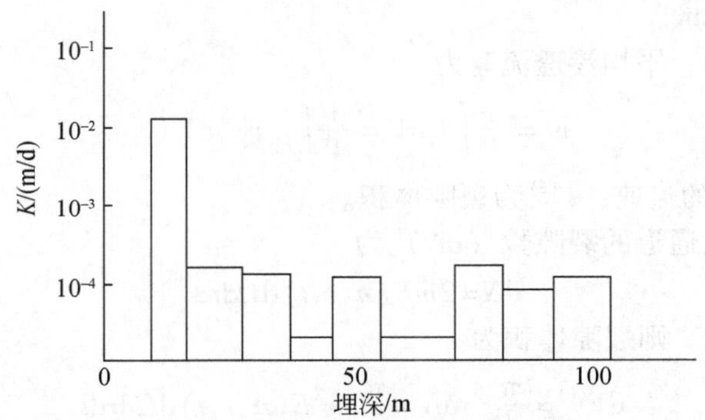

图 5.5　花岗岩体埋深与 K 之间的关系（据吴旭军，1988）

四、渗流场对应力场的耦合作用

地下水渗流对岩体应力状态也存在影响。

我们知道，当岩体中存在渗流应力 $X_i=-\dfrac{\partial p}{\partial x_i}=\rho_w g\dfrac{\partial h}{\partial x_i}+\rho_w g\delta_{3i}$ 时，岩体的应力场将发生改变。静水压力（p）的作用较为直观，由于它的存在，岩体任一点的应力（σ_{ij}）将变为有效应力：

$$\sigma_{eij}=\sigma_{ij}-\delta_{ij}p$$

表现在结构面受拉状态上，其正应力将降低为有效应力 $\sigma_e=\sigma-p$，而剪应力却不会变化。这就告诉我们，岩体中同一点上的应力状态会因为水压力的出现而发生改变。

当裂隙水压力（p）以场的形式做空间变化时，它将导致应力场以相应规律发生变化。这就是渗流场对应力场的耦合作用结果。

渗流应力的存在也会改变岩体的变形和强度性质。以岩体变形为例：

$$\varepsilon_{ij}=\varepsilon_{0ij}+\frac{\alpha}{E}\sum_{p=1}^{m}\lambda\bar{a}n_1^2\left[k^2n_1^2+\beta h^2(1-n_1^2)\right]\sigma_{st}$$

静水压力（p）的存在不仅直接改变了结构面的抗剪强度，从而导致剩余剪应力比值（h）

增大；当结构面法向应力变为张应力时，有 k 从 0 变为 1，这些变化都将使岩体变形增大。

库仑强度理论已经表明，这个变化还将直接引起岩体的强度行为的变化，这里不做赘述。

第五节　Oda 渗透张量法

Oda（1985，1986）将他提出的岩体结构张量应用于岩体力学理论，发展了我们所称的 Oda 渗透张量法，并用于研究应力-渗流耦合分析（Oda *et al.*，1987）。本节介绍他的理论。

如果岩体被多组裂隙切割，则岩体可视为多孔介质，其地下水运移遵从达西定律

$$v_i = -\frac{g}{\nu}\boldsymbol{k}_{ij}J_j = -\frac{g}{\nu}\left(k_{i1}\frac{\partial h}{\partial x_1}+k_{i2}\frac{\partial h}{\partial x_2}+k_{i3}\frac{\partial h}{\partial x_3}\right),\quad i=1,2,3$$

式中，$\boldsymbol{k}_{ij}$ 为渗透率张量。

在一定体积 V 内，平均渗透流速为

$$\bar{v}_i = \frac{1}{V}\int_V v_i \mathrm{d}V = \frac{1}{V}\int_{V^{(c)}} v_i^{(c)}\,\mathrm{d}V^{(c)} \tag{5.29}$$

式中，$v_i^{(c)}$ 为裂隙中的流速；$V^{(c)}$ 为裂隙体积。

在体积 V 内介入通道的裂隙数（$\mathrm{d}N$）为

$$\mathrm{d}N = 2mE(\boldsymbol{n},r,t)\,\mathrm{d}\Omega\mathrm{d}r\mathrm{d}t$$

式中，m 为裂隙总数。则裂隙体积为

$$\mathrm{d}V^{(c)} = \frac{\pi}{4}r^2 t\mathrm{d}N = \frac{\pi}{2}mr^2E(\boldsymbol{n},r,t)\,\mathrm{d}\Omega\mathrm{d}r\mathrm{d}t \tag{5.30}$$

式中，r 为裂隙直径；t 为裂隙张开度。

因为水力梯度矢量（$\boldsymbol{J}$）在裂面方向的分量为

$$\boldsymbol{J}_i^{(c)} = (\delta_{ij}-n_in_j)\boldsymbol{J}_j \tag{5.31}$$

于是有

$$v_i^{(c)} = \frac{\lambda g}{\nu}t^2\boldsymbol{J}_i^{(c)} \tag{5.32}$$

式中，用 λ 代替了 $\frac{1}{12}$，作为比例因子。当裂隙足够大以至于可以形成完全通道时有 $\lambda\to\frac{1}{12}$，对有限尺寸的裂隙 $\lambda<\frac{1}{12}$。

将式（5.30）~式（5.32）代入式（5.29）可得

$$\bar{v}_i = \frac{\lambda g}{\nu}\left[\frac{\pi\rho}{4}\int_0^{t_m}\int_0^{r_m}\int_\Omega^{\infty} r^2t^3(\delta_{ij}-n_in_j)E(\boldsymbol{n},r,t)\,\mathrm{d}\Omega\mathrm{d}r\mathrm{d}t\right]J_j \tag{5.33}$$

比较式（5.33）与式（5.29）可得等效渗透率张量为

$$k_{ij} = \lambda_v(P_{kk}\delta_{ij}-P_{ij}) \tag{5.34}$$

而

$$P_{ij} = \frac{\pi\rho}{4}\int_0^{t_m}\int_0^{r_m}\int_\Omega r^2t^3n_in_jE(\boldsymbol{n},\ r,\ t)\,\mathrm{d}\Omega\mathrm{d}r\mathrm{d}t \tag{5.35}$$

式中，λ_v 为裂隙体积密度，即 $\lambda_v = \dfrac{m}{V}$。

Robjinson 基于统计考虑提出，与每个裂隙交切的裂隙数（ξ）正比于 ρr^3，即

$$\xi = x\rho r^3 \tag{5.36}$$

式中，x 为依赖于裂隙系统类型的比例系数。如由边长为 r 的正方形裂隙组成的方位随机分布的裂隙系统，$x=2$，而对于三组正交正方形裂隙，$x=\dfrac{4}{3}$。

由于 $n_i n_i = n_1^2+n_2^2+n_3^2=1$，于是零阶裂隙张量为

$$F_0 = \frac{\pi\rho}{4}\int_0^{r_m} r^3 f(r)\,\mathrm{d}r = \frac{\pi\rho}{4} < r^3 > \tag{5.37}$$

式中，$f(r)$ 为裂隙直径（r）的分布密度函数。

Oda 认为式（5.36）与式（5.37）在形式上相似，因此，有理由假想二阶张量 F_{ij} 是式（5.36）的推广，它可能指示了包括各向异性裂隙系统在内的更一般的裂隙连通性。考虑到表征了裂隙的连通性，而当裂隙数目增多时也会使连通性提高，于是可假定

$$\lambda = \lambda(F_{ij}) \tag{5.38}$$

令 F'_{II} 和 F'_{III} 为偏斜张量 $F'_{ij} = F_{ij} - F_0\delta_{ij}/3$ 的第二和第三不变量，忽略对连通性的影响，式（5.38）为

$$\lambda = \lambda(F_0, A^F)$$

式中，

$$A^F = (3F'_{ij}F'_{ij})^{\frac{1}{2}}/F_0 = (6F'_0)^{\frac{1}{2}}/F_0$$

是一个表征由裂隙组合引起的各向异性的指标。

Oda 通过数值实验，运用迹长、间距、产状及裂隙的多种分布，模拟出结构面网络，在定水头情形下计算出 P_{ij}、F_{ij} 及 K_{ij}，讨论了 λ 与 F_0 的关系，认为当 $F_0=6\sim15$ 时，λ 与 F_0 呈线性关系，当 $F_0>15$ 时，$\lambda\to1/16$。

至于应力与渗透张量的耦合作用，Oda 做了如下讨论：

任意法向应力 σ_n 下的隙宽为

$$t = t_0 - \sigma'_n/H = r(1/c - \sigma'_{ij}n_i n_j)/\bar{h}$$

代入式（5.35）得

$$P_{ij} = \frac{1}{c^3}F_{ij} - \frac{3}{c^2\bar{h}}F_{ijkl}\sigma'_{kl} + \frac{3}{c\,\bar{h}^2}F_{ijklmn}\sigma'_{kl}\sigma'_{mn} - \frac{1}{\bar{h}^3}F_{ijklmnop}\sigma'_{kl}\sigma'_{mn}\sigma'_{op} \tag{5.39}$$

式中，

$$F_{ij\cdots k} = \frac{\pi\rho}{4}\int_0^{t_m}\int_0^{r_m}\int_\Omega r^5 n_i n_j \cdots n_k E(\boldsymbol{n}, r, t)\,\mathrm{d}\Omega\mathrm{d}r\mathrm{d}t$$

它是一个仅依赖于裂隙几何特征的张量，与 $F_{ij\cdots k}$ 十分相似，只是以 r^5 代替了 r^3。

Oda 在各向同性应力张量 $\sigma_{ij} = \sigma'\delta_{ij}$ 的条件下对上述分析做了野外验证，此时

$$P_{ij}=\frac{1}{3}F_0\left(\frac{1}{c}-\frac{\overline{\sigma'}}{h_3}\right)^3\delta_{ij} \tag{5.40}$$

式中，

$$F_0=F_{ij}=\frac{\pi\rho}{4}\int_0^{r_m}r^5f(r)\,\mathrm{d}r$$

而

$$\bar{h}=h+c\,\overline{\sigma'_{ij}}N_{ij}=h+c\,\overline{\sigma'}$$

$$K_{ij}=\frac{2\lambda}{3c^3}F_0\left(1-\frac{c\,\overline{\sigma'}}{h+c\,\overline{\sigma'}}\right)^3\delta_{ij} \tag{5.41}$$

可以写出

$$Q=Q_0\left(1-\frac{c\,\overline{\sigma'}}{h+c\,\overline{\sigma'}}\right)^3 \tag{5.42}$$

这里 Q 是相当于 $aK_{ij}/(3v)$ 的水力传导性，Q_0 是当$\overline{\sigma'}=0$ 时的 Q 值。当在深度为 z，地壳应力为静水压力状态$\overline{\sigma'}=\gamma'z$，$\gamma'$为水下容重时：

$$Q=Q_0\left(1-\frac{c\gamma'z}{h+c\gamma'z}\right)^3 \tag{5.43}$$

Bianchi 和 Snow（1969）运用宏观照相和荧光流体外显方法得到了如图 5.6 所示的 t–z 关系。Oda 用该曲线推证式（5.41）~式（5.43）的合理性。

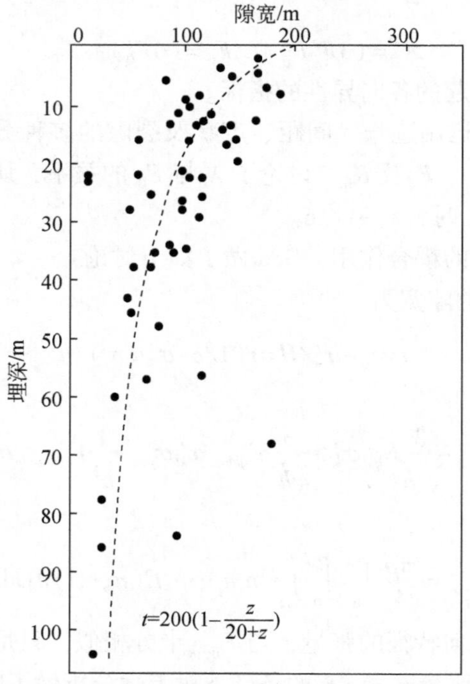

图 5.6 t–z 关系图（据 Oda，1986）

在应力-水流耦合问题求解基本方程中，列入了以下三个方程

$$\sigma_{ij}=T_{ijkl}^{-1}\varepsilon_{kl}+T_{ijkl}^{-1}C_{kl}p \tag{5.44a}$$

$$K_{ij}=\lambda(P_{kk}\delta_{ij}-P_{ij}) \tag{5.44b}$$

$$-\rho_{\mathrm{w}}\frac{\partial}{\partial t}\left(\frac{\sigma_{ij}-p\delta_{ij}}{\bar{h}}F_{ij}\right)=\left[\frac{1}{v}K_{ij}(p+\rho_{\mathrm{w}}az)_{,j}\right]_{,i} \tag{5.44c}$$

式（5.44c）为水流连续性条件。

此外，Pan 等（2010）对裂隙岩体渗透张量模型应用进行了研究。

第六章　岩体工程性质与质量分级

统计岩体力学认为，岩体工程设计应当建立在可靠的岩体工程参数基础之上。岩体工程设计实际上是以参数为基础的工程计算设计，因此岩体工程性质研究是岩体工程的一个基础性工作。

岩体工程性质通常包括岩体的结构性质、变形和强度等力学性质、渗透性等水力学性质及动力学性质等。反映岩体工程性质的参数称为岩体工程参数，这些参数在工程设计中常常是必需的。

现场试验是直接获取参数较为可靠的办法，但这类办法一般较为笨重、昂贵，而且常常因为测试选点的代表性，或者试件的尺寸效应等问题，实测数据需要通过经验修正后才能采用。事实上，由于岩体地质结构和环境条件的复杂性，许多岩体工程参数通常难以直接测定或准确获取，如岩体的抗压强度、泊松比等，因此各种间接方法成为重要途径。

通过岩体工程质量分级做出经验参数估计是常用的间接方法。质量分级方法是根据岩块和岩体结构性质，将岩体分成若干类型或质量级别，通过岩体级别与实测参数的经验关系估算出岩体的某些工程参数。虽然这种方法较为概略，但在岩体工程规划阶段，甚至在一些工程的设计和施工阶段都成为广泛采用的实用方法。

本章将介绍基于统计岩体力学的若干岩体工程参数计算方法，并提出相关的岩体质量分级方法。由于许多理论问题已在前述章节讨论，本章只列出参数计算方法和结果。

第一节　岩体结构参数计算

岩体结构是岩体一切工程行为的基础，岩体结构参数常常是工程岩体分类与分级的基础性参数。综合描述岩体结构的参数主要包括结构面的体积密度、任意空间方向的RQD、结构面尺度的极值及结构面的连通率等。这里我们介绍采用统计岩体力学计算获取这些岩体结构参数的方法。

1. 岩体结构面参数的简易测量

在岩体结构统计理论部分，我们介绍了结构面的精测线和统计窗测量方法。

精测线法已经形成了一套严格的数据分析理论和工作流程，保证了测量数据对原型结构在统计学意义上的逼近。但是精测线法也受到许多限制，如露头面尺度和多方向测线布置限制、开挖进度对数据测量的时间限制等。另外，精测线法的数据测量与处理过程较为烦琐，在实际工作部门难于推广。

因此，寻求高效准确的数据测量和处理方法，是保证数据获取和使用方便的基本前提之一。这里我们根据现场工作经验，提出如下的简化数据测量与分析方法，具体操作步骤如下：

（1）选择包含足够数量结构面的露头面，描述露头面地点与编号、尺寸、产状等；

（2）将结构面按其产状划分为若干组，并分组对结构面编号；

(3) 分组逐条测量并记录结构面倾向、倾角、迹长、隙宽、粗糙度等数据；

(4) 选取部分结构面对表面内摩擦角进行简易测量；

(5) 垂直于结构面迹线布置测线，逐个测量并换算结构面法向间距。

对上述数据进行分组统计处理，即可获得各要素的统计分布和参数。

岩体结构还可以采用第二章第七节介绍的统计窗方法测量，并进行数据处理。

2. 岩体结构面体积密度

岩体中结构面体积密度［λ_v，或即体积节理数（J_v）］是岩体质量分类分级的基本指标。许多技术规范中采用体积节理数（J_v）换算岩体的完整性指标 K_v。结构面体积密度（λ_v）是单位体积内结构面形心点数，单位为条/m³。

当一组结构面的尺度和密度服从负指数分布时，该组结构面体积密度计算式为

$$\lambda_v = \frac{2}{\pi^3}\mu^2\lambda = \frac{\lambda}{2\pi\,\overline{a^2}} \tag{6.1}$$

式中，μ 为该组结构面平均迹长的倒数；λ 和 $\bar{a}$ 为其法线密度和平均半径，m；其他符号同上。

如果有 m 组结构面，则总体积密度为

$$\lambda_v = \frac{2}{\pi^3}\sum_{i=1}^{m}\mu^2\lambda = \frac{1}{2\pi}\sum_{i=1}^{m}\frac{\lambda}{\overline{a^2}} \tag{6.2}$$

3. 任意方向上的 RQD 值计算

RQD 是刻画岩体结构完整性的常用指标。以往的 RQD 指标求取是采用钻孔取芯获得的，由于钻孔工程量和孔轴方向的制约，只能获取一个方向的 RQD 值。采用岩体结构的三维模型计算获得 RQD 指标不仅方便快捷、经济，而且可以在任意空间方向上获得该指标。

根据统计岩体力学，任意测线 L 方向的 RQD 值由下式计算

$$\mathrm{RQD} = \frac{1}{1-e^{-\lambda L}}\left(e^{-\lambda t} - e^{-\lambda L}\right) \times 100\% \tag{6.3}$$

其中，测线与结构面交点的密度为

$$\lambda = \sum_{i=1}^{m}\lambda_i\cos\delta_i \tag{6.4}$$

式中，λ_i 为第 i 组结构面的法线密度，δ_i 为测线与第 i 组结构面法线的夹角。

由于 RQD 值随空间方向变化，将其值做出赤平投影图，可以分析岩体结构的空间各向异性。可以定义岩体结构各向异性指数为

$$\xi_{\mathrm{RQD}} = \frac{\mathrm{RQD_{min}}}{\mathrm{RQD_{max}}} \tag{6.5}$$

式中，RQD_{min}和RQD_{max}分别为RQD的最小值和最大值，可以从式（6.3）计算数据获得，也可以从第二章第八节介绍的方法获得。

4. 一组结构面尺度的最大值计算

如前面章节的讨论，一组结构面尺度的最大值，对于岩体的强度行为和水力学行为具有重要的意义。

对于岩体的强度行为，由于结构面断裂力学效应的缘故，在应力条件相同的情况下，一组结构面的破坏总是沿最大的结构面发生。而对于水力学行为，由于岩体渗流的隙宽立方定律，大隙宽的结构面将高强度地集中水流。这种优势流动对岩溶的选择性溶蚀作用和溶隙（洞）的集中形成也有显著的意义。

在第二章第八节已经谈及，一组结构面尺度最可能出现的最大半径（a_m）和最大隙宽（t_m）分别为

$$a_m = \bar{a}\ln(\lambda_v \cdot V) = \bar{a}\ln\left(\frac{\lambda}{2\pi \bar{a}^2}V\right) \tag{6.6}$$

和

$$t_m = \bar{t}\ln(\lambda_v \cdot V) \tag{6.7}$$

式中，$\bar{a}$ 为一组结构面的平均半径，m；λ 为结构面组的法线密度，条/m；λ_v 为体积密度，$1/m^3$；$\bar{t}$ 为结构面的平均隙宽，m；V 为研究单元的体积，m^3。

5. 结构面的水力学连通率计算

由于岩体中的结构面通常并非无限贯通，断续结构面中任何一组面往往不能独立构成完整的水力通道。因此，结构面的连通状况对岩体水力学计算具有重要的意义。

单位体积内第j组结构面被第i组结构面连通的体积，即体积连通率为

$$\eta_{ji} = \pi\lambda_{vj}\bar{t}_j(\bar{a}_j + r_j)^2 e^{-\frac{3r_j}{\bar{a}_j}}, \quad r_j = \frac{1}{2\lambda_i \sin\theta} \tag{6.8}$$

式中，r_j 为被连通结构面组j的最小被连通半径，m；λ_i 为起连通作用的第i组结构面的法向密度；其他指标的计算同前。

当一组结构面被多组结构面连通时，由于岩体渗流的隙宽立方定律和优势渗流规律，可用选取该组面的最大连通率作为代表性连通率，即

$$\eta_j = \max\eta_{ji} \tag{6.9}$$

第二节　岩体变形参数计算

岩体的变形参数是岩体工程计算的基本参数。在数据不足的情况下，通常采取试验测试、经验估算等办法获取岩体的弹性模量（E，或变形模量）和泊松比（ν）。这表明

在工程上，人们往往把岩体看作均质、连续、各向同性的弹性介质进行分析处理。

但是岩体实际上是非均质、不连续的各向异性介质。对于岩体的非均质性，通常可以采用划分均质区的办法处理；对于非连续性问题，常常采用非连续力学计算方法处理。这里我们介绍依据统计岩体力学理论提出的岩体各向异性弹性模量和泊松比的计算方法。

1. 岩体弹性模量计算方法

本书第三章导出了岩体等围压下的弹性模量计算方法，计算公式为

$$E_m=\frac{E}{1+\alpha\sum_{p=1}^{m}\lambda\bar{a}[k^2n_1^2+\beta h^2(1-n_1^2)]n_1^2} \tag{6.10}$$

式中，$n_1=\cos\delta$，而$1-n_1^2=\sin^2\delta$，δ为结构面法线与荷载方向夹角。

当结构面受压时$k=0$，而在结构面受拉张开时$k=h=1$，代入式（6.10）可求得两种受力条件下的岩体弹性模量比。

作为示例，这里考察一组结构面占绝对优势的情形，如碳质板岩和片岩（图6.1）。根据现场测量数据，取结构面组数$m=1$，法向密度$\lambda=10$条/m，结构面半径$\bar{a}=0.5$m，岩块的泊松比取为$\nu=0.3$；现场测得结构面内摩擦角为$\varphi_j=12°$；取原始状态下结构面黏聚力为$c_j=1$MPa，由于片理为碳质或其他片状矿物，当受开挖扰动，板理或片理裂开时，取$c_j=0$MPa。

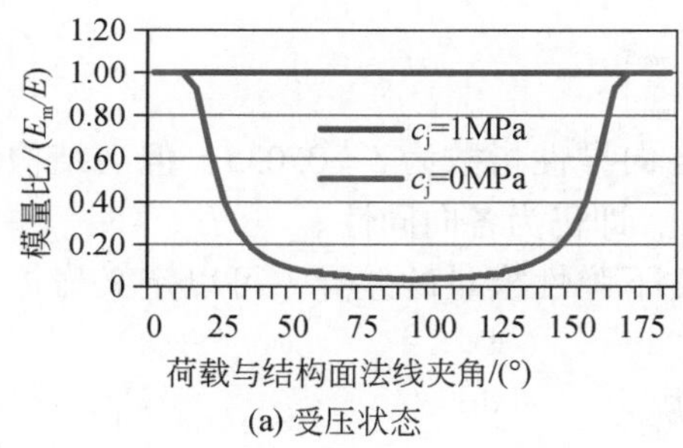

(a) 受压状态

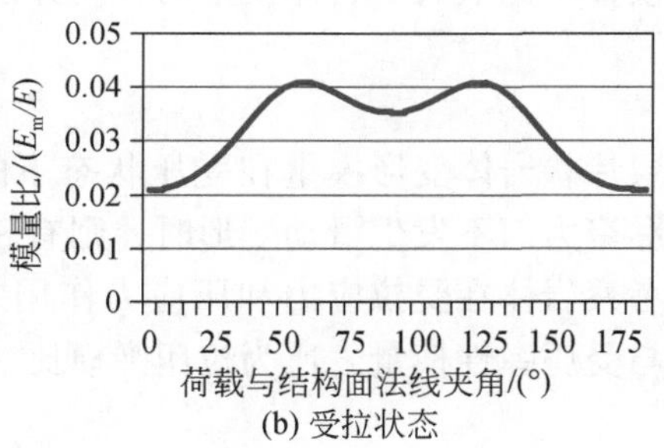

(b) 受拉状态

图6.1　板片状岩体弹性模量比随产状的变化

对于受压的情形，$k=0$，式（6.10）可简化为

$$\frac{E_m}{E}=\frac{1}{1+5.5h^2\lambda\bar{a}\sin^2\delta},\quad h=\frac{t-(c_j+\sigma\tan\varphi_j)}{t}$$

可见板片状岩体的弹性模量将表现出强烈的各向异性。当加载方向与结构面法线夹角（δ）小于现场测得结构面内摩擦角（φ_j）时，由于结构面不发生滑动，剩余剪应力比值系数为$h=0$，岩体的弹性模量（E_m）等于岩块的弹性模量（E）；而当夹角$\delta>\varphi_j$后，$1>h>0$，模量比迅速下降，其最小值将降至3.5%。

另一方面，我们考察上述板片状岩体在受拉条件下的弹性模量。考虑到$k=h=1$，代

入各计算参数得

$$\frac{E_{\mathrm{m}}}{E}=\frac{1}{1+27.5[1.7\cos^4\delta+\sin^2\delta]}$$

由计算可知，上述板片状岩体的受拉弹性模量很小，最大值为岩块弹模的4%左右。在垂直板片理方向可以降低到岩块模量的2%。

2. 岩体弹性模量的变化特征

由上述计算可见，当岩体中存在结构面时，岩体的弹性模量会降低。如果采用模量比作为岩体弹性模量弱化指数，则有

$$\xi_E=\frac{E_{\mathrm{m}}}{E} \tag{6.11}$$

显然，这是一个随方向而变化的量，岩体弹性模量弱化指数最小值为 $\xi_{E\min}=\dfrac{E_{\mathrm{mmin}}}{E}$，与之对应的方向为弱化最强烈的方向。对上述板片状岩体的情况，当受压时有 $\xi_{\min}=3.5\%$，最弱方向为与板、片理面法向夹角 $45°+\varphi_{\mathrm{j}}/2$ 方向。而对于受拉的情形，有 $\xi_{E\min}=2\%$，最弱方向为与板、片理面垂直的方向，即使是最大的弱化指数也为 $\xi_{E\min}=4\%$。

结构面的存在也会强化岩体变形性质的各向异性。如果用岩体的最小弹性模量与最大弹性模量的比值表示岩体模量的各向异性指数

$$\xi_E=\frac{E_{\mathrm{mmin}}}{E_{\mathrm{mmax}}} \tag{6.12}$$

则上述层片状岩体变形模量在受压状态下的各向异性指数为 $\xi=0.035$；但当结构面具有一定的黏聚力而不发生滑动变形时，则有 $\xi=1$，即仍为各向同性。

再考察岩体在受拉应力和压应力作用条件下弹性模量的差异，可以定义岩体受拉弹性模量与受压弹性模量之比为拉压弹模比

$$\xi_E=\frac{E_{\mathrm{mt}}}{E_{\mathrm{mc}}} \tag{6.13}$$

这也是一个随方向变化的量。同时，从上述分析可见，它常常是一个不大的数值。

3. 岩体弹性模量的复合材料力学计算

当岩体为软硬互层的层状介质时，可以采用复合材料力学方法计算岩体的弹性模量。

在图6.2中，白色和灰色分别代表两种不同弹模的材料，以代号1和2表示。当应力垂直于层面作用时，两种材料承受的应力相同，但两者的变形会随各自的弹模而不同。设各自的弹模分别为 E_1 和 E_2，各自的变形量为

$$\Delta h_1=\varepsilon_1 h_1=\frac{\sigma}{E_1}h_1,\quad \Delta h_2=\varepsilon_2 h_2=\frac{\sigma}{E_2}h_2$$

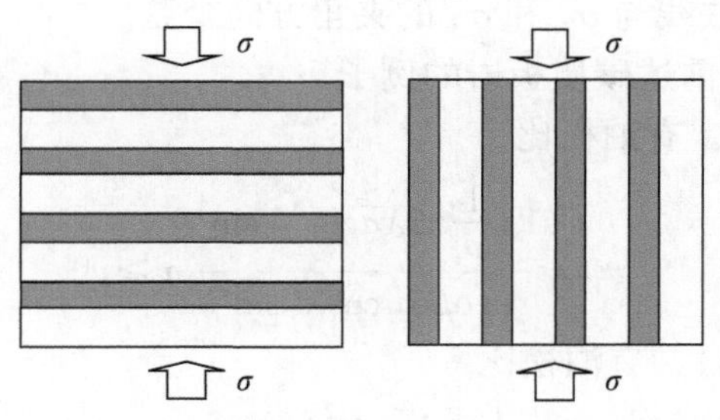

图 6.2 层状岩体复合材料力学模型

h_1 和 h_2 分别为各自的总层厚，且有

$$\varepsilon = \frac{\Delta h_1}{h} + \frac{\Delta h_2}{h} = \frac{\sigma}{E}$$

因此，有垂直层面方向的弹性模量为

$$E = \frac{E_1 E_2 h}{E_2 h_1 + E_1 h_2}, \quad h = h_1 + h_2 \tag{6.14}$$

当两层的总层厚相等时，有等效弹性模量

$$E = \frac{2E_1 E_2}{E_2 + E_1}$$

对于平行于层面的情形，由于两种介质的应变相同，而应力与材料的弹模有关，即

$$\sigma_1 = \varepsilon E_1, \quad \sigma_2 = \varepsilon E_2$$

而

$$\sigma h = \sigma_1 h_1 + \sigma_2 h_2 = \varepsilon E$$

因此有

$$E = \frac{E_1 h_1 + E_2 h_2}{h}, \quad h = h_1 + h_2 \tag{6.15}$$

当两层的总层厚相等时，有等效弹性模量

$$E = \frac{E_1 + E_2}{2}$$

4. 岩体泊松比

在岩体应力-应变关系一章已经讨论过泊松比的计算方法，若考虑 σ_1 作用下在 ε_3 方向的泊松比，其一般的计算公式为

$$\nu_{13} = \frac{\nu - \alpha \sum_{p=1}^{m} \lambda \bar{a} (k^2 - \beta h^2) n_1^2 n_3^2}{1 + \alpha \sum_{p=1}^{m} \lambda \bar{a} [k n_1^2 + \beta h^2 (1 - n_1^2)] n_1^2} \tag{6.16}$$

式中，n_1 和 n_3 为结构面法线与 σ_1 和 σ_3 的夹角方向余弦。

作为示例，仍然考察前述碳质板岩的例子。

对于受压状态，$k=0$，有泊松比

$$\nu_{13}=\frac{1+\frac{1}{\nu}\alpha\beta\lambda\bar{a}\cos^2\delta\sin^2\delta}{1+\alpha\beta\lambda\bar{a}\cos^2\delta\sin^2\delta}\nu\geqslant\nu$$

对于受拉状态，$k=1$，$h=1$，有泊松比

$$\nu_{13}=\frac{1+\alpha\lambda\bar{a}\cos^2\delta\sin^2\delta}{1+\alpha\lambda\bar{a}[\cos^4\delta+\beta\cos^2\delta\sin^2\delta]}\nu\leqslant\nu$$

由上述各式及计算结果（图 6.3）可见，对于受压状态，岩体的泊松比一般大于岩块的泊松比；压力斜向作用时的泊松比一般大于垂直板理面和平行板理面时的值；泊松比可能大于 0.5。对于受拉状态，岩体的泊松比一般小于岩块的泊松比；垂直板理面受拉时的泊松比较大，平行板理面受拉时的泊松比接近于 0。这就是所谓的大泊松比效应和小泊松比效应。

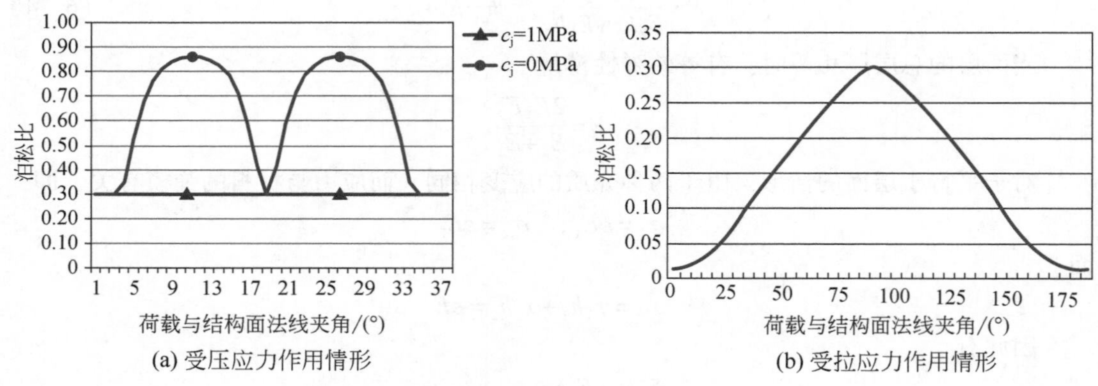

(a) 受压应力作用情形
(b) 受拉应力作用情形

图 6.3　岩体泊松比随荷载方向变化特征比较

第三节　岩体强度参数测试与计算

在实际工作中，由于轴向加载能力的限制，岩体的抗压强度一般是难以通过实测得到的，有侧限的二维或三维条件下的抗压强度实测更为困难。因此工程上通常采用岩体质量分级和经验方法获得岩体的抗压强度。Hoek-Brown 的 GSI 指标与强度判据方法就是典型经验方法的代表。

岩体质量分级和经验方法获得的岩体抗压强度侧重考虑了结构面的弱化效应，但一般来说只是各向同性的强度折减，不能反映结构面对岩体力学行为各向异性的影响。因此这类经验方法仍离客观反映岩体力学性质存在较大的差距。

本节简单介绍岩体强度参数计算的统计岩体力学方法，更详细的内容已在前述章节

做过讨论。

1. 岩块单轴抗压强度的取值方法

以往岩块单轴抗压强度，常常是取试验值的均值，或小值平均。但是在岩体强度一章中我们已经提到，即便是均值，也常常会比最可能的强度值偏低，而小值平均则更偏小了。这里推荐采用强度模数，即最可能的强度值。

我们知道，岩块单轴抗压强度试验数据常常可以用下述 Weibull 概率密度函数逼近：

$$f(\sigma)=kVm\sigma^{m-1}\mathrm{e}^{-kV\sigma^m}$$

式中，V 为单元体积，m^3；参数 m 和 k 由下述计算获得，m 的数值通过迭代求取。

$$K=\frac{N}{\sum\limits_{i=1}^{m}\sigma_i^m},\quad m=\frac{\sum\limits_{i=1}^{N}\sigma_i^m}{\sum\limits_{i=1}^{N}\sigma_i^m\ln\sigma_i-\frac{1}{N}\sum\limits_{i=1}^{N}\sigma_i^m\sum\limits_{i=1}^{N}\ln\sigma_i} \tag{6.17}$$

显然概率密度函数峰值对应的 σ 值即为所求岩块的代表性单轴抗压强度为

$$\sigma_{\mathrm{cm}}=(kV)^{-\frac{1}{m}}\left(1-\frac{1}{m}\right)^{\frac{1}{m}}=\left(\frac{1}{N}\sum_{i=1}^{N}\sigma_i^m\right)^{\frac{1}{m}}\left(1-\frac{1}{m}\right)^{\frac{1}{m}}V^{-\frac{1}{m}} \tag{6.18}$$

当试件为单位体积时，岩块单轴抗压强度为

$$\sigma_{\mathrm{cm}}=\left(\frac{1}{N}\sum_{i=1}^{N}\sigma_i^m\right)^{\frac{1}{m}}\left(1-\frac{1}{m}\right)^{\frac{1}{m}}$$

第四章已经讨论，岩石强度样本方差为 $S^2\propto\sigma_0^2V^{-\frac{2}{m}}$，可见 m 反映了强度分布的分散性，即 m 越大，则强度的分散性越强。

式（6.18）右端为三项乘积，第一部分为$\sqrt[m]{\overline{\sigma^m}}$，与岩石强度某种均值正相关；第二部分因 $1>\left(1-\frac{1}{m}\right)^{\frac{1}{m}}>0$，分散性系数 m 越大，则强度越大，反映强度分散性的影响；第三部分试件体积 V 越大，则 σ_{cm}越小，反映了岩石强度的尺寸效应。

对于一些较为破碎的岩石，特别是薄层状或片状岩层，取样进行标准的单轴抗压强度试验较为困难。可以采取回弹仪测量获得岩石的回弹值（R），根据经验关系换算出单轴抗压强度（σ_{c}）。式（6.19）是根据鲁制 24000001-1 型回弹仪提供的 R-σ_{c}对照表拟合的函数（图 6.4），可做岩石强度取值参考使用。

$$\sigma_{\mathrm{c}}=0.022R^2+0.22R-3.4\quad(R>7.5) \tag{6.19}$$

2. 岩石强度的便携式点荷载测试

岩石点荷载试验是 ISRM 推荐的一种间接测试岩石单轴抗压强度的方法，它是岩石标准试件试验的代替方法，旨在避开标准样试验的采样、运输、制样和试验过程中的诸多

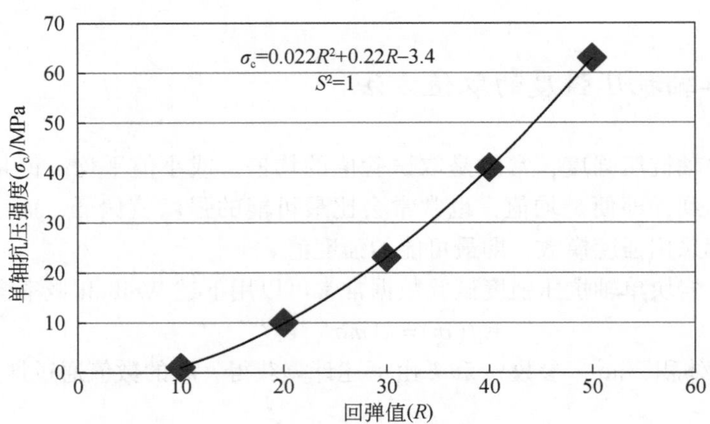

图 6.4　岩石回弹值与单轴抗压强度关系曲线

困难。目前已为我国《工程岩体分级标准》（GB/T 50218—2014）及相关规范所广泛采用。

ISRM 推荐方法采用下述计算获取岩石标准试件的点荷载强度指标（$I_{s(50)}$）：

$$I_s=\frac{P}{D_e^2}=\frac{\pi P}{4WD},\quad D_e^2=\frac{4WD}{\pi},\quad I_{s(50)}=I_sF,\quad F=\left(\frac{D_e}{50}\right)^{0.45} \tag{6.20}$$

式中，I_s 为未经修正的点荷载强度指数；P 为破坏荷载，N；D_e 为等效直径，mm；W 为通过两加载点最小截面的宽度，mm；D 为加载点间距离，mm；F 为尺寸效应修正系数；$I_{s(50)}$ 为经修正后直径为 50mm 的标准试件的点荷载强度指数。

我国《工程岩体分级标准》（GB/T 50218—2014）推荐采用下式计算岩石的单轴抗压强度

$$R_c=22.82\cdot I_{s(50)}^{0.75} \tag{6.21}$$

但是由于现有点荷载仪器体积和重量大，携带不方便等原因，使用仍然受到限制。

考虑到岩石抗压强度的尺寸效应规律和点荷载试验原理，我们研发了智能便携式点荷载仪如图 6.5（a）所示。

借用式（6.20）、式（6.21），取 $D_e=D$ 我们得到

$$\begin{cases} R_c=6.094P^{0.75}D^{-1.1625} \\ P=0.09R_c^{1.333}D^{1.55} \end{cases} \tag{6.22}$$

式（6.22）表明，点荷载测量方法已经体现了岩石单轴抗压强度的尺寸效应，即 R_c 与等效直径（D）的反比例关系。

式（6.22）还表明，在点荷载试验中，我们可以用试件尺寸 D 换荷载 P。对于同一种岩石 R_c 相同，减小试件尺寸就可以降低破坏荷载。这就为点荷载仪器的轻便化提供了可能性。当加载点间距（D）为 30mm 时，单轴抗压强度为 200MPa 的岩石约需要荷载 P=2.05t。可见点荷载仪极限荷载为 2t 时，采用 30mm 厚度试件已能测试多数岩类的单轴抗压强度。

(a)

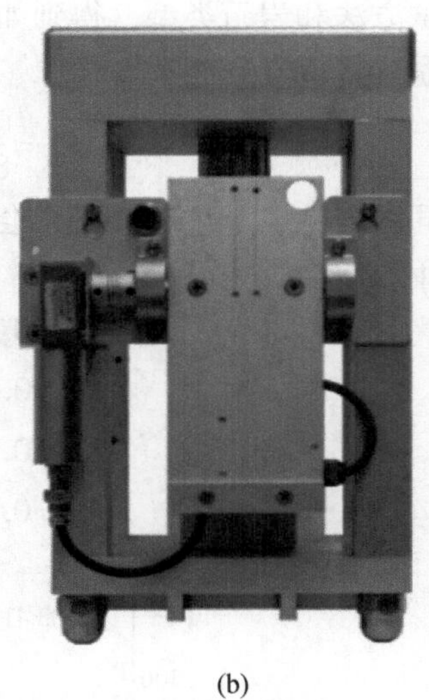

(b)

图 6.5　岩石点荷载仪（a）和结构面内摩擦角仪（b）

鉴于此，我们根据机械原理设计了力放大器，使仪器重量从数十千克减小为 10kg，体积达到手提尺度，并配置了数据测量、计算和数据无线传输电子模块。

实测中，只需要记录加载点间距（D）和荷载值（P），即可算出岩石单轴抗压强度值。而这个过程已由仪器自动完成、显示并无线输出。

3. 结构面内摩擦角简易测试

结构面表面内摩擦角是岩体力学性质分析的基础数据。采用现场小试件简易平面摩擦试验方法，也可以粗略地获取结构面表面内摩擦角。我们研发了智能便携式结构面内摩擦角仪如图 6.5（b）所示。

取同一结构面的两个表面相对贴合，使结构面平行放置于结构面内摩擦角测试板上，增大结构面的倾角直至上侧岩块下滑，记录结构面的真倾角，这个倾角即为结构面的表面内摩擦角。通常应对同一组结构面做 30 个或以上的试验，做出试验数据分布直方图，求出最可能的数值，作为结构面的表面内摩擦角。

由于结构面表面并不平直，存在"爬坡角"效应，一般这样获得的结构面表面内摩擦角会略大于实际值。随着结构面法向应力的增高，其表面内摩擦角的数值会有所降低。因此，在实测数据处理中，应取小值，也可以对其均值乘上 0.8～0.9 的折减系数。

4. 岩石断裂韧度及其与岩石强度的经验关系

岩石 I 型断裂韧度（K_{Ic}）是岩体强度计算的基本指标，但 K_{Ic} 的测试尚未纳入岩石的常规工程应用测试。郗鹏程、伍法权、包含（2018）统计了 99 组试验数据（表 6.1），涵

盖了多种测试方法和岩石类型，得到如下岩石单轴抗压强度（σ_c）与Ⅰ型断裂韧度（K_{Ic}）间的相关关系（图6.6）：

$$K_{Ic}=\frac{1}{83.41}\sigma_c=0.012\sigma_c \tag{6.23}$$

对于不同的岩性，上述经验关系会略有差异。下列经验公式可供几种典型岩石 K_{Ic} 数值估算时采用：

$$\begin{cases} K_{Ic}=0.0105\sigma_c, & \text{花岗岩} \\ K_{Ic}=0.0110\sigma_c, & \text{砂岩} \\ K_{Ic}=0.0108\sigma_c, & \text{碳酸盐岩} \\ K_{Ic}=0.0151\sigma_c, & \text{大理岩} \end{cases} \tag{6.24}$$

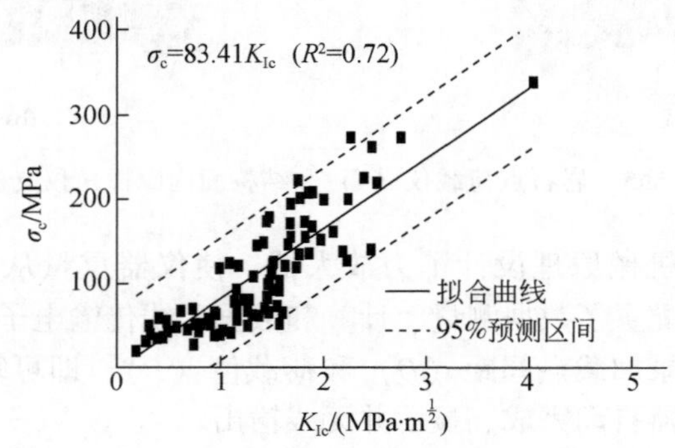

图6.6 K_{Ic}与σ_c的相关关系（据郗鹏程等，2018）

表6.1 部分岩石 K_{Ic} 测试数据表（据郗鹏程等，2018 整理）

岩石类型	样品数量	K_{Ic}/(MPa·m$^{\frac{1}{2}}$)		岩石类型	样品数量	K_{Ic}/(MPa·m$^{\frac{1}{2}}$)	
		区间值	平均值			区间值	平均值
砂岩	22	0.3～1.78	0.82	二辉橄榄岩	2	0.71～1.1	0.91
大理岩	23	0.78～2.21	1.29	混合岩	1	0.93	
花岗岩	12	1.13～2.53	1.61	安山岩	1	2.17	
白云岩	7	1.8～2.47	1.87	辉绿岩	1	4.00	
灰岩	6	0.78～1.99	1.30	花岗片麻岩	1	0.99	
玄武岩	2	0.88～2.27	1.58	凝灰岩	1	1.47	
片麻岩	2	1.1～1.5	1.30	苏长玢岩	1	1.45	

5. 岩体抗压强度

岩体抗压强度是一个由岩块和若干组结构面组成的弱环系统的力学响应。按照弱环

假设，岩块或者任一组结构面中最小的抗压强度就是该单元岩体的抗压强度。

第四章我们已经给出岩石和一组结构面的抗压强度形式为

$$\sigma_{1i}=T_i\sigma_3+R_i \tag{6.25}$$

式中，

$$\begin{cases}T_0=\tan^2\theta, \quad \theta=45°+\dfrac{\varphi}{2}, \quad R_0=\sigma_c; \\ T_i=\dfrac{\tan\delta_j}{\tan(\delta_j-\varphi_j)}, \quad R_i=\dfrac{1+\tan^2\delta_j}{\tan\delta_j-\tan\varphi_j}\left(\dfrac{K_{Ic}}{2}\sqrt{\dfrac{\pi}{\beta a_m}}+c_j\right)\end{cases}$$

其中，下标 $i=0$ 为岩块，$i=1, 2, \cdots, m$ 为结构面组号；下标 j 为结构面参数；δ_j 为结构面法线与 σ_1 的夹角；a_m 为该组结构面的最大半径，定义同前。

岩体的弱环抗压强度为

$$\sigma_{1\min}=\min(\sigma_{1i}) \tag{6.26}$$

其弱环单轴抗压强度为

$$\sigma_{1\min}=\min(R_i)$$

而岩体的平均抗压强度为

$$\overline{\sigma}_1=\sigma_3\overline{T}+\overline{R}, \quad 而 \ \overline{T}=\frac{1}{m+1}\sum_0^m T_i, \quad \overline{R}=\frac{1}{m+1}\sum_0^m R_i \tag{6.27}$$

图 6.7 为岩体抗压强度曲线的一般形式。岩体中存在多组结构面，在低围压条件下岩体抗压强度受结构面控制；当轴压和围压使得各组结构面逐步被锁固时，岩体的强度趋向于岩块的三轴抗压强度。

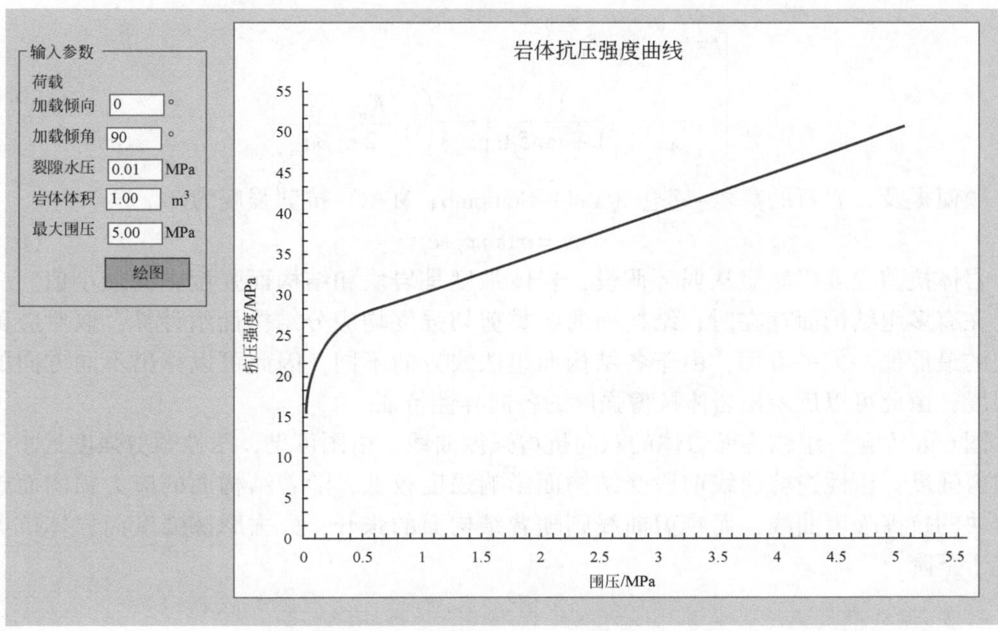

图 6.7　岩体抗压强度曲线

6. 岩体抗拉强度

岩体的抗拉强度一般受结构面系统的控制，因此无需考虑岩块对抗拉强度的影响。我们已经给出一组结构面岩体的抗拉强度为

$$\sigma_{11}=\frac{K_{\mathrm{Ic}}}{\cos\delta_{\mathrm{j}}}\sqrt{\frac{\pi}{2\beta a_{\mathrm{m}}(2-\nu\cos^{2}\delta_{\mathrm{j}})}} \tag{6.28}$$

式中，δ_{j} 为结构面法线与荷载方向的夹角；β 意义同前。

7. 岩体抗剪强度

一组结构面岩体的抗剪强度分为受压条件下的逆向与顺向剪切及张性顺向剪切情形时的抗剪强度。

结构面的受压逆向与顺向剪切强度由下式计算

$$\tau=\tan(\varphi_{\mathrm{j}}\pm\delta_{\mathrm{j}})\sigma+\frac{1}{\cos^{2}\delta_{\mathrm{j}}(1\mp\tan\delta_{\mathrm{j}}\tan\varphi_{\mathrm{j}})}\left(c_{\mathrm{j}}+\frac{K_{\mathrm{Ic}}}{2}\sqrt{\frac{\pi}{\beta a_{\mathrm{m}}}}\right) \tag{6.29}$$

式中，δ_{j} 为结构面倾角；在±号中，逆向取+，顺向取-。

由式（6.29）可以得到岩体在相应受力和剪切方式条件下的抗剪强度参数，摩擦系数（f）和黏聚力（c）分别为

$$\begin{cases}f=\tan(\varphi_{\mathrm{j}}\pm\delta_{\mathrm{j}})\\ c=\dfrac{1}{\cos^{2}\delta_{\mathrm{j}}(1\mp\tan\delta_{\mathrm{j}}\tan\varphi_{\mathrm{j}})}\left(c_{\mathrm{j}}+\dfrac{K_{\mathrm{Ic}}}{2}\sqrt{\dfrac{\pi}{\beta a_{\mathrm{m}}}}\right)\end{cases} \tag{6.30}$$

顺便提及，岩石的莫尔-库仑（Mohr-Coulomb，M-C）抗剪强度为

$$\tau_{\mathrm{fr}}=\sigma\tan\varphi_{\mathrm{r}}+c_{\mathrm{r}} \tag{6.31}$$

岩体抗剪强度仍然服从弱环假设，岩体强度是岩块和结构面强度中的最小值。一方面，在有多组结构面存在时，结构面的各类剪切强度均应分结构面组计算，取对应剪切方向的最低值。另一方面，由于各结构面组法线方向不同，因此可以算出不同方向的抗剪强度，由此可以反映出岩体抗剪强度的各向异性特征。

图6.8为含一组结构面岩体的双向抗剪强度曲线，由图可见，压性顺剪强度远小于压性逆剪强度；压性逆剪曲线前段受结构面影响强度较低，随着结构面的应力锁固而趋向于岩块的抗剪强度曲线；而顺剪曲线则随着结构面的张开，失去摩擦强度而岩体抗剪强度趋于下降。

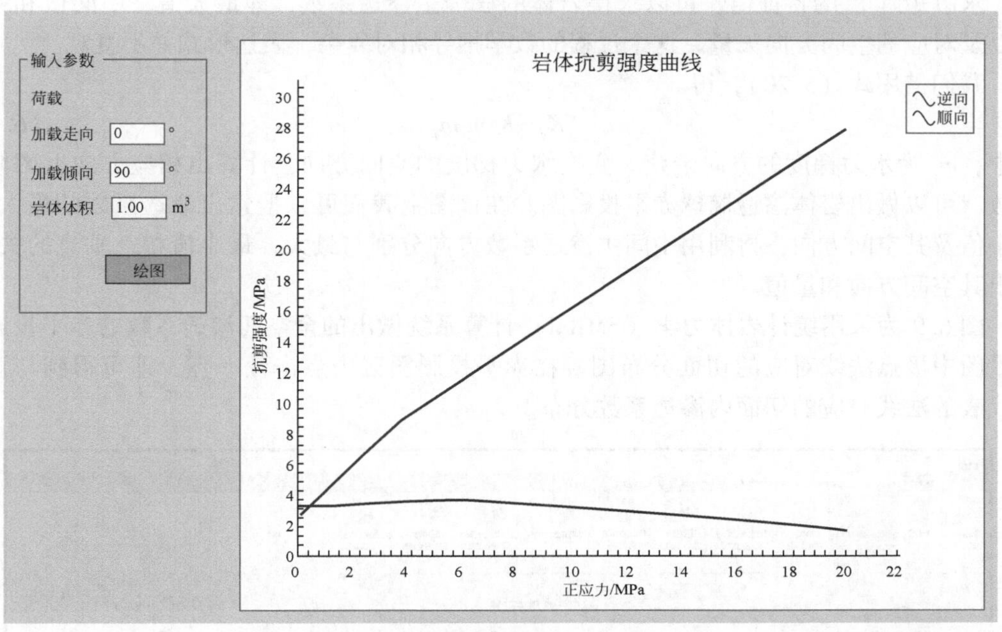

图 6.8　岩体的双向剪切抗剪强度曲线

第四节　岩体渗透性参数计算

渗透张量（K_{ij}）是一个描述岩体在不同方向上渗透性能的二维矩阵，反映了岩体结构面尺度、张开状态、产状组合及连通情况的水力学效应。它是联系水力梯度矢量（$\boldsymbol{J}$）与渗透流速矢量（$\boldsymbol{u}$）的变换矩阵。

岩体工程中常常更关心岩体的主渗透系数（最大、中间和最小渗透系数）及其方向、渗流的水岩耦合效应（不同围压下的渗透系数）和体积效应。这里我们分别给出相应参数的计算方法。

一、岩体的主渗透系数与空间方向

在岩体水力学理论部分我们已经导出裂隙岩体的渗透张量表达式如下

$$K_{ij}=\frac{\pi g}{12\nu}\sum_{p=1}^{N}\lambda_{\mathrm{v}}\bar{t}^{3}(\bar{a}+r)^{2}\mathrm{e}^{-\frac{3r}{\bar{a}}}(\delta_{ij}-n_{i}n_{j}) \tag{6.32}$$

式中，N 为结构面组数；$\bar{t}$、$\bar{a}$、$\lambda_{\mathrm{v}}=\dfrac{\lambda}{2\pi\bar{a}^{2}}$为第 p 组结构面的平均隙宽、平均半径和体积密度；$r=\dfrac{1}{\lambda_{i}\sin\theta}$中 λ_{i} 为第 i 组结构面法线密度；θ 为第 i 组与第 p 组结构面夹角。

求解矩阵 K_{ij} 的特征值，可以求得岩体的三个主渗透系数，即最大值、中间值和最小值以及对应的空间方向矢量。这个过程的数学推导相对复杂，表达形式并不直观。

我们借用式（5.20），得

$$K_g = K_{ij} m_i m_j \tag{6.33}$$

式中，m_i 为水力梯度的方向余弦。变换水力梯度的空间方向，计算出相应方向上的渗透系数，可以做出岩体渗透椭球赤平投影图。在该图上我们可以搜索出渗透系数的最大值、最小值及其空间方向，再利用中间主渗透系数方向分别与最大、最小值相互垂直的关系，找出其空间方向和量值。

图 6.9 为采用统计岩体力学（SMRM）计算系统做出的全空间渗透系数的赤平投影图和沿图中极点法线对应的切面分布图。在赤平投影图区内点击任一点，即可得到与该点所代表的法线对应的切面内渗透系数分布。

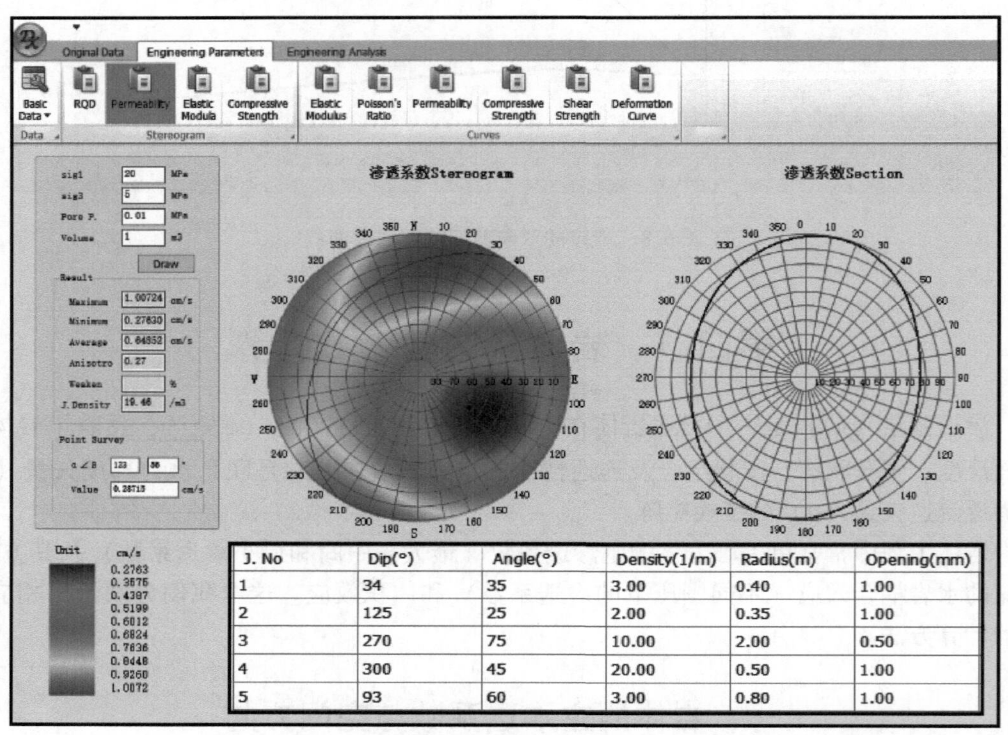

图 6.9　全空间渗透系数赤平投影图和切面图

二、不同围压下的岩体渗透系数

我们已经给出岩体的渗透张量如式（6.32）所示。在一定围压下，结构面隙宽将按 $t=t_0 e^{-\alpha\sigma}$ 发生闭合变形。经验表明，当 $\sigma=\frac{1}{3}\sigma_c$ 时结构面基本闭合，若按此时达到 $t=0.05t_0$

考虑，则有 $\alpha=9$。将 t 代入式（6.32），得

$$K_{ij}=\frac{\pi g}{12\nu}\sum_{p=1}^{N}\lambda_{v}\bar{t}_{0}^{3}(\bar{a}+r)^{2}e^{-\frac{3r}{\bar{a}}}(\delta_{ij}-n_{i}n_{j})e^{-27\frac{\sigma}{\sigma_{c}}} \tag{6.34}$$

式中，$\bar{t}_0$ 为无围压下结构面组平均隙宽；σ_c 为岩块单轴抗压强度；σ 为结构面上的有效法向应力。

图6.10左图显示了岩体渗透系数与围压的负指数关系曲线。按照式（6.34），将 σ 换算为岩体埋深，即可计算不同深度的岩体渗透张量及其主渗透系数。

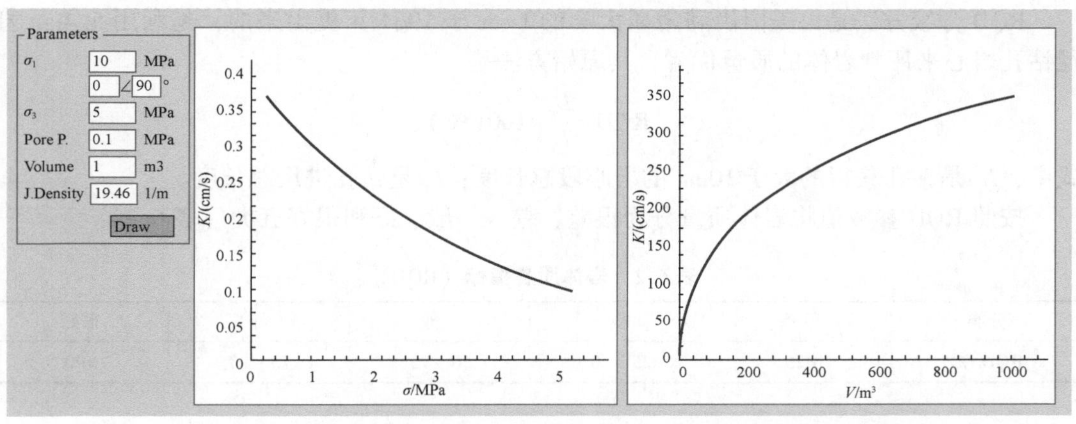

图6.10　岩体渗透性的水–岩耦合（左）与体积效应（右）曲线

三、岩体渗透系数的体积效应

在式（6.32）中，若考虑渗流的隙宽立方定律和优势渗流规律，选取一组结构面最大隙宽（t_m）计算，因 $t_m=\bar{t}\ln(\lambda_v\cdot V)$，其中 λ_v 为结构面体积密度，则有

$$K_{ij}=\frac{\pi g}{12\nu}\sum_{p=1}^{N}\lambda_{v}\bar{t}^{3}(\bar{a}+r)^{2}e^{-\frac{3r}{\bar{a}}}(\delta_{ij}-n_{i}n_{j})\ln^{3}(\lambda_{v}\cdot V) \tag{6.35}$$

可见，随着研究对象体积 V 的增大，岩体的渗透系数将呈 $\ln^3 V$ 规律增长。图6.10右图显示了岩体渗透系数随体积增大的三次方对数关系曲线。根据曲线的斜率变缓的特点，可选定一定的体积数值作为岩体渗透性能的代表性体积单元（RVE）体积。

第五节　工程岩体质量分级

至今国内外关于岩块与岩体的分类和质量分级方案已有数十种之多。这些分类方案中，在国际上应用较广的要数RQD分级、RMR分级、Q分级及GSI分级。在国内则较多采用国家标准《工程岩体分级标准》（GB/T 50218—2014）方法。

本节将简要介绍目前常用的岩体质量分级系统、分级指标与岩体工程参数的经验关系，并建立基于统计岩体力学的岩体质量分级方法。各分级系统在工程应用中的修正方法可查阅相关文献，本节不做详细介绍。

一、常用的岩体质量分级方法

1. RQD 分级方法

RQD 分级方法是由美国伊利诺斯大学的 Deer 于 1964 年提出来的，是利用 5.4cm 直径钻孔岩心来评判岩体的质量优劣，其原始方法是

$$\mathrm{RQD}=\frac{L_p}{L_t}\times 100(\%)$$

式中，L_p 是钻孔获得的大于 10cm 的岩心段总长度；L_t 是钻孔进尺总长度。

按照 RQD 参数值将岩体质量分为很差、差、一般、好和很好五类（表 6.2）。

表 6.2　岩体质量指标（RQD）

分类	很差	差	一般	好	很好
RQD/%	<25	25～50	50～75	75～90	>90

RQD 方法的优点是简单实用，因而获得了广泛使用。但岩体的质量不仅受结构状态的影响，还受岩石力学性质、结构面充填、地应力和水等多种因素影响，而这些是 RQD 分类所不能恰当反映的。

2. 谷德振岩体结构分类与 *Z* 分级系统

中国科学院地质研究所谷德振（1979）提出了依据岩体结构划分工程岩体类型的方案，将岩体结构分为整体块状、块状、层状、碎裂状和散体状五类，各类岩体的地质力学性能递减。由于这一方案充分考虑了岩体结构的地质成因与结构效应，突出体现了岩体的地质特性，受到广泛重视，成为迄今我国许多技术规范的岩体分类依据之一。

谷德振发现，三个内在因素的状况决定了岩体质量的优劣程度。它们是岩体的完整性、结构面的摩擦性能和岩块的坚强性。用它们的乘积来表达各类结构岩体的质量优劣，并将这个函数值称为岩体质量系数：

$$Z=I\cdot f\cdot S \tag{6.36}$$

式中，$I=\frac{V_m^2}{V_r^2}$为岩体的完整性系数；$f=\tan\varphi$ 为结构面内摩擦系数；$S=\frac{R_c}{100}$为岩块的坚强系数，R_c 为岩块的饱和单轴抗压强度。

Z 系统按图 6.11 划分岩体质量级别，并列出了不同岩体结构类型对应的岩体质量系数区间。

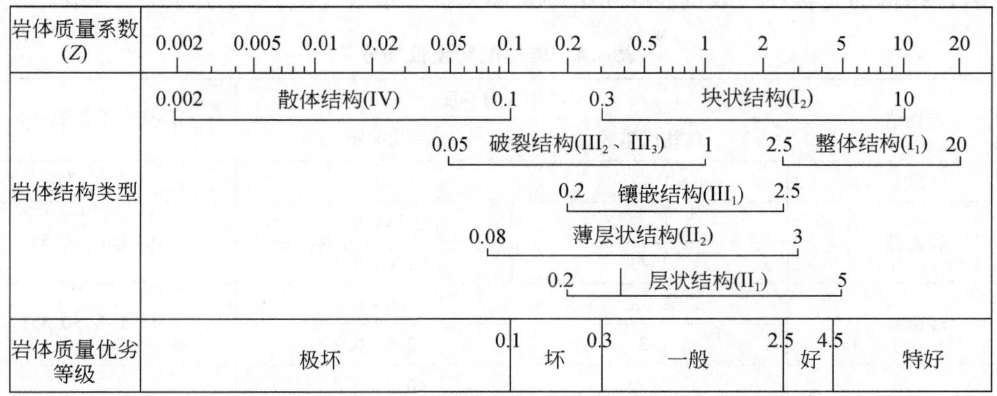

图 6.11 Z 分级系统岩体质量级别划分标准（据谷德振，1979）

Z 系统的特色在于：①抓住影响岩体质量的三个基本要素，除岩石的坚强系数和岩体的完整性系数外，特别强调了结构面摩擦系数的重要性；②将岩体结构类型与岩体质量级别挂钩，使岩体质量分级客观反映了岩体的地质特征。

3. 我国工程岩体分级系统

长江科学院曾牵头编写了国家标准《工程岩体分级标准》（GB 50218—94）（王石春等，1994）和修订版《工程岩体分级标准》（GB/T 50218—2014）（邬爱清等，2014）。我国铁路、公路、矿山、水利水电、工民建等行业也都制定了自己的行业规范和岩体质量分级系统。

我国的工程岩体质量分级方法大体分为两个步骤。第一步按照岩石的坚硬程度和岩体结构完整性提出岩体的基本质量级别；第二步根据各类岩体工程的具体特点，考虑结构面产状、地下水及地应力等，对基本质量级别进行修正，得到工程岩体分级。

岩石的坚硬程度一般按表 6.3 的单轴饱和抗压强度（R_c）划分为硬质岩和软质岩两类，五个亚类。

表 6.3 岩石的坚硬程度等级表

定性值		单轴饱和抗压强度（R_c）/MPa
硬质岩	极硬岩	$R_c>60$
	硬岩	$30<R_c\leqslant 60$
软质岩	较软岩	$15<R_c\leqslant 30$
	软岩	$5<R_c\leqslant 15$
	极软岩	$R_c\leqslant 5$

岩体结构的完整性一般按表 6.4 中的岩体完整性指数（K_v）划分为五个等级。

表 6.4　岩体的完整性划分

定性值	结构面发育程度		岩体完整性指数（K_v）
	结构面组数	平均间距/m	
完整	1～2	>1.0	$K_v>0.75$
较完整	1～2	>1.0	$0.75>K_v>0.55$
	2～3	1.0～0.4	
较破碎	2～3	1.0～0.4	$0.55>K_v>0.35$
	>3	0.4～0.2	
破碎	>3	0.4～0.2	$0.35>K_v>0.15$
		<0.2	
极破碎			$K_v>0.15$

国家标准《工程岩体分级标准》（GB/T 50218—2014）中按下式求取岩体基本质量指标：

$$\mathrm{BQ}=100+3R_c+250K_v \tag{6.37}$$

岩体基本质量级别根据 BQ 值由表 6.5 确定。

表 6.5　岩体基本质量级别划分标准

基本质量级别	岩体基本质量的定性特征	岩体基本质量指标（BQ）
I	坚硬岩，岩体完整	>550
II	坚硬岩，岩体较完整；较坚硬岩，岩体完整	550～451
III	坚硬岩，岩体较破碎；较坚硬岩或软硬岩互层，岩体较完整；较软岩，岩体完整	450～351
IV	坚硬岩，岩体破碎；较坚硬岩，岩体较破碎-破碎；较软岩或软硬岩互层，且以软岩为主，岩体较完整-较破碎；软岩，岩体完整-较完整	350～251
V	较软岩，岩体破碎；软岩，岩体较破碎-破碎；全部极软岩及全部极破碎岩	≤250

4. 岩体地质力学分类（RMR 分类）

RMR（rock mass rating）分级又称 CSIR 分级，它是 1974 年由南非科学和工业理事会（Council for Scientific and Industrial Research，CSIR）的 Bieniawski 提出的适用坚硬节理化岩体的分类方案。分类中主要考虑以下五个基本参数：岩块单轴抗压强度、RQD、结构面间距、结构面性状及地下水状况，并按工程类型及主要节理与工程的关系给予评分修正。

该方法给出了五个主要参数对应的评分值，将五种因素的赋值求和，扣除节理修正

值，得到 RMR 评分值。根据 RMR 评分值，以 20、40、60、80 为界限将岩体分为大致与上述 RQD 分类相当的五个级别（表 6.6）。

表 6.6　岩体质量级别划分标准

RMR	81～100	61～80	41～60	21～40	<21
围岩级别	Ⅰ	Ⅱ	Ⅲ	Ⅳ	Ⅴ
评价结论	岩质非常好	岩质好	岩质一般	岩质差	岩质极差

RMR 分类是从坚硬岩体隧道工程中发展起来的方法，操作简便，具有较为广泛的适用性。但是对于相对软弱的岩体，使用会受到一些限制。

RMR 分级系统提出后，有很多扩展，如结合采矿工程，Laubscher（1977，1984，1990）提出了 MRMR 系统（modified rock mass rating system），在 RMR 的基础上考虑了初始应力和应力场的变化，而且考虑了爆破和风化的影响。Dowding 和 Kendorski（1982），以及 Kendorski 等（1983）提出了 MBR（modified basic RMR）系统，针对边坡岩体，提出了 SMR（slope mass rating）分级方法，重点突出了结构面方向与开挖方式对边坡稳定的影响。SMR 分级是比较有代表性的边坡工程岩体的分级方法。

5. 巴顿岩体分类（*Q* 分类）

对于更广泛的岩体，常用的方法还有挪威岩土工程研究所（Norwegian Geotechnical Institute，NGI）Barton 等（1974）所提出的 *Q* 分类。该分类方案是根据 200 多座已建隧道的实测资料分析做出的，适用于隧道围岩支护设计。

Q 方案的评分值按下式计算：

$$Q=\left(\frac{\mathrm{RQD}}{J_n}\right)\left(\frac{J_r}{J_a}\right)\left(\frac{J_w}{\mathrm{SRF}}\right) \tag{6.38}$$

式中，J_n、J_r、J_a、J_w分别为节理组数、节理粗糙度系数、节理蚀变影响系数和水压力系数；SRF 为应力折减系数。

Q 值变化范围为 0.01～1000，将岩体质量分为九个质量等级，相当于从糜棱化岩体一直到完整坚硬的岩体（表 6.7）。

表 6.7　*Q* 系统岩体质量级别表

Q 分值	<0.01	0.01～0.1	0.1～1	1～5	5～10	10～50	50～100	100～500	>500
围岩质量	异常差	极差	很差	差	一般	好	很好	极好	异常好

6. 地质强度指标（GSI）分级

地质强度指标（geological strength index，GSI）分级由 Hoek（1994）和 Hoek 等

(1995) 提出，以适用于节理化岩体。Hoek 等 (2002) 进行了修改，Marinos 和 Hoek (2000) 重新绘制了 GSI 分级系统图 (图 6.12)。此后，他们还于 2001～2018 年对各种结构扰动岩体的 GSI 分级图进行了扩展，主要考虑了应力释放和爆破等因素对岩体结构的扰动。

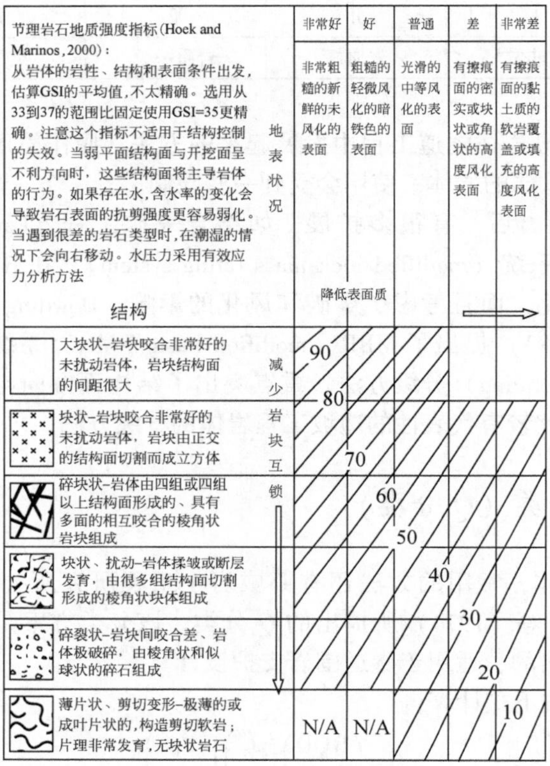

节理岩石地质强度指标(Hoek and Marinos,2000)： 从岩体的岩性、结构和表面条件出发，估算GSI的平均值，不太精确。选用从33到37的范围比固定使用GSI=35更精确。注意这个指标不适用于结构控制的失效。当弱平面结构面与开挖面呈不利方向时，这些结构面将主导岩体的行为。如果存在水，含水率的变化会导致岩石表面的抗剪强度更容易弱化。当遇到很差的岩石类型时，在潮湿的情况下会向右移动。水压力采用有效应力分析方法 结构	地表状况	非常好 非常粗糙的新鲜的未风化的表面	好 粗糙的轻微风化的暗铁色的表面	普通 光滑的中等风化的表面	差 有擦痕面的密实或块状或角状的高度风化表面	非常差 有擦痕面的黏土质的软岩覆盖或填充的高度风化表面
		降低表面质 ⇒				
大块状–岩块咬合非常好的未扰动岩体，岩块结构面的间距很大	减少岩块互锁 ⇓	90 80				
块状–岩块咬合非常好的未扰动岩体，岩块由正交的结构面切割而成立方体			70			
碎块状–岩体由四组或四组以上结构面形成的、具有多面的相互咬合的棱角状岩块组成			60	50		
块状、扰动–岩体揉皱或断层发育，由很多组结构面切割形成的棱角状块体组成				40		
碎裂状–岩块间咬合差、岩体极破碎，由棱角状和似球状的碎石组成					30 20	
薄片状、剪切变形–极薄的或成叶片状的，构造剪切软岩；片理非常发育，无块状岩石		N/A	N/A			10

图 6.12　GSI 分级系统

定义了扰动因子 D 描述上述两种扰动，对于完整围岩这不予采用。D 按下列情形取值。

$D=0$：非常好质量岩体中掘进机开挖、差质量岩体中机械与人工开挖，扰动极小的情形。

$D=0.5$：无仰拱挤压底板隆起、民用工程边坡小尺度预裂爆破或光面爆破等，岩体损伤中等的情形。

$D=0.7$：矿山边坡弱岩体中机械开挖应力降低引起损伤的情形。

$D=1.0$：对于硬岩隧道中因不良爆破导致围岩严重损伤，厚度 2～3m 时，并向围岩 2m 内线性递减至 $D=0$；无控制生产爆破可能导致岩面显著损伤，超大型露天矿边坡因大爆破和覆盖层开挖应力释放而导致的显著损伤时，与应力释放相关的 D 的变化可由扰动率导出。

Sonmez 和 Ulusay 于 1999 年也曾对 GSI 系统进行了修订，引入了两个新参数用以描述岩体结构状态：岩体结构指标 SR 和结构面条件指标 SCR。

Hoek 和 Brown 指出，对于较高质量岩体（GSI>25），GSI 与 $RMR_{89'}$ 存在以下经验关系：

$$GSI = RMR_{89'} - 5 \tag{6.39}$$

式中，$RMR_{89'}$ 是依据 1989 年修订版、地下水条件系数取 15、结构面修正系数取 0 时的 RMR 值。

GSI 方法更多考虑了岩体的地质特性；取值区间一般为 0～100，分级方式与 RMR 系统基本一致，也符合人们的思维习惯。由于上述优势，该方法得到广泛应用。

7. 现有岩体质量分级方法的优势与缺陷

岩体质量分级是一种支撑岩体工程设计的方便快捷途径。现有的分级系统普遍具有充分的工程经验支撑，在通常工程条件下被证明是成功的。

但是岩体质量分级方法始终是一种经验方法，基于分级的参数估算和工程设计都只能是粗略的。现有各种分级方法的主要缺陷在于：

（1）准确反映各类地质和工程因素影响不足。例如，普遍对较高地应力影响采取评分折减方法，但对于较坚硬岩体，地应力常常可以增强岩体性能；对各类因素的折减任意性较强。

（2）不能有效刻画岩体的各向异性特性，如层、片状岩体。这使得工程中不能有效控制各向异性岩体的非对称变形和破坏。

二、岩体工程分级与力学参数的经验关系

岩体质量分级通常只是一种手段，由岩体质量级别获取相应的工程设计力学参数，支撑岩体工程设计才是目的。因此人们建立了与各种质量分级系统相关的岩体力学参数经验关系。

1. RMR 和 *Q* 系统与岩体力学参数

Bieniawski（1978）研究了岩体的变形模量的许多现场实测结果，并用 RMR 分类法对做过实测的岩体进行分类，建立了两者之间的统计关系。但该公式只适用于 RMR>55 的情形。对于 RMR≤55 的岩体，Serafim 和 Pereira（1983）提出另一经验公式。我们可以将两者合写成下述形式：

$$\begin{cases} E_m = 2RMR - 100, & RMR > 55 \\ E_m = 10^{\frac{RMR-10}{40}}, & RMR \leqslant 55 \end{cases} \tag{6.40}$$

Bieniawski 也提出了岩体抗剪强度参数（黏聚力为 c_m、内摩擦角为 φ_m）相关的经验区间值如表 6.8 所示。

表 6.8　岩体抗剪强度参数与 RMR 质量经验关系

RMR 评分值	81～100	61～80	41～60	21～40	<20
质量级别	I	II	III	IV	V
C_m/kPa	>400	300～400	200～300	100～200	<100
φ_m/(°)	>45	35～45	25～35	15～25	<15

按照这些经验区间值的中值可以拟合出下列关系曲线：

$$\begin{cases} c_m = 5\text{RMR} \\ \varphi_m = 0.5\text{RMR}+5 \end{cases} \tag{6.41}$$

Hoek 和 Brown（1980a，2019）分别给出 RMR 和 Q 评分值之间有如下经验关系。

$$\text{RMR} = 9\ln Q + 44 \tag{6.42}$$

和

$$\text{RMR} = 15\ln Q + 50 \tag{6.43}$$

由此可以将 Q 分类变换成 RMR 分类，然后根据上述经验方法求取岩体的工程参数。

2. 国标《工程岩体分级标准》与岩体物理力学参数

根据国标《工程岩体分级标准》（GB/T 50218—2014）岩体质量的初步分级，可以通过表 6.9 获得岩体物理力学参数经验值。

表 6.9　岩体物理力学参数与岩体基本质量经验关系

岩体基本质量级别	重力密度（γ）/(kN/m³)	抗剪断峰值强度		变形模量（E）/GPa	泊松比（ν）
		内摩擦角（φ）/(°)	黏聚力（c）/MPa		
I	>26.5	>60	>2.1	>33	<0.20
II		60～50	2.1～1.5	33～16	0.20～0.25
III	26.5～24.5	50～39	1.5～0.7	16～6	0.25～0.30
IV	24.5～22.5	39～27	0.7～0.2	6～1.3	0.30～0.35
V	<22.5	<27	<0.2	<1.3	>0.35

对表 6.9 中各级别岩体 BQ 值取中值拟合可以得到下列关系式：

$$\begin{cases} E_m = 0.2e^{0.01\text{BQ}} \\ \nu_m = -0.0005\text{BQ}+0.475 \\ c_m = 5\text{BQ}^{2.0653}\times 10^{-6} \\ \varphi_m = 0.109\text{BQ}-0.2 \end{cases} \tag{6.44}$$

3. 地质强度指标 GSI 与岩体参数经验估算

Hoek 和 Diederichs（2006）根据中国项目的岩体变形模量数据库，提出了如下岩体模量估算经验公式

$$E_m = E_0\left[0.02+\frac{1-0.5D}{1+e^{\frac{60-15D-GSI}{11}}}\right] \tag{6.45a}$$

式中，E_0为岩石的变形模量。在没有岩石模量的情况下，他们还给出了如下岩体估算公式

$$E_m = 10^5\ \frac{1-0.5D}{1+e^{\frac{75+25D-GSI}{11}}} \tag{6.45b}$$

Hoek 和 Brown（1980a，1980b）根据大量完整岩样三轴试验数据拟合，提出了岩石强度的 Hoek-Brown 经验准则。Hoek（1994）和 Hoek 等（1995）将该判据拓展为下式，用于岩体强度估算

$$\sigma_1 = \sigma_3+\sigma_c\left(m\frac{\sigma_3}{\sigma_c}+s\right)^a \tag{6.46}$$

式中，σ_c 为岩块的单轴抗压强度，并有

$$\begin{cases} m = m_0 e^{\frac{GSI-100}{28-14D}} \\ s = e^{\frac{GSI-100}{9-3D}} \\ a = \dfrac{1}{2}+\dfrac{1}{6}\left(e^{-\frac{GSI}{15}}-e^{-\frac{20}{3}}\right) \end{cases}$$

其中，

$$m_0 = 1.23\left(\frac{\sigma_c}{\sigma_t}-7\right)$$

m_0 为与岩石性质有关的参数，由 Hoek 和 Brown（2019）根据 Ramsey 和 Chester（2004）及 Bobich（2005）所做的部分试验（包括直接拉伸试验）数据拟合提出，上式的原始形式是 $\sigma_c/\sigma_t=0.81m_0+7$。值得注意的是，上式中的 σ_c/σ_t 反映了岩石的脆性特征。

Hoek-Brown 经验判据的另一种常用形式为

$$\sigma_1 = \sigma_3+\sqrt{m\sigma_c\sigma_3+s\sigma_c^2}$$

式中，σ_c 为岩块的单轴抗压强度；m、s 为与岩性和岩体结构有关的参数（表 6.10）。

由上式可以导出岩体的单轴抗压强度和抗拉强度

$$\begin{cases} \sigma_{cm} = \sqrt{s}\,\sigma_c \\ \sigma_{tm} = \dfrac{1}{2}\sigma_c\left(m-\sqrt{m^2+4s}\right) \end{cases} \tag{6.47}$$

根据上述 H-B 准则的剪应力形式为

$$\tau = A\sigma_c\left(\frac{\sigma}{\sigma_c}-T\right)^B,\quad T=\frac{1}{2}\left(m-\sqrt{m^2+4s}\right)$$

由上述抗剪强度准则可以导出岩体的黏聚力和内摩擦角为

$$c_m=\tau_{\sigma=0}=A(-T)^B\sigma_c$$

$$\varphi_m=\arctan\frac{\partial\tau}{\partial\sigma}=\arctan\left[AB\left(\frac{\sigma}{\sigma_c}-T\right)^{B-1}\right] \tag{6.48}$$

表 6.10 Hoek-Brown 岩体质量与经验参数关系

岩体状况	具有很好结晶解理的碳酸盐类岩石，如白云岩、灰岩、大理岩	成岩的黏土质岩石，如泥岩、粉砂岩、页岩、板岩（垂直于板理）	强烈结晶，结晶解理不发育的砂质岩石，如砂岩、石英岩	细粒、多矿物、结晶岩浆岩、如安山岩、辉绿岩、玄武岩、流纹岩	粗粒、多矿物结晶岩浆岩和变质岩，如角闪岩、辉长岩、片麻岩、花岗岩、石英闪长岩等
完整岩块试件，实验室试件尺寸，无节理，RMR=100，Q=500	m=7.0 s=1.0 A=0.816 B=0.658 T=−0.140	m=10.0 s=1.0 A=0.918 B=0.677 T=−0.099	m=15.0 s=1.0 A=1.044 B=0.692 T=−0.067	m=17.0 s=1.0 A=1.086 B=0.696 T=−0.059	m=25.0 s=1.0 A=1.220 B=0.705 T=−0.040
非常好质量岩体，紧密互锁，未扰动，未风化岩体，节理间距 3m 左右，RMR=85，Q=100	m=3.5 s=0.1 A=0.651 B=0.679 T=−0.028	m=5.0 s=0.1 A=0.739 B=0.692 T=−0.020	m=7.5 s=0.1 A=0.848 B=0.702 T=−0.013	m=8.5 s=0.1 A=0.883 B=0.705 T=−0.012	m=12.5 s=0.1 A=0.998 B=0.712 T=−0.008
好的质量岩体，新鲜至轻微风化，轻微构造变化岩体，节理间距 1～3m 左右，RMR = 65，Q=10	m=0.7 s=0.004 A=0.369 B=0.669 T=−0.006	m=1.0 s=0.004 A=0.427 B=0.683 T=−0.004	m=1.5 s=0.004 A=0.501 B=0.695 T=−0.003	m=1.7 s=0.004 A=0.525 B=0.698 T=−0.002	m=2.5 s=0.004 A=0.603 B=0.707 T=−0.002
中等质量岩体，中等风化，岩体中发育有几组节理间距为 0.3～1m 左右，RMR=44，Q=1.0	m=0.14 s=0.0001 A=0.198 B=0.662 T=−0.0007	m=0.20 s=0.0001 A=0.234 B=0.675 T=−0.0005	m=0.30 s=0.0001 A=0.280 B=0.688 T=−0.0003	m=0.34 s=0.0001 A=0.295 B=0.691 T=−0.0003	m=0.50 s=0.0001 A=0.346 B=0.700 T=−0.0002
坏质量岩体，大量风化节理，间距 30～500mm，并含有一些夹泥，RMR=23，Q=0.1	m=0.04 s=0.00001 A=0.115 B=0.646 T=−0.0002	m=0.05 s=0.00001 A=0.129 B=0.655 T=−0.0002	m=0.08 s=0.00001 A=0.162 B=0.672 T=−0.0001	m=0.09 s=0.00001 A=0.172 B=0.676 T=−0.0001	m=0.13 s=0.00001 A=0.203 B=0.686 T=−0.0001
非常坏质量岩体，具大量严重风化节理，间距小于 50mm 充填夹泥，RMR=3，Q=0.01	m=0.007 s=0 A=0.042 B=0.534 T=0	m=0.010 s=0 A=0.050 B=0.539 T=0	m=0.015 s=0 A=0.061 B=0.546 T=0	m=0.017 s=0 A=0.065 B=0.548 T=0	m=0.025 s=0 A=0.078 B=0.556 T=0

4. 岩体物理力学估算参数的比较

将 RMR 法和国标法（BQ 值）获得的岩体力学参数比较如表 6.11 所示，表中岩体质量数值取相应级别的中值。

表 6.11　RMR 法和国标法岩体力学参数比较

岩体质量级别	黏聚力/kPa		内摩擦角/(°)		弹性模量/GPa		泊松比	
	RMR 法	国标法	RMR 法	国标法	RMR 法	国标法	RMR 法	国标法
I	>400	>2100	>45	>60.0	80.00	>33.00		<0.2
II	350	1800	40	55.0	40.00	26.50		0.225
III	250	1100	30	44.5	10.00	13.00		0.275
IV	150	450	20	33.0	3.16	3.65		0.325
V	<100	<200	<15	<27.0	1.00	<1.30		>0.35

可见，两种方法所得到的经验参数存在较大出入。国标法对岩体抗剪强度指标的估计普遍显著偏高，而对弹性模量的估计一般偏低。当然，这可能与两种方法所采用的基础数据不同有关：RMR 法采用分级修正后的数据与力学参数试验数据进行相关分析；而国标法则采用了修正前的 BQ 值与试验数据建立关系。

Hoek 和 Brown（2019）还对比了式（6.45b）与 Bieniawski（1978）、Stephens 和 Banks（1989）、Read 等（1999），以及 Barton（2002）的一批现场测试和估算数据，做出如图 6.13 所示的对比曲线。

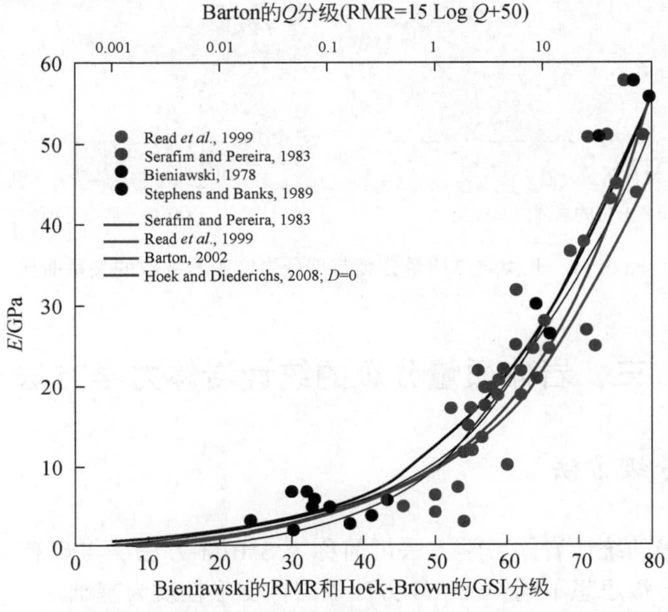

图 6.13　现场实测和估算岩体变形模量数据对比（据 Hoek and Brown，2019）

图6.14依据式（6.40）~式（6.45）给出了几类岩体质量分级与部分岩体工程参数的统计曲线形式。其中，岩体质量分值参照RMR分级方法归化为百分制，Q分值按经验关系式（6.42）转换为RMR分值，BQ分值除以6.5进行了转换。

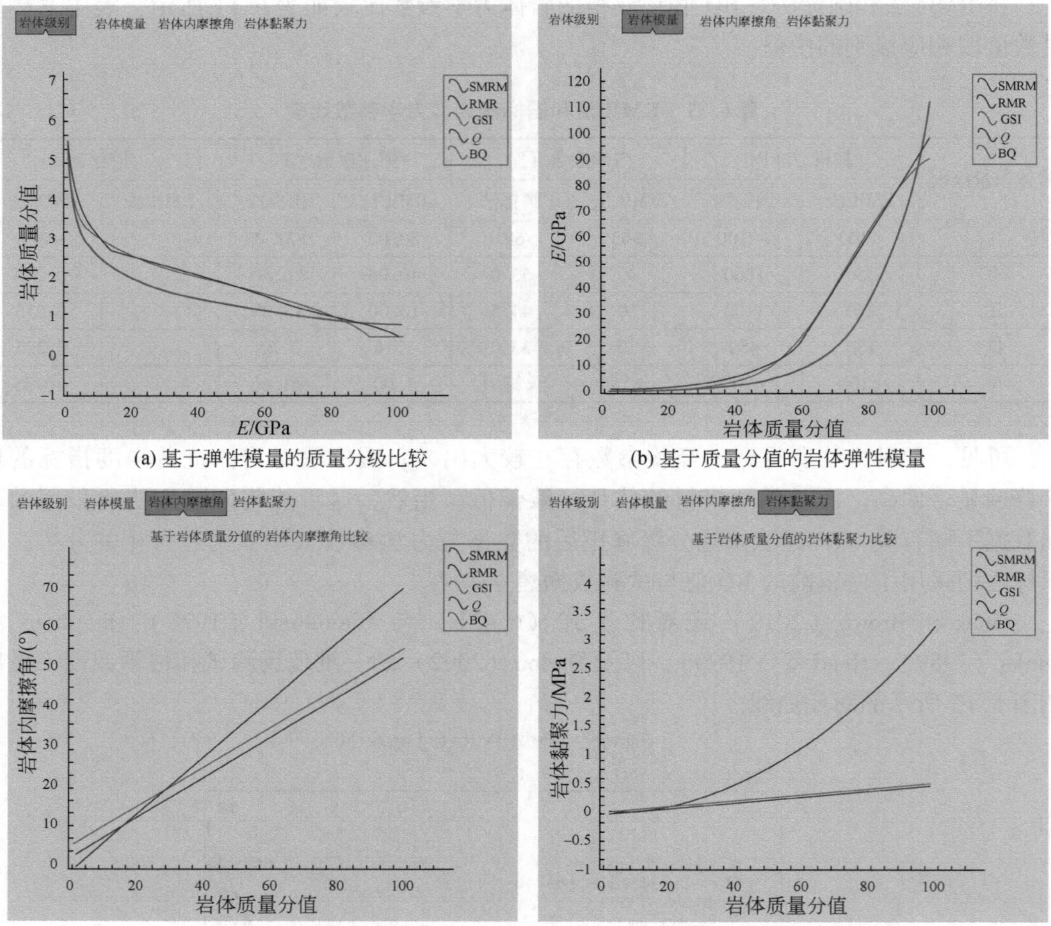

(a) 基于弹性模量的质量分级比较

(b) 基于质量分值的岩体弹性模量

(c) 基于质量分值的岩体内摩擦角

(d) 基于质量分值的岩体黏聚力

图6.14　几类岩体质量分级与部分岩体工程参数的关系曲线

三、岩体质量分级的统计岩体力学方法

1. SMRM分级方法

岩体质量分级的统计岩体力学方法可简称为SMRM方法。与现有岩体质量分级以强度性质为基础的分级思想不同，SMRM方法以岩体变形性质为基础。

SMRM 分级方法的基本思路是：以统计岩体力学理论计算出岩体的全空间方向弹性模量，采用经验公式计算对应方向上的 RMR 分值和分级，由此确定全空间方向的岩体质量级别。

岩体全空间弹性模量计算式为式（6.10），即

$$E_m = \frac{E}{1 + \alpha \sum_{p=1}^{m} \lambda \bar{a}[k^2 n_1^2 + \beta h^2(1 - n_1^2)] n_1^2} \tag{6.49}$$

通过经验式（6.40）可将计算出的任意空间方向的岩体弹性模量（E_m）换算为 RMR 分值，即

$$\begin{cases} \text{RMR} = \frac{1}{2}(E_m + 100) & E_m > 10\text{GPa} \\ \text{RMR} = 40\lg E_m + 10 & E_m \leqslant 10\text{GPa} \end{cases} \tag{6.50}$$

按照通常的 100 分制分级方法，可以类比 RMR，取 SMRM 分值为

$$\text{SMRM} = \text{RMR}_E \tag{6.51}$$

我们同样可以定义 SMRM 质量的弱化系数（ζ_{SMRM}）、各向异性指数（ξ_{SMRM}）及拉压质量比（ζ_{SMRM}）为

$$\begin{cases} \zeta_{SMRM} = \frac{\text{SMRM}_m}{\text{SMRM}_r} \\ \xi_{SMRM} = \frac{\text{SMRM}_{min}}{\text{SMRM}_{max}} \\ \zeta_{SMRM} = \frac{\text{SMRM}_t}{\text{SMRM}_c} \end{cases} \tag{6.52}$$

式中，SMRM_m、SMRM_r 分别为岩体质量全空间方向均值与岩块质量分值；SMRM_{min}、SMRM_{max} 分别为岩体全空间方向质量分值的最小和最大分值；SMRM_t、SMRM_c 分别为岩体的张性和压性质量分值。

由于式（6.49）包括了各种地质因素对岩体弹性模量的作用，由此获得的 SMRM 质量分级自然反映了这些影响，也因此体现出更多的客观性优势。这些影响因素包括：

（1）岩石变形性质：通过岩石的弹性模量（E）与泊松比（ν）反映，显然坚硬岩石的岩体质量较好。

（2）岩体结构状态：通过结构面组数（m）、法向密度（λ）、平均半径（$\bar{a}$）体现。这些参数比通常的体积节理数（J_v）更全面反映了岩体完整性。

（3）结构面力学性质：结构面剩余剪应力比值系数（h）反映了结构面的黏聚力（c）和内摩擦角（φ）及其库仑强度特性。

（4）应力环境：通过应力系数 k 和 h 反映结构面受力状态（σ，τ）的影响。一方面通过结构面拉、压应力的转换体现岩体拉压变形性质的显著差异性；同时也通过结构面应力锁固与解锁反映了岩体的应力增强与弱化效应。

（5）裂隙水压力：通过水-岩耦合作用反映。当结构面有效应力出现拉、压状态变化

时，系数 k 分别取 1 和 0；而 h 则通过有效应力作用下结构面剩余剪应力影响岩体变形性质。

（6）各向异性：由结构面产状组合决定。岩体中各组结构面产状（n_i）是客观存在的，变换加载方向即可得到任意空间方向的岩体弹性模量及其质量分级。

图 6.15 显示了含三组结构面时岩体的全方向质量级别赤平投影分布，图中也显示了质量的最高、最低级别、平均级别及各向异性指数。图 6.15 中黑色点为任意方向质量级别的点查询结果，并显示于左侧数据区。

可由式（6.43）换算出相应方向的 Q 评分值

$$Q = e^{\frac{\mathrm{RMR}-50}{15}} \tag{6.53}$$

由下式换算出 BQ 分值

$$\mathrm{BQ} = 5\mathrm{RMR} + 150 \tag{6.54}$$

由式（6.39）Hoek-Brown 式换算指出 GSI 与 RMR 的分值存在如下关系：

$$\mathrm{GSI} = \mathrm{RMR} - 5 \quad (\mathrm{RMR} > 30) \tag{6.55}$$

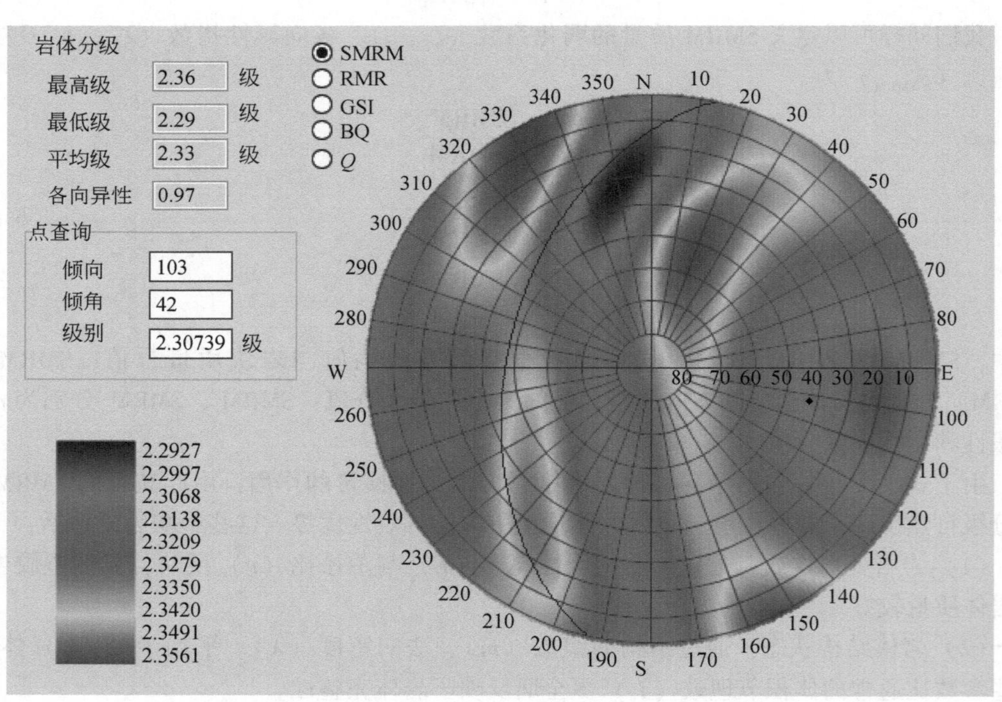

图 6.15　全空间方向 SMRM 岩体质量分级的赤平投影

2. SMRM 分级方法的特征

岩体质量分级的 SMRM 方法具有如下显著特征：

(1) 以岩体的变形性质为基础，以严格的理论形式综合计入了各类地质因素对岩体抵抗变形能力的影响；

(2) 能够较好地反映岩体力学性质和质量的各向异性特性，这是目前各类岩体质量分级方法难以实现，但又希望通过各种修正实现的功能；

(3) 通过结构面的应力锁固和解锁效应，以及裂隙水的有效应力效应，反映岩体应力环境及地下水作用对岩体质量的影响，免去了因地应力和地下水作用对岩体质量的修正；

(4) 自然反映岩体开挖中的岩体应力调整、岩体结构扰动裂解对岩体质量分级的影响，免去了因工程开挖对岩体质量的修正。

我们仍然考察前述板片岩的情形。板岩岩块试件所测得的弹性模量区间值为 17～21GPa，取中值为 $E=19\text{GPa}$。将岩块的 E 值代入式 (6.47) 第一式，可得 SMRM＝59.5。就是说，板岩最高的岩体质量级别为 III 级中偏好。

但由于开挖扰动，板理裂开，黏聚力丧失，且板理面因碳质薄膜接触而内摩擦角较小，岩体的弹性模量最小可以降低到岩块模量的 3.5%。即岩体最小弹性模量为

$$E_{\mathrm{m}}=0.035E=0.665\text{GPa}$$

代入式 (6.50) 第二式可得

$$\text{SMRM}=40\lg 0.665+10=2.91$$

其所对应的岩体质量级别为 V 级中偏差。当然这是对于最不利方向而言的，在垂直板理方向则弹性模量仍然可以达到 III 级偏好的状态。

对于垂直板理方向受拉应力作用的情形，如板理面走向平行于隧道轴线的情形，开挖在洞壁产生次生拉应力时就是这种情形。按照前述分析，岩体受拉弹性模量为

$$E_{\mathrm{mt}}=0.02E=0.38\text{GPa}$$

由于此时岩体顺板理方向的受压模量仅有岩块的 3.5%，在洞壁周向压应力集中下容易产生顺层压缩变形；而同时在垂直板理方向又极易产生拉伸变形，这就是这种情况下洞壁很容易产生向洞内空间收敛变形的原因（图 6.16）。

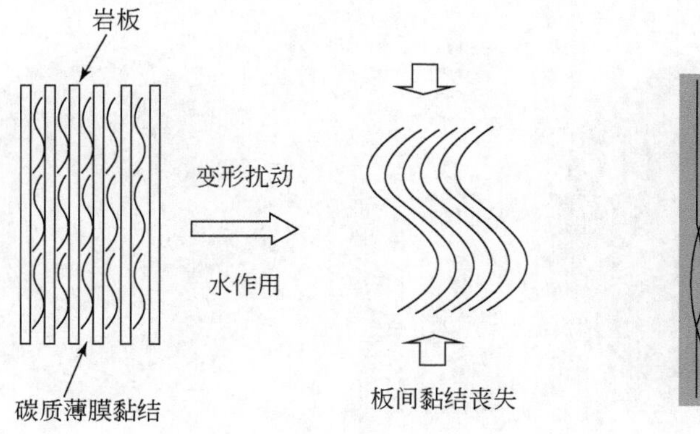

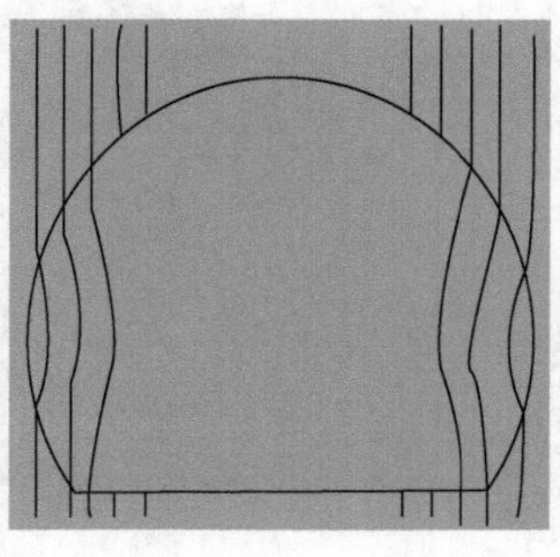

图 6.16　碳质板岩扰动结构裂解与力学性质弱化

由上述分析可见，岩体力学性质存在各向异性，现有的岩体分类及由此获得的工程参数是不能反映这种特性的。

3. 任意结构岩体的模量与质量级别模拟

采用 SMRM 方法还可以模拟任意结构岩体的弹性模量与质量分级。这里以二维岩体结构面网络模拟显示岩体结构特征，展示基本思路。

我们知道，岩体中存在一组结构面时，岩体将表现出强烈的各向异性。随着结构面组数的增加，岩体结构的各向异性会减弱。一般结构面组数大于 3 ~ 4 组是岩体结构与岩体力学性质将趋于各向异性。

采用岩体结构面网络模拟技术，改变结构面几何要素的数值，可以模拟出不同结构类型的岩体。例如，存在几组大角度相交结构面的岩体，当结构面尺度和密度较小时，可以模拟出整体块状结构岩体；随着结构面尺度和密度的增大，可以模拟出块状、碎块状岩体；当结构面组数较多，且密度较大时，可以得到碎裂状岩体；当某组结构面尺度密度远大于其他组时，可以模拟出层状结构岩体，等等。

图 6. 17（a）~（d）为块状、层状、片岩、散体结构岩体的平面模拟结果。根据岩体结构类型的分区，还可以模拟出更为复杂的岩体结构状态，如断层及其影响带、各类互层状结构岩体等。

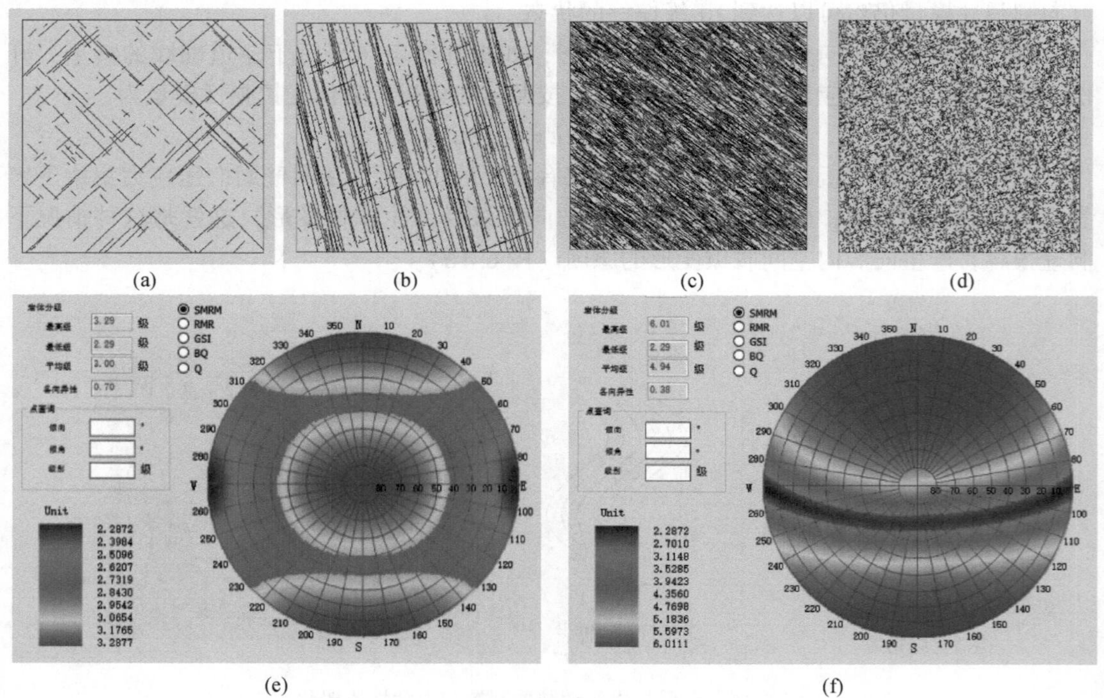

(a) (b) (c) (d)

(e) (f)

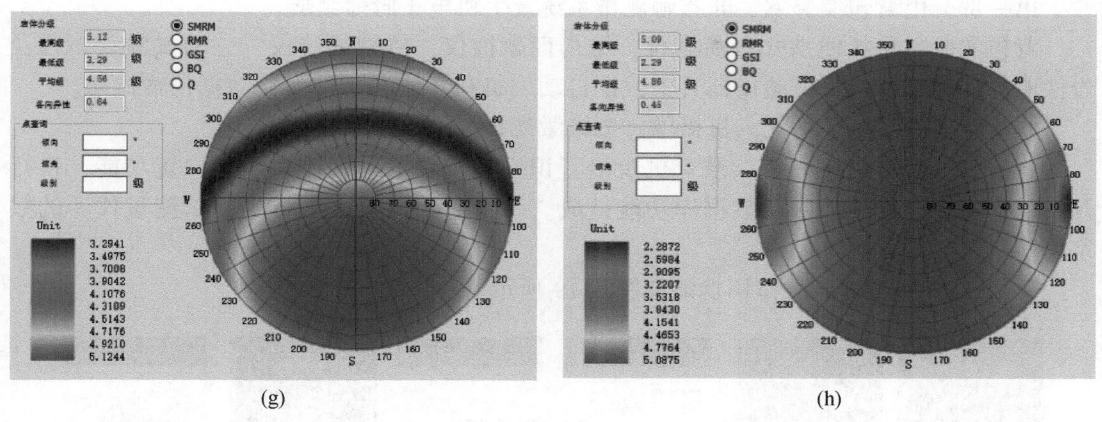

图 6.17　各类结构岩体及其质量基本分级的二维计算机模拟结果

采用上述各类岩体结构的模拟参数，代入本章介绍的方法，还可以计算相应切面上岩体的力学性质参数和质量级别。图 6.17（e）~（h）对应（a）~（d）四种结构岩体的铅直切面质量分级，（e）~（g）分别为南北走向面上两组优势结构面切割成的块状、层状和片状岩体的质量分级，（h）对应（d），为剖面五组结构面模拟的散体结构岩体的质量分级。

第六节　岩体工程地质智能工作平台简介

“岩体工程地质智能工作平台”是以统计岩体力学理论为基础，根据岩体工程地质工作的流程特点，将现场测试与数据采集、数据记录与无线传输、岩体工程参数和工程地质问题分析云计算系统联系起来，实现岩体工程地质“一站式”服务的工作平台。这是岩体工程地质行业的一次技术变革，平台的宗旨是使岩体工程地质工作更便捷、更智能。

“岩体工程地质智能工作平台”的基本框架如图 6.18 所示，平台由三个部分组成：

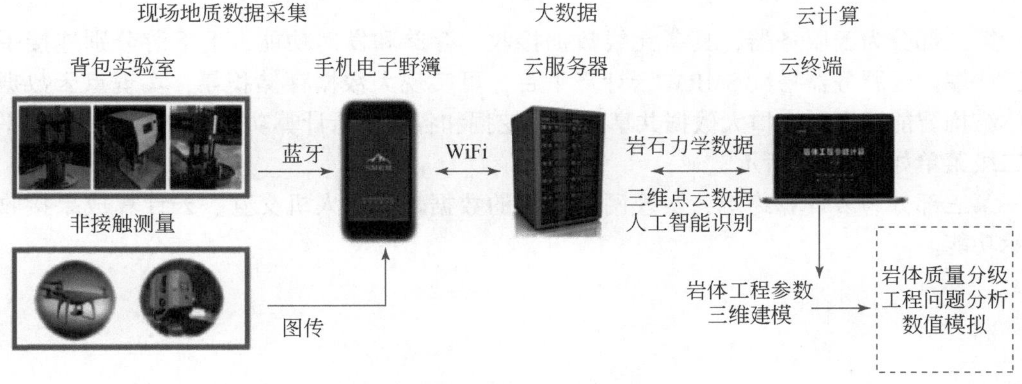

图 6.18　岩体工程地质智能工作平台

第一部分由背包实验室、非接触测量系统及手机电子野簿组成。

背包实验室包括便携式点荷载仪、结构面摩擦仪、单轴试验仪、三轴试验仪，以及岩性取样和切磨样机。试验仪器具备数据自动采集和蓝牙、WiFi 无线数据传输概念。

非接触测量系统包括无人机摄像、三维激光扫描及手机照相功能。

手机电子野簿由照相机、录音机及语音识别系统、卫星定位系统等内置功能、自行开发的手机罗盘软件，以及数据库功能组成。手机自动接收来自各类测试测量仪器的数字信号。

手机 APP 和数据库的作用功能如图 6.19 所示。

图 6.19　手机 APP 与数据库主要功能

第二部分为云服务器，具备无线数据接收、存储和发射功能，上下游分别连接手机和云终端。云服务器搭载 SMRM 云计算平台，可实现大数据存储积累，实现点云数据的岩体结构智能识别，支撑大数据共享、数据挖掘和各类分析计算功能。SMRM 云计算平台与二级菜单如图 6.20 所示。

第三部分为云计算终端，实现网络计算的数据输入、人机交互、云计算成果接收和展示功能。

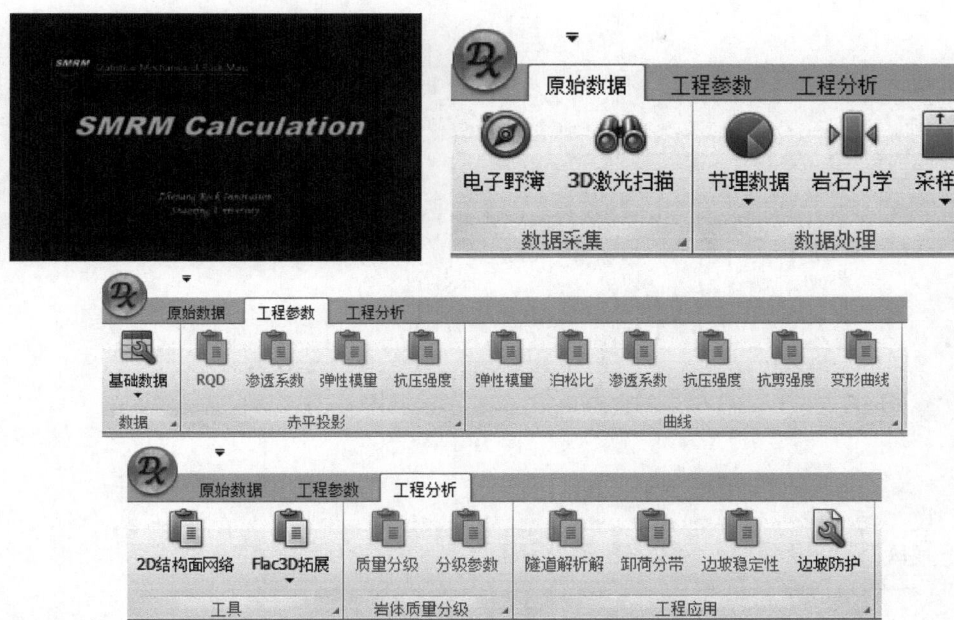

图 6.20　SMRM 云计算平台与二级菜单

第七章　裂隙岩体变形过程分析

目前，人们还很少通过实验方法获取岩体全过程变形曲线，因为使岩体试件发生破坏需要较大的荷载。但岩石力学界已经认识到，裂隙岩体的结构与岩石具有相似性，只是考察尺度不同而已。因此，岩体变形的全过程特性可以类比岩石全过程变形曲线进行分析。

前面讨论了裂隙岩体的弹性应力-应变关系和强度特性，其中已经包括了岩体受压和受拉情况下的模型，本章将概略讨论岩体的受拉变形、受压变形、破坏的全过程特征。

第一节　岩体变形过程分析的基本思想

一、岩体的连续变形和非连续变形

广义地讲，材料变形可以分为两种类型，即连续变形和非连续变形。连续变形一般由应力-应变关系描述；而非连续变形则是材料的破裂行为，或沿已有破裂面的变形行为，受强度理论控制。

在连续介质理论中，弹塑性力学将介质的微观非连续变形描述为塑性流动变形，采用流动法则纳入本构模型统一表述；而损伤力学则将材料的微观破坏称为损伤演化，采用损伤演化模型一并描述。这些描述方法对于多数非脆性材料是恰当的，也是有效的。

但是，一方面，裂隙岩体在常温常压下多数为脆性介质，破裂方式并非流动变形；另一方面，岩体破裂是宏观过程，存在显著的断裂力学效应，而损伤力学却忽略了这个效应。

我们认为，裂隙岩体的变形与破坏力学行为受岩体结构随机特性、结构面变形的断裂力学效应，以及应力环境的影响，是一种统计断裂力学行为。裂隙岩体的变形与破坏行为应该采用统计岩体力学应力-应变关系和强度理论描述。

二、岩体变形过程分析的基本思想

裂隙岩体的全过程变形曲线应当包括图 7.1 中的几个阶段：①受拉变形阶段（O 点向负轴的变形段）；② 模量增大的弹性压密变形阶段（O—A 段）；③ 线弹性变形阶段（A—B 段）和弹塑性变形阶段（B—C 段）；以及④峰后变形阶段（C 点后的变形阶段）。

岩体的变形过程是其连续变形和破坏的协同行为和相互转化过程。两种变形模式的转化表现为岩体变形过程曲线分段的转化（图 7.1）。

根据岩体变形的实际过程认识，岩体变形过程分析的基本思路是：

（1）受拉变形阶段（O 点向负轴的变形段）：岩体变形的张应力与张应变曲线，当张应力达到抗拉强度时破裂。

（2）弹性压密变形阶段（O—A 段）：由压应力下岩体的应力-应变关系决定，考虑结构面压缩和剪切变形贡献。

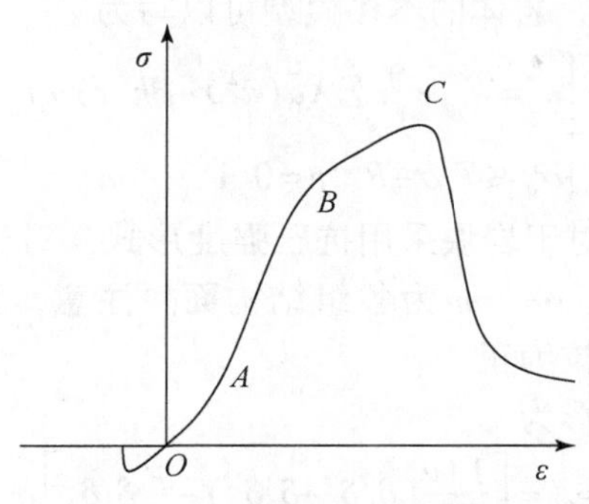

图 7.1　岩体全过程变形曲线

（3）线弹性-弹塑性变形阶段（A—C 段）：由压应力下岩体的应力-应变关系决定。当任一组结构面达到抗压强度时，由结构面滑移引起塑性应变增量。

（4）峰后变形阶段（C 点后的变形阶段）：连续岩石破裂或结构面非稳定扩展引起，岩体的残余强度由结构面控制的抗压强度决定。

图 7.2 显示了按照这一思想计算出的不同围压下岩体全过程应力-应变曲线。

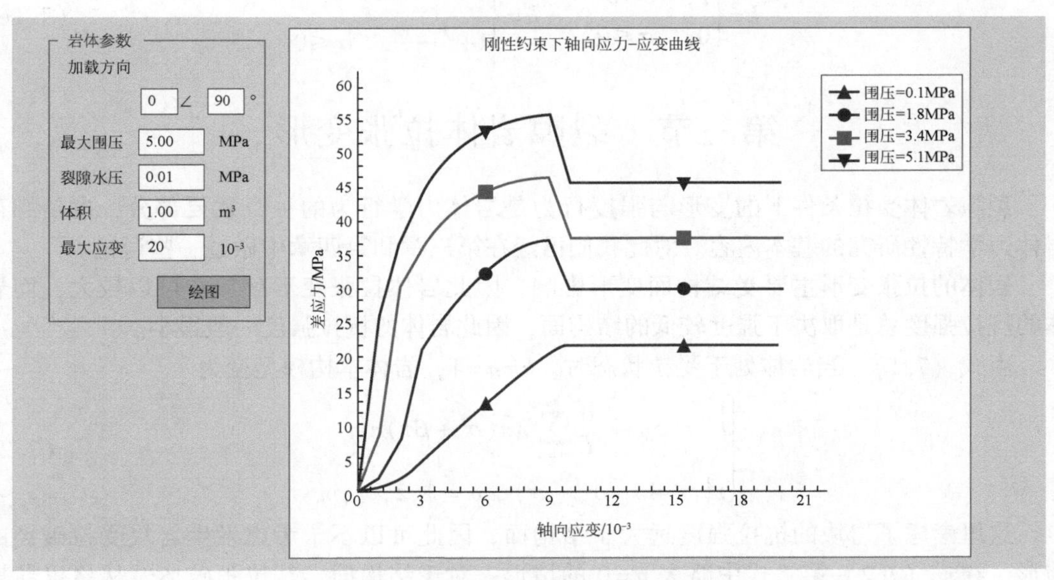

图 7.2　岩体的 SMRM 全过程变形曲线

第二节　裂隙岩体本构模型

按照连续介质力学的思维模式，岩体的本构模型是完整描述岩体等效连续变形应力-应变关系的模型，由弹性应力-应变关系和强度模型（屈服面）构成。由第三章式

(3.55) 和第四章式 (4.41), 岩体的本构模型可以写为

$$\begin{cases}\varepsilon_{ij}=\varepsilon_{0ij}+\dfrac{\alpha}{E}\sum\limits_{p=1}^{m}\lambda\bar{a}(k^2\sigma+\beta h^2\tau)n_in_j\\ \sigma_{st}\leqslant T_p\sigma-R_p,p=0,1,\cdots,m\end{cases}\tag{7.1a}$$

式中, 第二式为强度判据, 对于岩块采用抗压强度形式, 对于结构面采用抗剪强度形式; 下标 $p=0$ 为岩块, $p=1, 2, \cdots, m$ 为各组结构面。注意, 为了与连续介质力学规定一致, 式 (7.1a) 中正应力取拉为正。

式 (7.1a) 中岩块的变形为

$$\varepsilon_{0ij}=\left[\frac{1+\nu}{2E}(\delta_{is}\delta_{jt}+\delta_{it}\delta_{js})-\frac{\nu}{E}\delta_{ij}\delta_{st}\right]\sigma_{st}\tag{7.1b}$$

而结构面或岩石剪切面上的正应力 (σ) 和剪应力 (τ) 则由下列各式计算

$$\sigma=\sigma_{11}n_1^2+\sigma_{22}n_2^2+\sigma_{33}n_3^2+2(\sigma_{12}n_1n_2+\sigma_{13}n_1n_3+\sigma_{23}n_2n_3)\tag{7.1c}$$

$$p_i=\sigma_{i1}n_1+\sigma_{i2}n_2+\sigma_{i3}n_3,\quad i=1,\ 2,\ 3$$

$$\tau=\sqrt{(p_1^2+p_2^2+p_3^2)-\sigma^2}\tag{7.1d}$$

并由此可计算得到结构面的应力状态系数 (k) 和剩余剪应力比值系数 (h) 为

$$k=\begin{cases}1, & \sigma>0\\ 0, & \sigma\leqslant 0\end{cases},\qquad h=\begin{cases}1, & \sigma>0\\ 1+\dfrac{f\sigma-c}{\tau}, & \sigma\leqslant 0\end{cases}\tag{7.1e}$$

第三节　裂隙岩体拉张变形

裂隙岩体受拉条件下的变形与强度行为是岩体力学行为的一个重要部分, 也是卸荷岩体力学特性研究的基本内容。对此我们已经在第三章和第四章中做过一些讨论。

岩体的拉张变形主要受结构面变形影响, 因此岩体拉张变形量常常可以较大; 而岩体的抗拉强度总是取决于强度较低的结构面, 因此岩体的抗拉强度一般很小。

由式 (7.1), 当岩体处于受拉状态时, $k=h=1$, 岩体本构模型变为

$$\begin{cases}\varepsilon_{ij}=\varepsilon_{0ij}+\dfrac{\alpha}{E}\sum\limits_{p=1}^{m}\lambda\bar{a}(\sigma+\beta\tau)n_in_j\\ \tau^2\leqslant 4\sigma_t(\sigma_t+\sigma),\ p=1,2,\cdots,m\end{cases}\tag{7.2}$$

这里考虑了岩块的抗拉强度远大于结构面, 因此可以不予考虑发生岩块受拉破裂的情形, 在式 (7.2) 第二式中略去 $p=0$ 的情形; 对于结构面, 其拉张破坏遵从格里菲斯 (Griffith) 理论, 因此式 (7.2) 第二式采用格里菲斯判据。

我们仍然沿用式 (3.55) 的岩体应力-应变关系模型来描述裂隙岩体的受拉变形, 考虑张应力 σ_{11} 与张应变 ε_{11} 的关系, 它与式 (7.2) 是一致的。由于岩体受拉变形基本不受非轴向荷载的影响, 这里忽略其他应力分量。式 (3.55b) 可写为

$$\sigma_{11}=\frac{2E}{2+\alpha\beta\sum\limits_{p=1}^{m}\lambda\bar{a}\cos^2\delta(2-\nu\cos^2\delta)}\varepsilon_{11}\tag{7.3}$$

这就是岩体的拉张应力-应变关系，其中 $n_1=\cos\delta$ 为结构面法线与荷载方向的夹角余弦，α、β 意义同前。

式（7.3）中，应变 ε_{11} 的系数项就是岩体拉张变形的弹性模量。顺便地，岩体拉张状态下的泊松比可以写为

$$\nu_{21}=-\frac{\varepsilon_{22}}{\varepsilon_{11}}=\nu\cdot\frac{2\pi+\alpha\beta\sum_{p=1}^{m}\lambda\bar{a}n_1^2n_2^2}{2\pi+\alpha\beta\sum_{p=1}^{m}\lambda\bar{a}(2-\nu n_1^2)n_1^2} \tag{7.4}$$

式中，ν 为岩块的泊松比；$n_2=\cos\delta_2$ 为结构面法线与泊松效应方向的夹角余弦。显然有 $\nu_{21}<\nu$。

上述变形特性限制在岩体的抗拉强度范围内。而各组结构面的抗拉强度已由判据式（4.48）确定为

$$\sigma_{11}=\frac{K_{\mathrm{Ic}}}{\cos\delta}\sqrt{\frac{\pi}{2\beta a_{\mathrm{m}}(2-\nu\cos^2\delta)}} \tag{7.5}$$

注意，这里并未考虑与拉应力垂直的主应力 σ_2 和 σ_3 的影响，因为材料的抗拉强度通常只受最大拉应力的影响。

岩体的拉张变形受变形应力式（7.3）和抗拉强度应力式（7.5）协同控制。在抗拉强度范围内，由变形控制，达到抗拉强度则由强度判据控制。

第四节　裂隙岩体压缩变形

裂隙岩体压密与弹性变形由岩块和结构面两个部分的变形构成。岩块变形已经包含在其弹性变形模型中，本节将重点考察结构面对岩体变形的贡献。

这里所说的结构面压密阶段的变形由两个部分构成：结构面的压密变形和伴随这一过程发生的结构面剪切变形。结构面的这两种变形不仅与岩体结构状态有关，也与系数 k 与 h 的作用有关。本节我们首先讨论这两个系数，再讨论岩体的压缩变形。

一、关于系数 k 与 h 的进一步讨论

在第三章中我们定义了 k 和 h 两个反映结构面应力状态的系数，并看到了它们在决定结构面力学效应，刻画岩体力学行为中的重要意义。

但是结构面一般并不是光滑的平面，结构面的接触方式也并不是全面积接触，多数情况下是点状或分散性微面接触。这就决定了结构面在承受压应力作用时会发生压缩变形，剪切变形也是在这种接触方式下发生的。而岩体的宏观变形正是结构面的这种微观变形整体体现。

1. 结构面法向应力状态系数 k 的取值

第二章已经提及，结构面隙宽随着法向压力增大呈负指数递减规律，即式（2.50）。这表明结构面闭合变形伴随着接触点屈服和接触面积增大的过程。为了应用方便，用岩块的单轴抗压强度代替法向压缩模量，即令 $K_n=\alpha\sigma_c$，有

$$t=t_0 e^{\frac{\sigma}{\alpha\sigma_c}}$$

式中，t_0 和 t 分别为最大隙宽和对应于压应力 σ 的隙宽；σ_c 为岩石的单轴抗压强度。经验表明，当结构面压应力 $\sigma\geqslant\frac{1}{3}\sigma_c$ 时，结构面接近完全闭合。令此时的 $t=0.03t_0$，可得 $\alpha=0.095$。我们可以根据这一规律调整结构面受压状态系数的定义，取 $k(\sigma)=t/t_0$，有

$$k(\sigma)=\begin{cases}1, & \sigma>0\\ e^{10\frac{\sigma}{\sigma_c}}, & \sigma\leqslant 0\end{cases} \tag{7.6}$$

于是当 $\sigma>0$ 即受拉张时 $k=1$；结构面完全闭合，$k\to 0$。

2. 结构面剩余剪应力比值系数 h 的取值

若一个结构面的面积为 A，当有面积 kA 张开时，则有面积（$1-k$）A 闭合。此时接触面部分的法向应力和剪应力分别为 $\sigma^*=\frac{\sigma A}{(1-k)A}=\frac{\sigma}{1-k}$ 和 $\tau^*=\frac{\tau}{1-k}$，所提供的抗剪力为

$$S=-\sigma^*(1-k)A\tan\varphi_j+(1-k)Ac_j$$

由于结构面全面积上的总剪切力为 $T=A\tau$，克服抗剪力后的剩余剪力为

$$\Delta T=T-S$$

并有

$$\tau_r=\frac{\Delta T}{A}=\tau-[-\sigma\tan\varphi_j+(1-k)c_j]$$

因此有剩余剪应力比值为

$$h=\frac{\tau_r}{\tau}=1-\frac{-\sigma\cdot\tan\varphi_j}{\tau}-\frac{(1-k)c_j}{\tau} \tag{7.7}$$

由此可得

$$h=\frac{\tau}{\tau^*}=\begin{cases}0 & \tau\leqslant 0\\ 1-\frac{1}{\tau}[-\sigma\tan\varphi_j+(1-k)c_j] & \tau>0\end{cases} \tag{7.8}$$

此外由式（7.7）还发现，当结构面剩余剪应力 $\tau_r=0$，即极限状态时有

$$\tau=-\sigma\tan\varphi_j+(1-k)c_j=-\sigma\tan\varphi_j+(1-e^{10\frac{\sigma}{\sigma_c}})c_j$$

这是一个结构面黏聚力随法向压应力而增加的曲线。上列各式中体现了以下物理原理：

（1）部分接触的结构面面积承受了全部正应力和剪应力作用。

（2）按照库仑定律，结构面抗剪强度参数（φ_j）保持为常数；但随着结构面法向应力的增加，结构面的黏聚力将增大。

（3）当结构面接触面上的剪应力（τ^*）小于抗剪强度（τ_f）时，取 $\tau_f=\tau^*$，两者互为作用力与反作用力；τ_f 随 τ^* 同步增大，可称为抗剪强度对剪应力的“随长现象”；此阶段 $h=0$，结构面不发生滑移变形。

（4）当 $\tau^*>\tau_f$ 时，则出现剩余剪应力，此时 $h>0$，结构面发生滑移位移。这表明抗剪强度存在“饱和现象”，并随着结构面法向应力（σ）增加而呈比例增长。

二、受压条件下的岩体本构模型

在受压条件下，岩体本构模型可由式（7.1）写为

$$\begin{cases}\varepsilon_{ij}=\varepsilon_{0ij}+\dfrac{\alpha}{E}\sum\limits_{p=1}^{m}\lambda\bar{a}(k^2\sigma+\beta h^2\tau)n_in_j\\ \sigma_{st}\leqslant T_p\sigma-R_p,\ p=0,1,\cdots,m\end{cases}\tag{7.9a}$$

其中，

$$\begin{cases}k(\sigma)=\mathrm{e}^{10\frac{\sigma}{\sigma_c}}\\ h=1-\dfrac{1}{\tau}\{-\sigma\tan\varphi_j+[1-k(\sigma)]c_j\}\end{cases}\tag{7.9b}$$

三、结构面压密引起的岩体轴向压缩变形

为了便于理解，我们考察岩体单元在轴向压应力 $\sigma_{33}<0$ 作用下的压缩变形 ε_{33}。它由结构面的压密变形和结构面剪切滑移变形叠加而成。结构面压密引起的岩体单元压缩变形模型可由式（7.9）改写为

$$\varepsilon_{33}=\frac{\sigma_{33}}{E}+\frac{\alpha}{E}\sum_{p=1}^{m}\lambda\bar{a}n_3^2\sigma\mathrm{e}^{20\frac{\sigma}{\sigma_c}}$$

考虑到 $\sigma=\sigma_{33}n_3^2$，有

$$\varepsilon_{33}=\frac{\sigma_{33}}{E}\left[1+\alpha\sum_{p=1}^{m}\lambda\bar{a}n_3^4\mathrm{e}^{20n_3^2\frac{\sigma_{33}}{\sigma_c}}\right]\tag{7.10a}$$

式（7.10a）也可以写成

$$\sigma_{33}=\frac{1}{1+\alpha\sum\limits_{p=1}^{m}\lambda\bar{a}n_3^4\mathrm{e}^{20n_3^2\frac{\sigma_{33}}{\sigma_c}}}E\varepsilon_{33}\tag{7.10b}$$

显然，在 σ_{33}-ε_{33} 坐标系中，这是一条上凹曲线，随着轴向应力 σ_{33} 的增加迅速收敛于直线 $\varepsilon_{33}=\dfrac{\sigma_{33}}{E}$。

四、结构面滑移引起的岩体轴向压缩变形

同样由式（7.9）可以得到在轴向应力（σ_{33}）作用下结构面滑移引起的岩体单元压缩变形模型。因受压而取 $k=0$，且忽略结构面黏聚力，取 $c_j=0$。为直观起见，仅考虑主应力状态，且等围压即 $\sigma_{11}=\sigma_{22}$ 的情形，由结构面滑移引起的岩体单元轴向压缩变形为

$$\varepsilon_{33}=\frac{\alpha\beta}{E}\sum_{p=1}^{m}\lambda\bar{a}n_3^2h^2t=\frac{\alpha\beta}{E}(\sigma_{33}-\sigma_{11})\sum_{p=1}^{m}\lambda\bar{a}n_3^3\sqrt{1-n_3^2}\,h^2 \tag{7.11a}$$

或

$$\sigma_{33}-\sigma_{11}=\frac{1}{\alpha\beta\sum\limits_{p=1}^{m}\lambda\bar{a}n_3^3\sqrt{1-n_3^2}\,h^2}E\varepsilon_{33} \tag{7.11b}$$

其中，

$$\begin{cases}h=1+\dfrac{\sigma}{t}\tan\varphi_{\mathrm{j}}\\ \sigma=\sigma_{33}n_3^2+\sigma_{11}(1-n_3^2)\\ \tau=(\sigma_{33}-\sigma_{11})n_3\sqrt{1-n_3^2}\end{cases} \tag{7.11c}$$

当轴向应力 σ_{33} 增加，使某组结构面上的剩余剪应力比值系数 $h>0$ 时，该组结构面即被解锁，由式（7.11b）可知（$\sigma_{33}-\sigma_{11}$）$-\varepsilon_{33}$ 曲线的斜率将减小。显然，应力差 $\sigma_{33}-\sigma_{11}$ 值越大，被解锁而发生滑移的结构面组越多，曲线斜率越小。

第五节　裂隙岩体峰后行为

一、岩体轴向压缩变形的峰值行为

岩体的轴向变形应当发生在轴向抗压强度应力范围内。在轴向变形过程中，轴向压缩变形应力与轴向抗压强度应力的大小比较，两种应力中较小者即为实际存在的轴向应力。

我们知道，包含岩石和各结构面组的岩体变形压力，以及岩石和结构面的库仑三轴抗压强度可由式（7.9a）给出。于是对于岩体每个应变步，实际存在的轴向压力由下式中最小的轴向应力决定：

$$\begin{cases}\varepsilon_{33}=\varepsilon_{033}+\dfrac{\alpha\beta}{E}(\sigma_{33\mathrm{d}}-\sigma_{11})\sum\limits_{p=1}^{m}\lambda\bar{a}h^2n_3^3\sqrt{1-n_3^2}\\ \sigma_{33si}=T_i\sigma_{11}-R_i,\ i=0,1,\cdots,m\end{cases} \tag{7.12}$$

式中，σ_{33} 的下标 d 和 s 分别表示变形应力和强度应力；$i=0$ 对应岩块，$i=1$，2，…，m 对应各组结构面；T、R 可参照式（4.41）的定义。

随着应变步增加，岩体变形应力将不断增加，其值由式（7.12）第一式计算。当变形应力大于岩块的三轴抗压强度时，岩块将被压坏，导致其单轴抗压强度值（R_0）丧失，发生轴向应力突降。岩块破坏时的抗压强度即为岩体变形曲线的应力峰值。

二、岩体轴向压缩变形的峰后行为

岩块破坏后，岩体的变形应力将主要受结构面系统轴向抗压强度决定，这就是岩体的残余强度。

岩体轴向压缩变形的峰后曲线可用下式表述

$$\begin{cases} \sigma_{33\mathrm{d}} = \dfrac{1}{\alpha\beta \sum\limits_{p=1}^{m} \lambda \bar{a} n_3^3 \sqrt{1 - n_3^2}\, h^2} E\varepsilon_{33} + \sigma_{11} \\ \sigma_{33\mathrm{s}i} = T_i \sigma_{11} - R_i,\ i = 1, 2, \cdots, m \end{cases} \tag{7.13}$$

其中，第一方程中不再含有岩块变形应力，而第二方程中不再包含岩块三轴抗压强度。

应当提及的是，岩块的破坏将会产生新的破裂面，按照库仑剪破裂理论，新破裂面的法线与轴向压力（σ_{33}）的夹角为45°+φ/2。这组新破裂面对岩体变形的力学效应将在式（7.13）第一式中体现，而其对岩体强度的影响将在第二式中体现。对此暂未做深入谈论。

第八章　高地应力岩体与岩爆

地壳动力学作用，在地壳表层一些部位形成高地应力分布带；而局部地形的变化、工程开挖都会导致应力的重分布和应力集中。这些地质作用和过程导致了岩体的高地应力赋存环境。

高地应力环境会导致岩体的工程性质与力学行为发生一系列重大变化，其突出特点是结构压密、储存高应变能、结构控制失效、岩体承载能力自适应调整、硬岩的脆性破裂即“岩爆”，以及软岩的大变形等。

本章我们主要讨论高地应力下岩体的力学性态、岩爆的机理与岩爆的判据。对于岩爆的防护及地下工程围岩大变形等内容将在后续章节讨论。

第一节　高地应力岩体性态与应变能

一、岩体结构压密

环境应力增高首先导致了岩体不同层次的结构压密，包括岩块中微裂隙和宏观结构面的闭合和压密。

岩石块体中存在各种成因的微裂纹，包括矿物颗粒的晶格缺陷、粒间界面和成岩后构造作用形成的各类微破裂面。在环境压力增加时，张开微裂隙的压密变形，可以用下述圆盘状微裂纹法向压缩变形的数学形式描述：

$$v=\frac{\alpha}{2E}\sigma\sqrt{a^2-r^2}\,,\ 0\leqslant r\leqslant a$$

式中，a 为微裂纹半径；r 为半径变量；σ 为微裂隙法向压缩应力；v 为法向压缩位移；系数 α 定义见式（3.38）。由上式可见微裂隙面法向压缩变形与法向压应力成正比例。

对于宏观结构面的闭合变形，不少科学家进行了实验研究表明，在法向压缩应力（σ）作用下，结构面压缩变形可以表示为

$$\Delta t=t_0(1-\mathrm{e}^{-\gamma\sigma})$$

式中，t_0为结构面最大可压缩变形量，也就是结构面隙宽；γ 为与结构面法向刚度或抗压强度有关的系数。

第七章中我们已经给出了单轴条件下岩体的压密变形计算式（7.3），得

$$\varepsilon_{11}=\frac{1}{E}\left\{1+\alpha\lambda\bar{a}\left[\mathrm{e}^{-20\frac{\sigma}{\sigma_c}}+\beta\,(\tan\delta-\tan\varphi)^2\right]\right\}\cos^4\delta\cdot\sigma_{11}$$

例如，当取岩块变形参数为 $E=20\mathrm{GPa}$，$n=0.3$，$\sigma_c=50\mathrm{MPa}$；岩体含一组结构面，并取 $\lambda=10/\mathrm{m}$，$\bar{a}=1\mathrm{m}$，$\delta=30°$，$c=0\mathrm{MPa}$，$\varphi=25°$时，有岩体的轴向压缩应变为

$$\varepsilon_{11}=0.317\times10^{-3}(1+17.4\mathrm{e}^{-0.3\sigma_{11}})\sigma_{11}$$

当取 $\sigma_{11}=10\mathrm{MPa}$ 时，$\varepsilon_{11}\approx6\times10^{-3}$，对于长 $1\mathrm{m}^3$ 的岩体，轴向压密变形量为6mm，其中岩块压缩、结构面压缩和剪切变形分别占40%、46%和14%。当 $d=45°+\varphi/2$ 时，由结构面剪切引起的压缩变形比例达到最大。

二、“波速异常”现象与岩体完整性

在我国的工程岩体质量分级体系中，提出用指标

$$K_v=\left(\frac{V_{Pm}}{V_{Pr}}\right)^2$$

来刻画岩体工程性质的好坏，称为岩体“完整性系数”，其中 V_P 为声波纵波速度值，下标 m 和 r 分别表示岩体和完整岩块。

提出这一指标是因为在常应力下，测试结果证实了结构面的存在会降低岩体的声波传播速度，岩体越破碎则波速值越低。于是显然应有 $0\leqslant K_v\leqslant 1$。另一方面弹性动力学也已证明，纵波速度与介质弹性模量存在正相关关系，即 $V_P^2=\frac{E}{\rho}$，式中，ρ 为介质密度。于是人们有充分理由根据岩体的 K_v 取值来确定岩体的质量级别。

国内外也大量采用体积节理数（J_v）来刻画岩体完整性，并建立了 J_v 与 K_v 的对应关系。这表明 J_v 反映了与 K_v 同样的物理意义。

但是，在高地应力环境下发现“波速异常”现象，打破了这个被普遍接受的规律。测试表明，高地应力区岩体的波速值显著大于取样岩心的波速值，甚至可以增大 40% 以上（图 8.1）。这一现象导致了对岩体完整性评价中波速的取值出现疑惑，人们往往把大于岩块的岩体波速值当作异常值予以舍弃，以保证 K_v 数值小于 1.0。

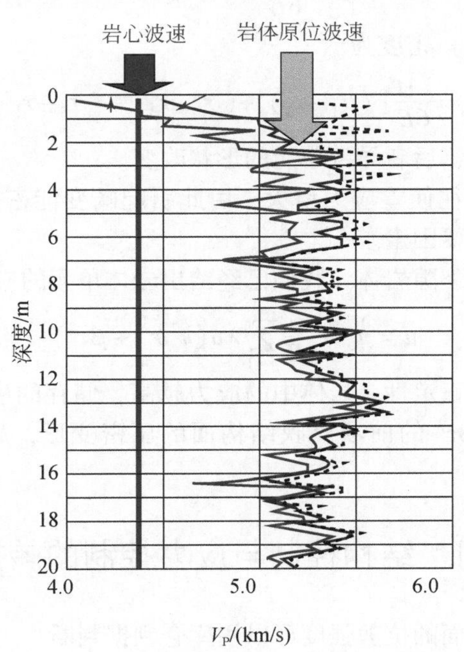

图 8.1　小湾水电站坝基岩心与岩体波速比

事实上，这一现象反映出两个问题：

一是，两种波速测量条件的不一致。在常应力条件下，岩体波速小于岩块波速，是因为岩块在原位和取心状态下的性态相差较小，而差别仅仅由岩体结构面引起。但在高地应力条件下，岩块处于压密和高应变能状态，而取芯后则产生了卸荷松弛，因此两者的波速不同。

二是，“波速异常”现象的实质是岩体受压而结构面力学效应消失，岩体连续性增强。这个现象告诉我们，现有岩体质量分级方法中对高地应力作用一律进行降级折减的方法是不合理的。

三、岩体应变能

在较高的地应力环境中，岩体将储存一定的应变能。人们对这个问题的认识是从岩体开挖中回弹变形和岩爆现象感受到的。

按照弹性理论，单位体积岩块所储存的应变能即应变能密度为

$$u_0=\frac{1}{2E}\left[\sigma_1^2+\sigma_2^2+\sigma_3^2-2\nu(\sigma_1\sigma_2+\sigma_1\sigma_3+\sigma_2\sigma_3)\right] \tag{8.1a}$$

由于弹性应变能密度函数是正定函数，环境应力越高，储存的应变能就越高。

应变能密度可以分解为两个部分，即体积改变能密度为

$$u_{0\mathrm{v}}=\frac{1-2\nu}{6E}(\sigma_1+\sigma_2+\sigma_3)^2 \tag{8.1b}$$

和形状改变能（即畸变能）密度为

$$u_{0\mathrm{d}}=\frac{1+\nu}{6E}\left[(\sigma_1-\sigma_2)^2+(\sigma_2-\sigma_3)^2+(\sigma_3-\sigma_1)^2\right] \tag{8.1c}$$

前者导致单元的体积压缩，后者导致单元的形状改变。

岩体开挖应力调整往往使差应力增大，由此引起畸变能密度的增加。而畸变能密度常常是导致单元破坏的主要因素。

对于含结构面网络的裂隙岩体，我们已经给出岩体单元的应变能形式为

$$u = u_0 + \frac{\alpha}{E}\sum_{p=1}^{m}\lambda\bar{a}(k^2\sigma^2 + \beta\tau^2) \tag{8.2}$$

同理由于上式各项的正定性，岩体中的应力越高，储存的应变能就越高。一般来说，式（8.2）中 u_0 和 $k^2\sigma^2+\beta\tau^2$ 的前项反映结构面的压密变形，而后项反映结构面的剪切变形。

四、结构控制与应力控制的转换

常应力条件下，结构面的抗剪强度可以用库仑判据判断

$$\tau=\sigma\tan\varphi+c \tag{8.3a}$$

式中，τ 是结构面上的剪应力；$\sigma\tan\varphi+c=s$ 是结构面的抗剪强度。也可以用结构面剩余剪

应力比值系数［式（3.33）］表述为

$$h=\frac{\tau-(\sigma\tan\varphi+c)}{\tau} \tag{8.3b}$$

当结构面上的剪应力大于抗剪强度，即当 $\tau>\tau_f$ 时，$0<h<1$，将发生沿结构面的剪切滑动，在宏观上表现为岩体变形或岩体滑动破坏。这就是岩体力学性质的结构面控制，或者称为结构控制论。

在较高的法向应力作用下，当结构面上剪应力小于抗剪强度的状态，即 $\tau<\tau_f$ 时，结构面处于"应力锁固"状态，按照牛顿第三定律，此时结构面实际发挥出来的抗剪强度与剪应力相等，因此有 $h=0$。此时岩体的变形破坏受应力控制。这个现象就是岩体结构控制的"失效"。

因此，判据式（8.3b）实际上是岩体力学行为的"结构控制与应力控制转换条件"，可称为"h 判据"。这个转换条件对于认识高地应力环境下岩体的力学行为具有重要的意义。

岩体中环境应力的增高，实际上是提高了岩体的潜在抗剪强度，也就是提高了应力对结构面变形破坏控制的范围。而岩体的工程开挖卸荷，则是一个逆过程，即由于环境应力降低导致的结构控制恢复。

五、岩体承载能力的自适应调整

高地应力下的岩体开挖中，岩体发生变形或破坏，应力场将做出重分布调整。这种调整是岩体对其承载能力的一种自适应调整。这种现象在地下工程围岩中更为显见，也研究得较为充分。新奥地利隧道施工方法在这方面已经做出有益的探索。

我们借用地下工程围岩为例做简要说明，暂不涉及岩体结构面的影响，但原理是一致的。

我们知道，岩体在某一方向上抗变形能力和强度都会因侧向压应力增强而增强，这种规律可以用胡克定律和库仑强度模型表述为

$$\varepsilon_1=\frac{1}{E}[\sigma_1-\nu(\sigma_2+\sigma_3)] \tag{8.4}$$

$$\sigma_1=\sigma_3\tan^2\left(45°+\frac{\varphi}{2}\right)+\sigma_c \tag{8.5}$$

当洞室开挖使径向应力（σ_3）降低时，围岩将通过回弹或松弛变形做出响应；而 σ_3 的降低也使周向应变增大［式（8.4）］。松弛变形还将使表层围岩抗压强度降低，导致围岩表面发生破裂变形［式（8.5）］，降低围岩的承载能力，并降低围岩周向应力（σ_1）。

另一方面，径向应力（σ_3）向围岩内部的增加，使围岩承受周向应力（σ_1）的能力以大于 $3\sigma_3$ 的倍数提高［式（8.5）］，周向应力集中带自然向围岩内部移动。

岩体正是通过这种自我调节过程寻求其抵抗变形破坏能力与应力场的新平衡，并且在强度极限范围内使自承能力达到最佳配置。

对于工程的地质安全控制，任何工程措施都只能是对岩体自承能力的一个补充。充分发挥围岩自承能力，恰当运用工程结构来辅助围岩控制变形破坏，达到“四两拨千斤”的目的，是工程防灾的一条重要思路。

认识高地应力下岩体自适应调整能力的意义在于两个方面：

一是容许这一过程发生和发展，对于恰当选择支护时机和方式，有效发挥和调动岩体的能动性，具有积极的意义。我们可以将此称为工程灾害“主动”调控思想。

二是有利于把握支护力度。岩体开挖可能引起破碎松动圈或次生张应力，使表面围岩承载力降低，但是内移的强度增高带会自动发挥支撑作用。因此可以容许表面一定范围内的岩体带伤工作，而将支护力度控制在确保围岩强度增高带正常工作的状态。

第二节　岩 爆 机 理

岩爆是岩体的一种快速破裂和能量快速释放现象，常常造成灾害性损失。在高地应力地区或深埋条件下岩体开挖工程中十分常见。

较早的岩爆事故报道于1738年英国南史塔福煤田的莱比锡煤矿和1908年南非金矿。至1975年南非金矿岩爆上升至一年680次。阿尔卑斯山区、日本、德国、苏联、美国、加拿大、智利、瑞典等的矿山、隧道、引水隧洞等都出现强度不等的岩爆事件。

在中国抚顺胜利煤矿等矿山，1949~1997年发生过2000多起煤爆事件。岷江渔子溪一级水电站和南盘江天生桥二级水电站引水隧洞、川藏公路二郎山隧道、秦岭铁路隧道、瀑布沟水电站地下厂房和锦屏二级水电站辅助洞等，都曾经是岩爆强烈显现的工程。

自人类首次发现岩爆灾害以来，岩爆的研究工作就从来没有停止过。特别是20世纪70年代以来，在岩石脆性特征、岩爆形成机理、岩爆判据、岩爆预测与监测预报、岩爆防护等方面开展了大量的研究工作。

一、岩爆发生的地质条件

岩爆是岩石的脆性破裂过程。为了寻求岩爆预测判据，人们对岩石脆性特征和发生脆性破裂的应力与岩体结构条件进行了大量的试验测试和理论研究。

1. 岩石的脆性

格里菲斯（Griffith）理论提出脆性材料的单轴抗压强度与抗拉强度的关系，即 $\sigma_c=8\sigma_t$。Heard 把破裂前应变不超过3%的破裂视为脆性破裂。Singh 则认为，岩石的脆性破坏是岩爆发生的必要条件之一，并提出由下列两个式子确定岩石的脆性：

$$B_1=\frac{\sigma_c-\sigma_t}{\sigma_c+\sigma_t},\ B_2=\sin\varphi$$

式中，φ 为岩石的内摩擦角。这就是说，岩石的脆性特性不仅与其拉、压强度的相对关系

有关，也与它的内摩擦角有关。

我们整理中国水利水电工程部门大量岩石力学试验成果发现，Griffith 倍数并不是一个常数，对于多数坚硬岩石有$\frac{\sigma_c}{\sigma_t}=8\sim12$，大约 94% 岩石为$\frac{\sigma_c}{\sigma_t}>8$，75% 为$\frac{\sigma_c}{\sigma_t}>10$，31% 为$\frac{\sigma_c}{\sigma_t}>11$。

因此我们可以大致写出岩石单轴抗压强度与抗拉强度的如下关系式

$$\sigma_c=a\sigma_t\ (a>8) \tag{8.6}$$

并认为满足上述拉-压强度关系的岩石具有脆性性质。

2. 应力条件

Hoek 和 Brown 研究了白云岩、石灰岩和大理岩的破坏准则，提出以下式作为判断岩石脆性和延性破坏的应力界线（图 8.2）：

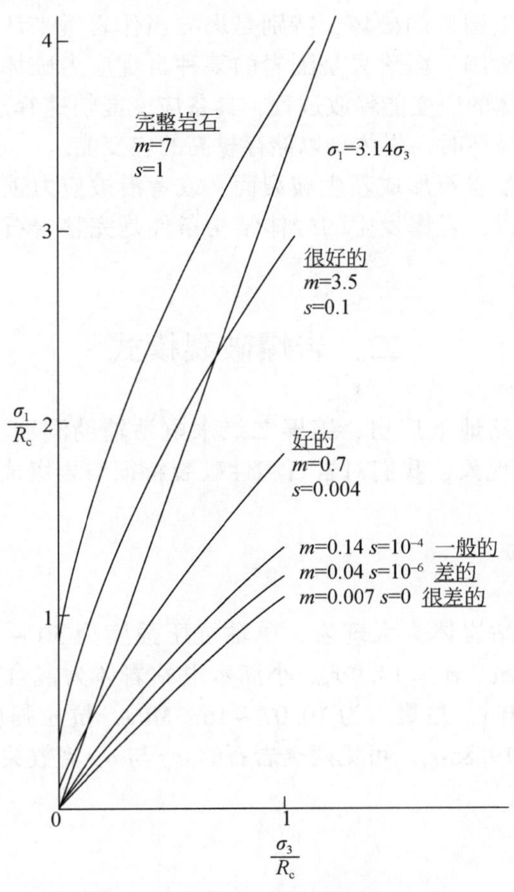

图 8.2　岩石脆性破裂的应力条件

$$\sigma_1 = 3.14\sigma_3 \tag{8.7}$$

显然式（8.7）与式（8.6）具有不同意义，前者反映的是材料性质，而后者反映的是岩石发生脆性破裂的应力条件。

Schwartz（1964）根据 Indiana 灰岩的三轴压缩实验提出了岩石剪切和延性破坏转换的大致界限为

$$\sigma_1 = 4.0\sigma_3$$

Mogi（1966）考察了广泛岩石类型的剪切和延性破坏转换界限为

$$\sigma_1 = 3.4\sigma_3$$

综合考虑岩石的压-拉强度比和应力条件，我们可以写出岩石发生脆性破坏的条件为

$$\begin{cases} \sigma_c > 8\sigma_t, & \text{材料条件} \\ \sigma_1 > 3.14\sigma_3, & \text{应力条件} \end{cases} \tag{8.8}$$

3. 岩体结构面锁固

人们常常把地下硐室围岩的破坏，特别是塌方当作岩爆来认识，这是一种误解。受结构面控制的多数围岩滑塌、坍落只是围岩的某种自重应力破坏方式，不能划归岩爆范畴。因为岩爆应当是岩体的应变能释放过程，具备应变能快速释放和突发性破坏的特征，而结构面能够发生滑移破坏时，岩体难以储存较高的应变能。

岩爆通常是切过完整岩石形成新生破裂面，或者沿被应力锁固的硬性结构面发生剪切或啃断破坏。这就是说，岩爆发生的岩体结构条件是完整岩石或结构面被应力锁固而形成的准连续岩体。

二、岩爆破裂模式

根据锦屏一级水电站地下厂房、锦屏二级水电站辅助洞和小湾水电站坝基岩体开挖中观察到的岩爆破裂现象，我们对岩石脆性破裂特征与岩爆成因做过初步研究。

1. 岩石脆性特征

锦屏一、二级水电站岩体为大理岩，单轴抗压强度为 50 ~ 129MPa，黏聚力为 9 ~ 11MPa。分析得 $\sigma_c = 8.95c$，$\sigma_c = 14.9\sigma_t$。小湾水电站岩体为混合花岗岩，单轴抗压强度一般为 133.2 ~ 173.61MPa，黏聚力为 10.07 ~ 16.3MPa，抗拉强度为 6.73 ~ 8.72，并有 $c = 1.71\sigma_t$，$\sigma_c = 11.6c = 19.85\sigma_t$。可见两类岩石的 σ_c 与 σ_t 倍数关系均显示出强烈的脆性性质。

2. 岩爆破裂的现象特征

小湾水电站是中国西南澜沧江上的一座坝高 292m 的双曲拱坝。坝基岩体为混合花岗岩，实测最大主压应力在岸坡为 20～35MPa，河谷底部 50m 深度达到 57.37MPa，钻孔岩心强烈饼化。坝基开挖最大铅直厚度达到 90m。

在大坝建基面开挖中可见一系列岩体破裂现象：①开挖面岩体挤压上拱折断，伴随剧烈能量释放［图 8.3（a）］；②刀口状剪出，破裂角一般小于 10°，常为 3°～5°左右，并伴随一定的张开和剪出位移［图 8.3（b）］；③与开挖面平行的大型薄板状破裂，在钻孔中可见破裂面张开数厘米，并错断钻孔的现象；④在爆破面出现“葱剥皮”现象，即在两个爆破孔之间，出现一系列叠瓦状的曲面破裂现象，瓦片厚度一般仅为几个厘米。

(a) 坝基岩体拱裂形态与张性位移　(b) 坝基岩体剪切破裂与张剪性位移

(c) 隧道顶部岩体片状剥离形态与张性特征　(d) 地下厂房墙脚步片状剥离形态

图 8.3　开挖岩体岩爆和张性剪切破裂现象

锦屏一级水电站是中国西南部雅砻江上的一座大型水电站，坝高为 305m。地下厂房硐室群由主厂房、主变室、尾水洞和一系列隧洞组成，主厂房高为 73m、跨度为 28.9m、长为 238m。硐室群布置在巨厚层大理岩中，实测围岩初始最大主压应力达到 35.7MPa。锦屏二级水电站与锦屏一级相邻，是一截取河湾的隧洞引水式发电站。引水隧洞最大埋深达到 2525m，估算地应力最大可达到 70MPa 以上。

锦屏一、二级水电站地下洞室开挖面出现一系列岩爆现象，主要表现为拱脚等部位刀口状张剪性剥离［图 8.3（c）］、直墙部位平行于开挖面的薄板状劈裂，以及墙脚部位的不规则薄片状剥离破坏［图 8.3（d）］。

上述围岩岩爆现象具有如下共同特点：

（1）破裂方式为刀口状薄片剪出、薄板状剥离，以及挤压拱裂，破裂角小至3°～5°；

（2）破裂碎片多具有张开位移和剪切位移，反映出破裂的张性剪裂特征；

（3）多为突发性破裂，伴随一定的能量释放。

3. 岩爆的张、剪性优先破裂模式

事实上，关于岩爆的破裂模式已有大量研究。

Mastin 对打有圆孔的砂岩板的单向压缩模拟试验真实地再现了孔壁崩落现象，并指出它是由于孔壁应力集中导致的张性破裂。

Hajiabdolmajid 等通过实验观测了岩石脆性破裂起始、生长和聚集的微观过程和“V”形剥离破裂现象，指出 Hoek-Brown（H-B）和 Mohr-Coulomb（M-C）判据不能成功预测岩石脆性破裂的范围和深度。

Kaiser 等（2010）指出高应力岩石在临近和远离开挖面部位分别为剥落和剪切破坏，认为用于隧道和支护设计的剪切破坏模型不适合剥离破裂过程。

谭以安将洞室横断面岩爆破坏分为弹射带、劈裂–剪切带、劈裂带，指出岩爆渐进破坏过程分为劈裂成板—剪断成块—块片弹射三个阶段。

王昌明通过现场观察和岩石试件试验分析提出，在较小围压下岩石呈脆性劈裂破坏，而在高围压下则多呈纯剪切破坏，并提出了 Griffith 和 Coulomb-Navier 两种力学分析模型。

可见，人们逐渐开始质疑岩爆的单一压剪破坏模式。

大量数值模拟也显示，在开挖面曲率半径较大的部位常常可能出现次生张应力。虽然其量值不大，但导致了岩体应力状态的根本变化，即从单元体六面受压状态转变为其中一向受拉状态。而岩爆正是发生在受拉面上。

另一方面，岩石材料的强度具有显著的拉–压不对称性。由于岩石块体中存在众多的微裂纹，虽然可以承受较高的抗压强度，却只能承受较小拉应力的作用。这已被无数试验和 Griffith 强度理论证明。

上述两方面就构成了地下工程开挖面附近岩爆发生的应力与材料特性条件。

从理论角度，我们对岩石的压剪、张剪和纯张破裂能量做出粗略的比较。按照弹性理论，当岩石在受压剪和受拉破坏时，极限应变能密度分别应当达到：

$$u_c=\frac{\sigma_c^2}{2E},\quad u_t=\frac{\sigma_t^2}{2E}。\tag{8.9}$$

由于一般有 $\sigma_c>8\sigma_t$，因此有 $u_c>64u_t$。可以证明，张剪性岩爆的破裂能量介于上述二者之间。

由于材料破坏总是遵循最小极限能量优先原则，因此可以得到一个基本判断，岩石的破坏优先序列为

纯张性破裂>张剪性破裂>压剪性破裂

可见在开挖面附近发生的岩爆多数应为张性或张剪性破裂模式。

4. Diederichs 强度包络线与岩爆类型转换

Diederichs（2003）提出了用于预测脆性岩体破坏的强度包络线。该曲线是一条以现场观察为基础的概念曲线，它定性地说明：岩石在低围压条件下破裂时的轴向压应力远小于室内试验单轴抗压强度和 Hoek-Brown 判据预测的强度；在相对较高的围压条件下遵从 M-C 判据的剪切破坏；而在两者的过渡阶段则可能沿劈裂界限破坏，由此形成了一条“S”形强度包络线（图 8.4）。

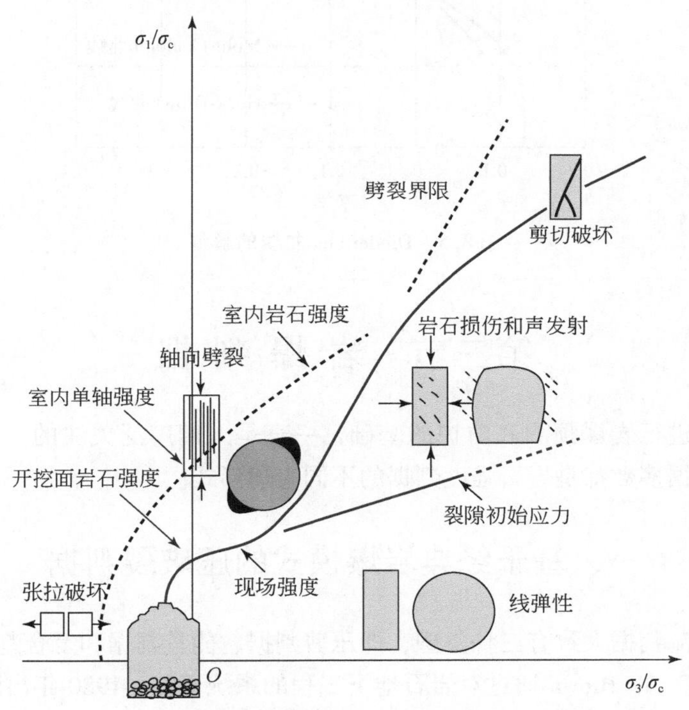

图 8.4　岩石强度的 Diederichs 曲线

按照这条曲线，岩体在较低围压条件下的岩爆破坏主要为拉张破坏和劈裂破坏，而在较高围压条件下的岩爆则为压剪破坏。

这一现象可以用 Griffith 强度曲线、Hoek-Brown 脆性–韧性界线即式（8.7）和 Mohr-Coulomb 强度曲线之间的转换来解释。如图 8.5 所示，我们取岩石的抗拉强度为 $\sigma_t=7.5\text{MPa}$，内摩擦角为 $\varphi=40^{\circ}$，黏聚力为 $c=2\sigma_t$，做出了三条曲线。在低围压条件下岩石常常为张性或张剪性破裂，遵从 Griffith 曲线；在一定围压条件下沿 Mohr-Coulomb 曲线发生压剪性破坏，两者之间有一段则可能发生张剪性或劈裂破坏；而在较高围压条件下则遵循类似 Hoek-Brown 曲线准则。

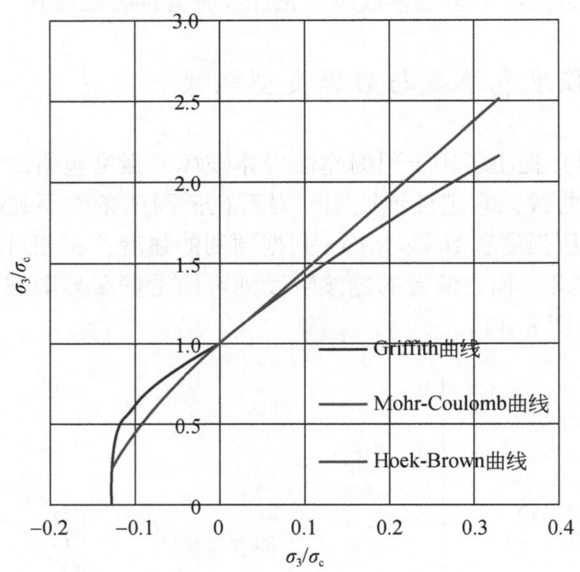

图 8.5　Diederichs 曲线的解释

第三节　岩 爆 判 据

岩爆判据是进行岩爆预测和防护的基础，一直是人们广泛关注的一个基本问题。目前采用的岩爆判据多数都是岩石强度判据的不同表述形式。

一、基于经典岩爆模式的压破裂判据

目前岩爆主流判据大致有三种类型，即压剪判据、能量判据和复合判据。

E. Hoek 和 E. T. Brown 通过对岩石地下工程的系统研究，1980 年出版了 *Underground Excavations in Rock*，提出了围岩破裂机制的认识（Hoek and Brown，1980a），认为岩爆是高地应力区洞室围岩剪切破坏作用的产物。这个认识具体表述为如下的岩爆判据和分级：

$$\frac{\sigma_{\max}}{\sigma_c}=\begin{cases}0.34, & \text{少量片帮，Ⅰ级}\\ 0.42, & \text{严重片帮，Ⅱ级}\\ 0.56, & \text{需重型支护，Ⅲ级}\\ >0.70, & \text{严重岩爆，Ⅳ级}\end{cases} \tag{8.10}$$

式中，$\sigma_{\max}$ 为隧道断面最大周向压应力；σ_c 为岩石单轴抗压强度。H-B 判据反映了一个基本思想，即岩爆是岩石的压剪破坏，岩爆发生的可能性可采用应力-强度比来判断。

其他一些岩爆判据也都反映着这个基本理念。例如，Turchaninov 根据科拉岛矿井建

设的经验提出的T方法：

$$
\begin{cases}
\dfrac{\sigma_{\theta\max}+\sigma_L}{\sigma_c}\leqslant 0.3, & \text{无岩爆} \\
0.3\leqslant\dfrac{\sigma_{\theta\max}+\sigma_L}{\sigma_c}<0.5, & \text{可能有岩爆} \\
0.5\leqslant\dfrac{\sigma_{\theta\max}+\sigma_L}{\sigma_c}<0.8, & \text{肯定有岩爆} \\
\dfrac{\sigma_{\theta\max}+\sigma_L}{\sigma_c}\geqslant 0.8, & \text{有严重岩爆}
\end{cases}
$$

式中，σ_L 是洞室的轴向应力。Russense 建立了洞室最大周向应力（σ_θ）与岩石点荷载强度（I_s）的关系，再把 I_s 换算成岩石的单轴抗压强度（σ_c）得到如下判据：

$$
\begin{cases}
\dfrac{\sigma_\theta}{\sigma_c}<0.20, & \text{无岩爆} \\
0.20\leqslant\dfrac{\sigma_\theta}{\sigma_c}<0.30, & \text{弱岩爆} \\
0.30\leqslant\dfrac{\sigma_\theta}{\sigma_c}<0.55, & \text{中岩爆} \\
\dfrac{\sigma_\theta}{\sigma_c}\geqslant 0.55, & \text{强岩爆}
\end{cases}
$$

在中国，杨淑清、陆家佑、王兰生、侯发亮等先后对岩爆的机理进行了地质力学研究。徐林生、王兰生根据二郎山公路隧道施工中记录的200多次岩爆资料，提出如下改进的岩爆判据：

$$
\begin{cases}
\dfrac{\sigma_\theta}{\sigma_c}<0.3, & \text{无岩爆} \\
\dfrac{\sigma_\theta}{\sigma_c}=0.3\sim0.5, & \text{轻微岩爆} \\
\dfrac{\sigma_\theta}{\sigma_c}=0.5\sim0.7, & \text{中等岩爆} \\
\dfrac{\sigma_\theta}{\sigma_c}>0.7, & \text{强烈岩爆}
\end{cases}
$$

陶振宇在 Barton、Russense 和 Turchaninov 等研究的基础上，提出了岩爆发生的判据：

$$
\frac{\sigma_c}{\sigma_1}\leqslant 14.5
$$

并做出了岩爆分级表。

除了上述反映压剪破坏认识的岩爆判据外，也有不少根据岩爆能量提出的判据，其基本思想是根据岩块加卸载过程中弹性应变能（φ_{sp}）和耗损应变能（φ_{st}）的比值，即弹

性能量指数 $W_{et}=\frac{\varphi_{sp}}{\varphi_{st}}$来判断岩爆发生的可能性与强烈程度。谷明成基于秦岭隧道的研究提出了以下综合判据：

$$\begin{cases}\sigma_c \geqslant 15\sigma_t \\ W_{et} \geqslant 2.0 \\ \sigma_\theta \geqslant 0.3R_c \\ K_v > 0.55\end{cases}$$

式中，K_v 为岩体的完整性系数。上式第一项是岩石脆性条件，第二项是岩爆能量条件，第三项是岩爆应力–强度条件，第四项是岩体完整性条件。

综合上述可见，目前常用的岩爆判据本质是 Mohr-Coulomb 强度理论的一种体现。

我们知道，Mohr-Coulomb 判据（M-C 判据，图 8.6）

$$\tau=c+\sigma\tan\varphi$$

或

$$\sigma_1=\sigma_3\tan^2\theta+\sigma_c$$

的一个重要推论是岩石的破裂角，即破裂面与最大主压应力的夹角

$$\beta=\frac{\pi}{4}-\frac{\varphi}{2} \tag{8.11}$$

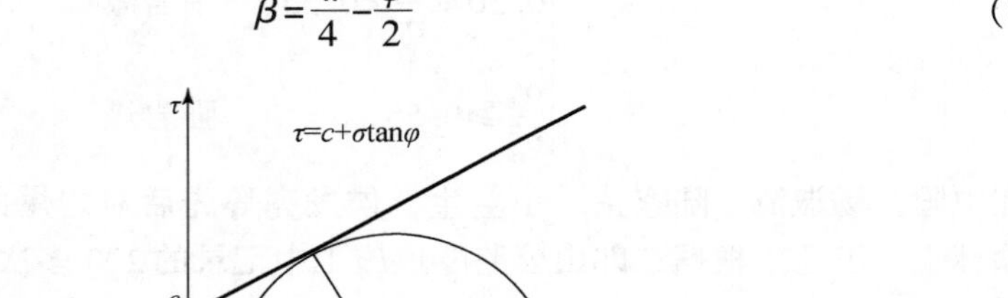

图 8.6　库仑抗剪强度包络线

二、Griffith 判据（G 判据）

Griffith 较早研究了玻璃材料的破坏。他认为材料的破裂是从微裂纹开始的，当裂纹尖端周向拉应力达到岩石的抗拉强度时破裂过程启动。

Griffith 平面问题的破裂判据表述为下述的主应力形式（图 8.7）：

$$\begin{cases}\sigma_3=-\sigma_t, & 3\sigma_3+\sigma_1 \leqslant 0 \\ \dfrac{(\sigma_1-\sigma_3)^2}{\sigma_1+\sigma_3}=8\sigma_t, & 3\sigma_3+\sigma_1>0\end{cases} \tag{8.12}$$

式中，σ_t 为岩石的抗拉强度。式（8.12）中第一式为纯张性破裂；而第二式则以 $\sigma_3=0$

为界，从张剪性过渡到压剪性破裂。

上述第二式中，当 $\sigma_3=0$ 时有

$$\sigma_1=\sigma_c=8\sigma_t \tag{8.13}$$

这就是前面提到的岩石脆性的压-拉强度 Griffith 倍数。

由图 8.7 可见，当存在张应力时，岩石可以在最大主压应力（σ_1）小于单轴抗压强度（σ_c）的条件下发生破坏。这也进一步支持了前述张性和张剪性岩爆优先的论断。

式（8.12）也可以转化为抗剪强度曲线形式：

$$\tau^2=4\sigma_t(\sigma_t+\sigma) \tag{8.14}$$

式中，σ 和 τ 为破坏面上的正应力和剪应力，强度曲线如图 8.8 所示。由上述判据可知，当 $\sigma=0$ 时有

$$\tau=C=2\sigma_t \tag{8.15}$$

也就是说，Griffith 意义下岩石的黏聚力为抗拉强度的二倍。

由式（8.14）可以求得剪切破裂角的表达式：

$$\beta=\frac{1}{2}\arccos\frac{4\sigma_t}{\sigma_1-\sigma_3} \tag{8.16}$$

将这个角度示意在图 8.8 中。可见随着相切应力圆左移，即 σ_3 趋向于张应力，岩石的破裂角将减小。当 $\sigma_3\to-\sigma_t$ 的纯张破坏时，破裂角减小到 0°，这就是拉断破裂面垂直于拉张作用力的力学解释。

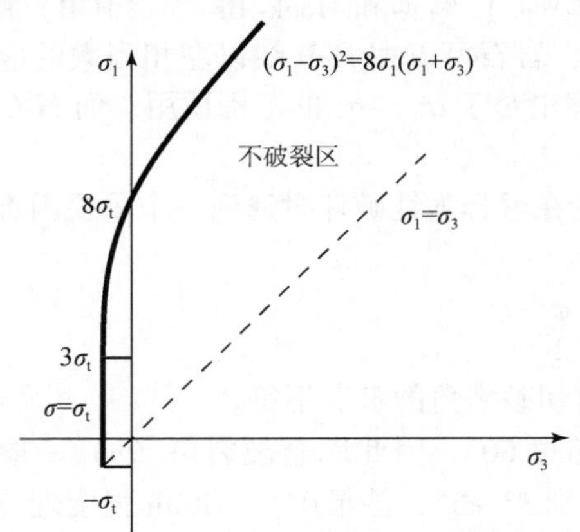

图 8.7　Griffith 判据的主应力形式

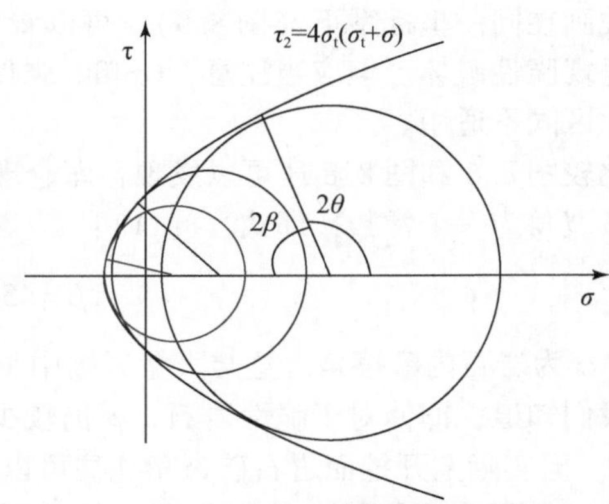

图 8.8　Griffith 剪切强度曲线

Murrell（1963）对平面 Griffith 理论进行了三维推广，得到三维破裂判据：

$$(\sigma_1+\sigma_t)(\sigma_2+\sigma_t)(\sigma_3+\sigma_t)=0 \tag{8.17a}$$

$$(\sigma_1-\sigma_2)^2+(\sigma_1-\sigma_3)^2+(\sigma_2-\sigma_3)^2=24\sigma_t(\sigma_1+\sigma_2+\sigma_3) \tag{8.17b}$$

在几何上，这是由三棱锥面［式（8.17a）］和一个抛物面［式（8.17b）］联合构成的 Griffith 强度曲面。棱锥面中三个平面分别为三个纯张破裂强度面，而抛物面则为张剪-压剪强度曲面。抛物面与三个平面的切点坐标为（$5\sigma_t$，$-\sigma_t$，$-\sigma_t$）、（$-\sigma_t$，$5\sigma_t$，$-\sigma_t$）、（$-\sigma_t$，$-\sigma_t$，$5\sigma_t$）。

由式（8.17a）棱锥面的任一平面都可写出张破裂能量判据：

$$u_t=\frac{\sigma_t^2}{2E} \tag{8.18}$$

式（8.17b）也可以改写成能量判据：

$$u_s=\frac{4\sqrt{6}(1+\nu)}{\sqrt{(1-2\nu)E}}\sigma_t\sqrt{u_v} \tag{8.19}$$

其中，

$$u_s=\frac{1+\nu}{6E}[(\sigma_1-\sigma_2)^2+(\sigma_1-\sigma_3)^2+(\sigma_2-\sigma_3)^2]$$

$$u_v=\frac{3(1-2\nu)}{2E}(\sigma_1+\sigma_2+\sigma_3)^2=12(1+\nu)\frac{\sigma_t}{E}\bar{\sigma}$$

分别为畸变能和体变能。因此式（8.17b）实际上是张剪-压剪性破裂的畸变能判据。

可见，Griffith 判据实际上既是应力判据，又是能量判据。当任一主张应力引起的应变能达到张破裂应变能时，岩体优先发生张性破裂，采用能量判据式（8.18）；对于其他情形，采用畸变能判据式（8.19）。

三、G 判据和 M-C 判据对岩石脆性破裂的适用范围

我们将 Griffith（G）判据、Mohr-Coulomb（M-C）判据和 Hoek-Brown（H-B）脆-延破裂线画在同一坐标系下（图 8.9）。可以看出，岩石可以在 H-B 线以左相当大的应力范围内呈现脆性破坏。但应当注意，Griffith 强度理论对于 $\sigma_3>-\sigma_t$ 的范围适用，而 M-C 判据则对此区间不适用。

比较图 8.6 和图 8.8 还可以发现，库仑理论在解释脆性破坏时遇到一个重要困难：岩石的破裂角为一个常数，即式（8.11）：

$$\beta=45°-\frac{\varphi}{2}$$

式中，φ 为岩石内摩擦角。这与大量岩爆中小剪切破裂角的事实不符。

我们知道，即使对于脆性岩石，φ 仍较少超过 60°，因此库仑破裂角（b）一般会大于 15°。但实际上开挖面岩石破裂角往往可以小到 3°～5°，甚至 0°。Griffith 强度理论在解释脆性材料张性或张剪性破坏角方面却得到了较好的理论结果，而 M-C 判据则显然不适用。

值得指出的是，在研究岩爆机理时常常存在一个误区：工程岩体多数处于压剪应力状态，因此认为 Griffith 理论不适用。但事实上，受压状态下岩石的破裂仍是沿着某些方向的微裂纹发生、扩展和连通的，其破裂机制仍然服从 Griffith 理论。

从这样的意义上讲，岩爆判据至少可以包括如下内容

$$\begin{cases}\sigma_c>8\sigma_t, & \text{岩石脆性}\\ \sigma_1>3.14\sigma_3, & \text{剪性岩爆}\\ \sigma_1<-3\sigma_3, & \text{张性岩爆}\end{cases} \tag{8.20}$$

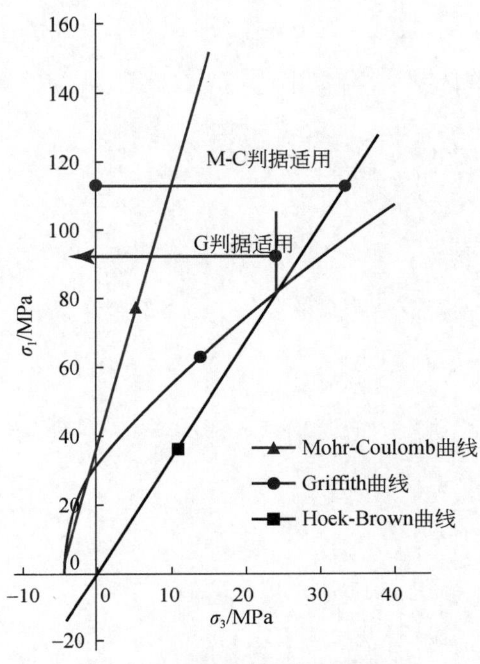

图 8. 9　两类判据的适用范围

式中，第一式为岩石脆性要求；第二式即 Hoek-Brown 曲线为脆性破裂的应力条件；第三式为纯张破裂判据。

第九章　岩体边坡工程应用

岩体边坡工程问题在水利水电、矿山、交通工程，乃至山区城市的各类建设工程中十分普遍，而且涉及的地质条件越来越复杂，边坡规模也越来越大。目前西部水电工程边坡及天然斜坡高度已达到千米量级，而且多数较为陡峻。

岩体边坡工程的一般工作内容大致为边坡基本工程地质条件勘察；边坡地质结构类型与变形破坏模式分析；边坡岩体工程参数分析及变形与稳定性评价；工程处理设计与施工，以及边坡运行期变形与稳定性长期监测等。

本章对岩体边坡工程相关的一些工程地质与岩体力学问题做出简要讨论。

第一节　边坡变形破坏模式与稳定性地质判断

一、边坡地质结构

边坡地质结构是指边坡中的岩性分布、控制性结构面及其与边坡临空面的空间组合关系。边坡地质结构对边坡的变形破坏模式有着重要的控制作用，也决定了所需采用的稳定性分析方法和控制措施。

岩体边坡可以按其介质特征分为两个大类：层状介质边坡和非层状介质边坡。层状介质主要包括沉积岩和副变质岩等成层结构特征较显著的介质；非层状介质则包括此外各种类型的介质。

层状介质边坡结构可以按如下三个要素组合进行分类：边坡介质类型+边坡中控制性地质结构面倾角（β）+控制性地质结构面与边坡主临空面的倾向夹角（δ），如层状陡倾顺斜向边坡等。层状介质边坡结构分类可参考表 9.1；非层状介质边坡结构分类可参考表 9.2。

表 9.1　层状介质边坡结构分类

β \ δ	30°>δ>0°	60°>δ≥30°	120°≥δ≥60°	180°>δ≥120°
≤30°	缓倾同向坡	缓倾斜向坡	缓倾侧向坡	缓倾反向坡
60°>β>30°	中倾同向坡	中倾斜向坡	中倾侧向坡	中倾反向坡
β≥60°	陡倾同向坡	陡倾斜向坡	陡倾侧向坡	陡倾反向坡

表 9.2　非层状介质边坡结构分类

边坡结构类型	岩石类型	岩体特征
块状结构坡	岩浆岩、正变质岩、厚层沉积、火山岩等	岩体呈块状、厚层状，结构面不发育，多为刚性结构面
碎裂结构坡	各种岩石的构造影响带、破碎带、蚀变带或风化破碎岩体	岩体结构面发育，岩体工程力学性质基本不具备层状各向异性特征
散体结构坡	各种岩石的构造破碎极其强烈影响带、强风化破碎带	由碎屑泥质物夹不规则的岩块组成，软弱结构面发育成网状

二、边坡变形破坏模式

岩体边坡变形破坏主要受岩体结构，特别是较大规模结构面的控制。各类边坡的变形破坏基本模式列于表9.3。

表9.3　边坡变形破坏基本模式

介质类型	控制性结构面倾角（β）/(°)	结构面与主临空面夹角（δ）/(°)			
		0～30	30～60	60～120	120～180
层状介质	≤30	一般较稳定；下伏软弱层差异风化形成岩腔时易崩塌；边坡高陡时，后部拉裂变形，易形成大型切层弧形滑面滑动；结构面内摩擦角小于β时易顺层滑动；岩层软弱时亦可能形成切层多级滑动	一般较稳定；下伏软弱层差异风化形成岩腔时易崩塌；结构面内摩擦角小于β或结构面组合交线倾角时易产生楔形滑动	一般稳定；下伏软弱层差异风化形成岩腔时易崩塌；边坡高陡时，后部拉裂变形、可能形成切层弧形滑面滑动（下软上硬边坡结构更易）	一般较稳定；下伏软弱层差异风化形成岩腔时易崩塌；边坡高陡时，后部拉裂变形，易形成大型切层弧形滑面滑动（下软上硬边坡结构更易）
	30～60	顺层滑动；坡角与β接近时可能产生溃屈滑动	楔形滑动	楔形滑动	一般较稳定；崩塌；边坡高陡时，后部拉裂变形、易形成切层弧形滑面滑动
	≥60	弯曲倾倒变形、强烈变形区滑动；坡度大于β时顺层滑动	楔形滑动或不对称溃屈滑动	沿近岩层走向方向侧向滑动	弯曲倾倒变形、强烈变形区易发生切层弧形滑动
块状介质	块体滑动、块体崩塌；当边坡规模巨大时可能产生弧形滑面滑动				
碎裂介质	弧形滑面滑动、散体崩塌				

三、边坡稳定性上、下限的地质判别准则

在边坡稳定性评价中，常常出现计算获得的边坡稳定性系数与实际情况不一致。例如，稳定性系数值大于1.0的边坡破坏了，而稳定性系数小于1.0的边坡却长期处于稳定状态。出现这种现象的主要原因在于计算不能合理反映边坡地质结构和多种因素的复杂作用。地质判断常常可能比看似精确的计算分析更可靠。

我们有一个共同的认识是：如果边坡出现显著的变形且不收敛，稳定性将接近于极

限状态，如遭遇更恶劣的工况条件，如暴雨、地震，边坡失稳可能一触即发；反之，若边坡并未出现显著的变形迹象，那么边坡的稳定性将不会低于极限状态。

由此可以基于工程地质常识确定边坡稳定性系数的“上限”和“下限”。现有部分规范中已经提出，如果确认边坡或滑坡出现显著的整体不收敛变形，可以在设定稳定性系数为0.95～1.0的条件下进行滑动面抗剪强度参数的反算，就是依据对其稳定性上限的判断。

作为一种工程地质人员和设计人员简便易行的共同判断依据，可以提出了如下“边坡稳定性上、下限的地质判别准则”：若边坡出现显著的整体不收敛变形，则边坡的稳定性系数将不大于1.0；若边坡历史至今未出现显著的变形迹象，则边坡的稳定性系数将不小于1.0。

四、边坡稳定性判断的五步工作方法

边坡稳定性判断是一项系统的地质工作，应该按照下列五个步骤进行：

（1）建立边坡地质模型。以区域地质构造背景和活动性状况、边坡演化历史与边坡应力场，以及水文地质条件研究为基础，建立包含边坡形态、地层组合、控制性结构面及与边坡几何关系等内容的边坡地质结构模型。边坡地质结构类型可参照表9.1和表9.2确定。

（2）解析细观变形机制。边坡变形形迹的鉴定，是确认边坡整体变形破坏机制、进行边坡稳定性状态判定的重要基础。变形迹象鉴定应对重要裂缝的形态、裂隙面特征、充填胶结物质、两盘相对位移关系及张开和位错量、伴生破裂形迹等进行细致鉴别，判定力学成因。

（3）确定变形破坏模式。对大量裂缝进行细观力学鉴定后，应分析裂缝变形现象的空间关联性，推断边坡变形破坏总体规律和力学机制，提出边坡变形破坏模式。边坡变形破坏模式可参考表9.3进行。

（4）判定边坡稳定状态。根据边坡地质条件、变形破坏迹象及其分布特征，采用“上、下限地质判断准则”对边坡稳定性状态与发展趋势做判断，为定量分析提供基础。

（5）评价边坡稳定性。根据边坡地质结构、变形破坏模式、稳定性现状和发展趋势，提出岩体工程参数、确定计算边界条件和计算模型，计算评价边坡的稳定性。

第二节　边坡岩体卸荷变形

边坡岩体卸荷变形是一种普遍的物理地质现象，它既是边坡演化的自然过程和结果，也是后续人类工程活动所必须面对的基本地质背景条件。因此，深入了解边坡岩体的卸荷机理与过程，认识边坡卸荷岩体的工程性质与行为特征，具有重要的意义。

本节将分别讨论边坡自然卸荷和工程开挖卸荷的机理与特征，提出边坡卸荷带划分的定量方法。

一、天然斜坡应力场与岩体卸荷变形

大型水电工程边坡需要对枢纽区重要斜坡岩体进行卸荷带划分，强卸荷带岩体往往要求挖除，而弱卸荷带则通过灌浆或加固处理后予以利用。

天然斜坡卸荷变形是河谷演化的结果，岸坡应力场调整和岩体变形破裂都会相对缓慢，岸坡的卸荷形迹是长期变形与破裂的结果。

1. 斜坡应力场特征与影响因素

1）斜坡应力场特征

研究表明，斜坡应力场具有如下一般特征：

(1) 坡表面为主应力面，最大主应力（σ_1）迹线平行于坡面，而σ_3与之垂直；越往坡内逐渐恢复到初始应力状态。对于自重应力为主的斜坡初始应力场σ_1趋于铅直，而以构造应力为主的斜坡应力场σ_1可能为水平。

(2) 斜坡坡肩部位形成低应力区，或者拉应力区。构造应力为主的斜坡张应力区域较大。

(3) 由于向坡脚区域差应力增大，形成剪应力集中区。构造应力为主的斜坡坡脚部位剪应力数值较大。

2）斜坡应力场的影响因素

决定斜坡应力场的主要因素包括：介质的物理力学性质决定应力场强度；斜坡形态决定斜坡的应力轨迹图式；斜坡中拉应力和剪应力集中区域的大小和应力量值都与斜坡高度和坡度成正比。这些都已成为人们的常识。

除此之外，下列因素还影响着斜坡应力场量值和分布规律：

(1) 斜坡应力场尺度效应。斜坡的尺度决定斜坡应力的量值，这就是斜坡应力场的尺度效应。这一效应可以用相似理论分析证明。设边坡中任一点的某个应力分量为σ_0，而在按相似比C_σ放大的边坡中对应点的应力为σ。对于自重应力斜坡，任一点的应力都是从自重应力（σ_v）变换而来，如$\sigma = K\sigma_v = K\rho gh$。不同尺度的边坡应力场图式相同，则两种尺度斜坡相应点的应力量值应以相同的变换比例获得，则尺寸放大前后边坡中对应点的应力比值为

$$C_\sigma = \frac{\sigma}{\sigma_0} = \frac{K\rho gh}{K\rho gh_0} = \frac{h}{h_0} \tag{9.1}$$

这就是说，当斜坡中对应点的应力量值按斜坡尺度放大比例而放大。尺度这一规律对构造应力为主的斜坡也适用。

若在边坡中存在张应力区，则必存在张应力与压应力的界线，这个界线上各点对应

的应力为 $\sigma=0$，而零应力界线相对位置不变（图 9.1），且有

$$h=C_\sigma h_0$$

这一规律对于剪应力分布同样适用。

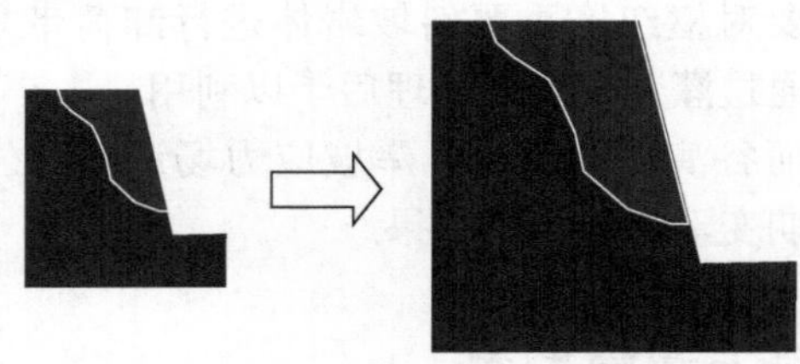

图 9.1　边坡张应力区的相似放大

（2）水平构造应力增强效应。大量数值计算显示，水平构造应力的参与不仅会改变斜坡的应力场分布模式，也使边坡的张应力区和剪应力集中区域增大（图 9.2），这就是边坡应力场的构造应力增强效应。

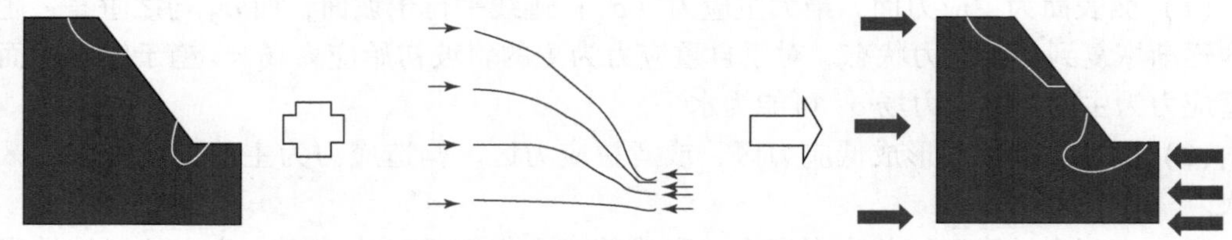

图 9.2　水平构造应力对边坡张应力区的影响

（3）斜坡坡脚约束效应。斜坡坡脚或河谷谷底对斜坡变形的约束将使斜坡应力场产生压应力和剪应力集中，从而改变斜坡应力场分布形态和应力量值。斜坡坡度越大，坡脚处表面曲率越大，这种应力集中将越强烈（图 9.3）。

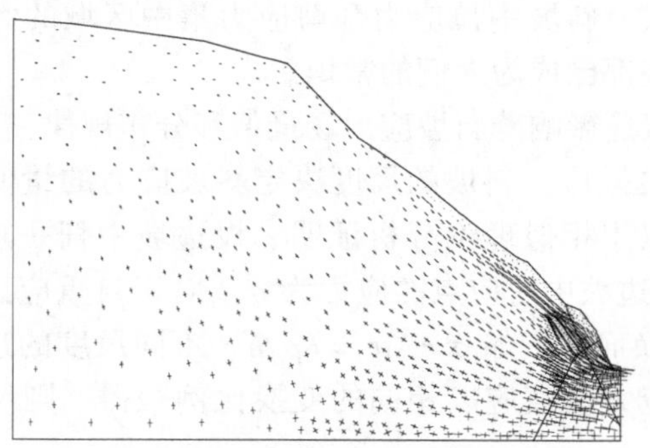

图 9.3　边坡变形的谷底约束效应

2. 斜坡卸荷变形特征

斜坡应力场既是斜坡卸荷变形的驱动因素，也是卸荷变形应力调整的结果。斜坡应

力场的上述特征和影响因素都会决定和影响斜坡的卸荷变形。

工程中大量勘探平硐揭示了斜坡岩体卸荷变形的如下特征：

(1) 卸荷变形裂缝特征。斜坡岩体卸荷变形主要表现为已有结构面的张开或张剪错动。坡表或坡肩部位的卸荷裂隙密度、张开度及相对错动变形较大，而向坡内逐渐闭合。卸荷裂隙通常具有上宽下窄的“V”形特征。

(2) 卸荷变形的分带特征。卸荷变形一般从坡表，特别是坡肩部位开始，向坡内卸荷变形减弱，逐渐过渡到完整致密的岩体。因此可以根据卸荷松动程度划分出强卸荷带、弱卸荷带和微卸荷带。

(3) 卸荷变形区边界的“靠椅状”曲面特征。斜坡岩体卸荷变形程度自坡肩向坡内和斜坡后部递减，且在接近坡底部位时趋于收敛，卸荷变形区边界呈现靠椅状的内凹曲面形态。

(4) 卸荷变形的岩性差异性。一般来说，中薄层岩体表现出密集的微量拉张和错动变形；而坚硬厚层或块状岩体则表现出间隔显著的张开或剪切变形。

(5) 斜坡地质结构差异性。一般来说，逆向坡更易产生卸荷变形，形成卸荷松动带；而顺向坡则可能沿控制性结构面发生顺层滑动破坏，而不表现为卸荷松动变形。

二、斜坡的“异常卸荷松弛”

按照水电工程以往的经验，一般边坡的强卸荷带、弱卸荷带水平深度分别在20m和50～70m左右。

但在中国西部高山峡谷区工程建设中，斜坡规模和坡高越来越大，边坡中岩体卸荷带的范围也越来越大。许多大型水电站枢纽区斜坡中，均发现水平深度大于百米的裂隙卸荷松动现象。

在锦屏一级水电站左岸高度1600m斜坡中，水平深度305m范围内仍然出现张开裂缝(图9.4)，对其成因、可利用性和建坝可行性争论长达十年之久。以至于在《水利水电工程地质勘察规范》(GB 50487—2008) 中提出了“异常卸荷松弛”的概念。图9.4为该水电工程边坡中平洞揭示的大范围变形张开裂缝分布。

实际上，按照前述斜坡应力场的“尺度效应”和“构造应力增强效应”原理，“异常卸荷松弛”只是一种大型斜坡卸荷松弛的正常现象。采用式 (9.1) 分析表明，若300m高的边坡弱卸荷带最大水平深度50～70m左右，则对于上述高度1600m的斜坡，且水平构造应力背景值达到8MPa以上，弱卸荷带宽度可达266～373m。

三、开挖边坡岩体卸荷

边坡开挖是一个应力场和变形快速调整的过程，边坡岩体卸荷的地质和力学原理与天然斜坡是相似的。因此借用开挖卸荷过程及其分布特征研究，可以深化对斜坡卸荷变形破坏过程的认识。

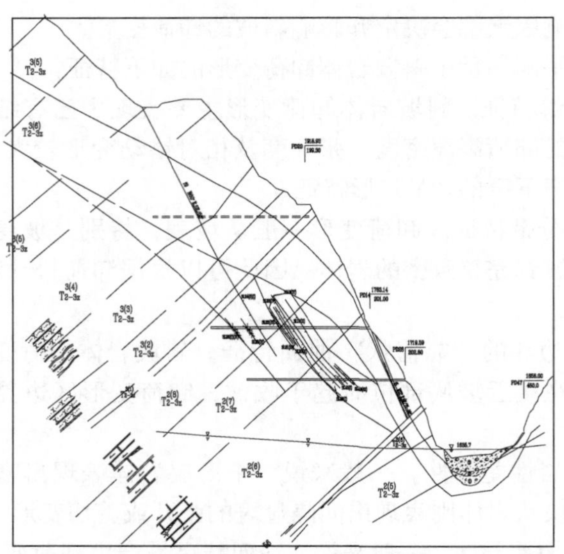

图 9.4　边坡变形裂缝剖面分布（单位：m）

开挖卸荷破裂面相对集中在开挖面之下一定的深度范围内。图 9.5 为某坝基开挖面谷底部位钻孔揭示的卸荷裂隙分布［图 9.5（a）］与声波速度过程曲线［图 9.5（b）］。可见，卸荷裂隙相对集中在开挖面以下 6m 以内，而且 87% 的裂隙分布在 3～6m 深度范围内。

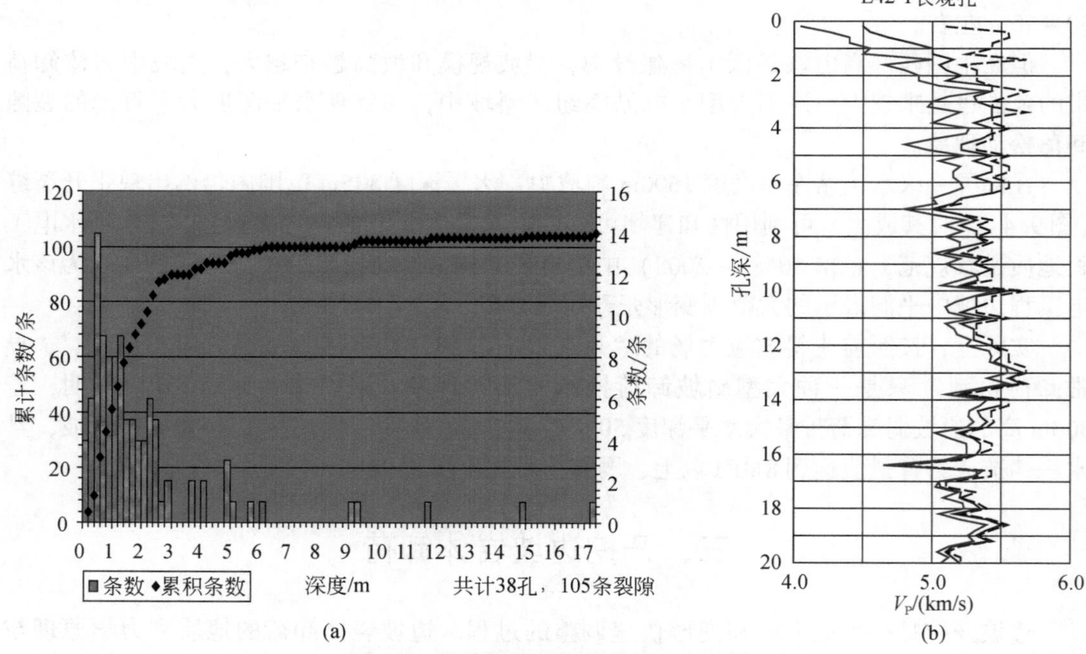

图 9.5　钻孔裂隙数量与声波速度变化

（a）钻孔裂隙条数；（b）钻孔声波波速曲线（据昆明院），虚线为开挖爆破前的速度值分布曲线，中间实线为开挖后 30 天的曲线，而左侧实线则为开挖后 90 天的曲线

钻孔声波速度值 V_P 的过程对比可以较好地反映开挖卸荷对岩体完整性影响的变化过程。图中虚线为开挖爆破前的速度值分布曲线，中间实线为开挖后30天的曲线，而左侧实线则为开挖后90天的曲线。可见在开挖后的3个月时间内，岩体的完整性发生了显著降低，而且变化主要在开挖面以下3～6m范围内。

四、卸荷带划分方法

《水利水电工程地质勘察规范》（GB50487—2008）规定了边坡岩体卸荷带的划分依据（表9.4）。

表9.4　边坡岩体卸荷带划分

卸荷类型	卸荷带分布	主要地质特征	特征指标	
			裂隙张开度	波速比
正常卸荷松弛	强卸荷带	近坡体浅表部卸荷裂隙发育的区域； 裂隙密度较大，贯通性好，呈明显张开，宽度在几厘米至几十厘米之间，充填岩屑、碎块石、植物根须，并可见条带状、团块状次生夹泥，规模较大的卸荷裂隙内部多呈架空状，可见明显的松动或变位错落，裂隙面普遍锈染； 雨季沿裂隙多有线状流水或成串滴水； 岩体整体松弛	张开度大于1cm的裂隙发育（或每米硐段张开裂隙累计宽度大于2cm）	<0.5
	弱卸荷带	强卸荷带以里可见卸荷裂隙较为发育的区域； 裂隙张开，其宽度几毫米，并具有较好的贯通性；裂隙内可见岩屑、细脉状或膜状次生夹泥充填，裂隙面轻微锈染； 雨季沿裂隙可见串珠状滴水或较强渗水； 岩体部分松弛	张开度小于1cm的裂隙发育（或每米硐段张开裂隙累计宽度小于2cm）	0.5～0.75
异常卸荷松弛	深卸荷带	相对完整段以里出现的深部裂隙松弛段； 深部裂缝一般无充填，少有锈染； 岩体纵波速度相对周围岩体明显降低	—	—

从前面介绍的实例看，边坡卸荷与变形破坏的力学机制和分布规律是有规律可循的。边坡岩体的卸荷变形是边坡裂隙岩体在卸荷应力作用下的变形和能量释放过程。

我们知道，任一岩体单元在应力作用下所产生并储存的应变能密度为

$$u=u_0+u_c$$

当岩体发生弹性卸荷作用时，这就是在卸除应力时岩体释放的应变能，其中 u_0 和 u_c 分别为岩石部分和结构面部分所释放的应变能。

按照前述裂隙岩体应变能分析的思路，考虑法线与卸荷应力方向一致的一组结构面，

取 $n_1=1$，$n_2=n_3=0$；由于结构面张开，取 $k=1$，$h=1$，可得一组结构面岩体的卸荷变形应变能密度为

$$u=\frac{1}{2}\sigma\left\{\frac{1}{E}+\frac{16(1-\nu^2)}{\pi E}\lambda\bar{a}\right\}\sigma$$

由断裂力学，半径为 a 的圆裂纹平均张开位移为

$$\bar{t}=\frac{16(1-\nu^2)}{3\pi E}\sigma a$$

解出 a 代入能量方程可得

$$u=\frac{1}{2}\sigma(\varepsilon_0+3\lambda\bar{t})$$

考虑到岩石部分的应变 ε_0 远小于结构面组的应变，可以取

$$u\approx\frac{3}{2}\lambda\bar{t}\sigma=\frac{1}{2}\varepsilon_c\sigma$$

按照弹性力学可知，岩体在该方向的卸荷应变为

$$\varepsilon=3\lambda\bar{t} \tag{9.2}$$

由于 $\lambda\bar{t}$ 实际上是单位法线长度上裂隙的张开量，因此 ε 是累计张开量曲线的斜率。

图9.6是图9.5中卸荷裂隙的累计隙宽分布曲线。我们不难找出两个转折点，即 B 与 C，并按照通常的理解划分出强卸荷-弱卸荷-未卸荷岩体三个区域。这三个区域对应的卸荷张开应变大致为 1×10^{-2}、1×10^{-3} 和 0 量级，这与经验量级大致吻合。

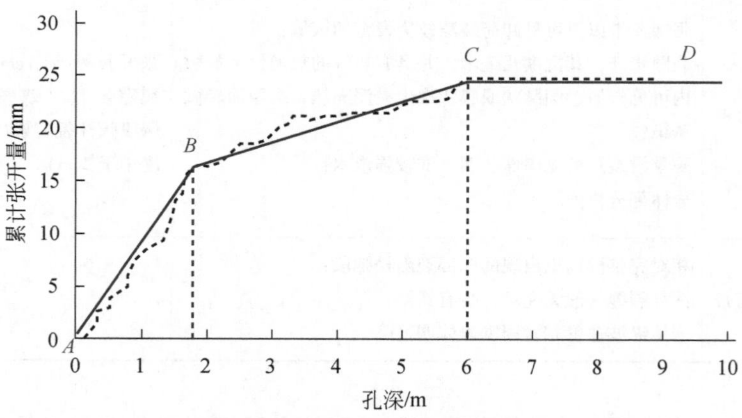

图 9.6 根据裂隙累计张开量曲线划分卸荷带

由此可见，采用应变能密度或应变方法来进行岩体卸荷带划分，不仅理论上是成立的，可操作性也较强，应当是一种可以普遍采用的方法。

显然，上述方法可以适用于天然斜坡和开挖边坡卸荷带的划分。

第三节　边坡岩体渗流分析

边坡岩体不仅具有自身的贮水状态和渗流场，还通过与大气降水和地表水体之间的水流交换改变地下水渗流场和应力场。岩体的渗流特性是影响边坡地下水动态和稳定性的重要因素。

我们已经知道，岩体水力学实际上是岩体中裂隙网络的水力学。因此边坡岩体的渗流特性主要取决于岩体结构特性，特别是结构面的张开度和水力学连通性。

我们已经建立了裂隙岩体的渗流模型和渗透张量的计算方法，本节将以此为基础分析边坡岩体的渗透性，讨论其与降雨和地表水发生交换时的水力学特征。

一、边坡岩体渗透性

边坡岩体渗透性遵从前述的岩体水力学理论。但是，由于边坡应力场的特殊性，岩体渗透特性将具有自身的特点。我们以式（5.28）为基础讨论边坡岩体的渗透特性，特别是渗透性强弱和各向异性的空间变化特征。考虑到第七章提及的结构面压密规律，将式（5.28）写为

$$\boldsymbol{K}_{ij}=\frac{\pi g}{12\nu}\sum_{p=1}^{N}\lambda_{\mathrm{v}}\bar{t}_0^3(\bar{a}+r)^2\mathrm{e}^{-\frac{3r}{\bar{a}}}(\delta_{ij}-n_in_j)\mathrm{e}^{-10\frac{\sigma}{\sigma_{\mathrm{c}}}} \tag{9.3}$$

式中，σ 为结构面法向应力；t_0 为 $\sigma=0$ 时的结构面隙宽；n_i 为结构面法线方向余弦；其他符号意义同前。

1. 边坡岩体渗透性变化规律

由于边坡通常在坡肩出现张应力区，而自坡肩往坡内压应力逐渐增强；边坡岩体中存在强、弱及微三个卸荷变形带，且可由式（9.2）描述各卸荷带裂隙的平均隙宽。

一般来说，强卸荷带中卸荷已经完成，陡倾结构面法向应力 σ 可考虑为0，而向坡内各卸荷带中 σ 将为逐渐增大的压应力。若将 t_0 作为强卸荷带中卸荷结构面的平均隙宽，则可由式（9.3）计算岩体渗透性能随卸荷变形程度而向坡内减弱的规律。

值得强调的是，式（9.3）中岩体渗透性能向坡内将按隙宽 $t=\bar{t}_0\mathrm{e}^{-10\frac{\sigma}{\sigma_{\mathrm{c}}}}$ 的立方率迅速递减。取岩石强度 $\sigma_{\mathrm{c}}=30\mathrm{MPa}$，则有 $\boldsymbol{K}_{ij}\propto\boldsymbol{K}_{ij0}\mathrm{e}^{-\sigma}$。若取强、弱、微卸荷带的结构面法向应力分别为0、2MPa、5MPa，则渗透系数分别为1.0倍、1.35×10^{-1}倍、6.74×10^{-3}倍地表渗透系数 $\boldsymbol{K}_{ij0}$。

2. 边坡岩体渗透性的各向异性

尽管岩体的渗透性能呈现显著的各向异性，但由于边坡卸荷的定向性，一般会导致

边坡上部张应力区中陡倾结构面张开。这将大大提升沿裂隙方向的岩体渗透性能，显著加剧岩体渗透性能的各向异性。

如图 9.4 所示的锦屏一级水电站左岸高陡边坡，由勘探平硐揭示出 52 条规模大于 3m，隙宽 0 ~ 3cm 不等的卸荷裂缝，裂缝基本与坡面走向一致（图 9.7）。在平硐 PD14 的 141m 水平深度出现长 146m，张开隙宽 1.0 ~ 20cm 的卸荷张裂缝，而同时在 PD16 的 156m 部位发现长 179m，隙宽 0.5 ~ 20cm 的张裂缝。

根据前述优势渗流理论，边坡最大渗透系数将出现在裂隙面方向，即沿坡面走向将是最优渗透方向。

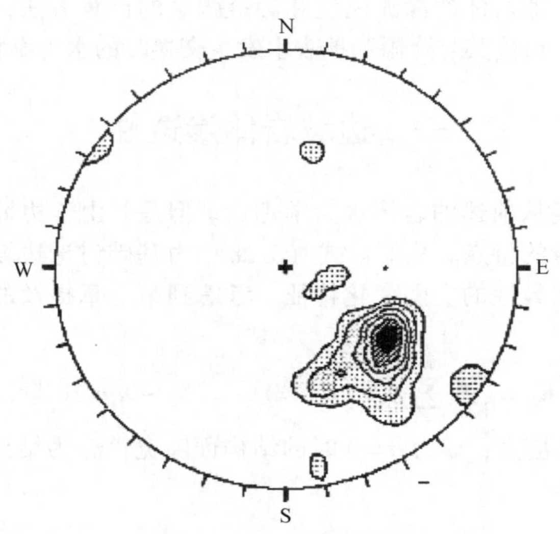

图 9.7　卸荷裂缝极点赤平投影图

二、边坡的降雨入渗及对地下水位的影响

随降雨强度的不同，边坡区域会发生不同程度的降雨入渗。入渗水量将转化为地下水流，改变渗流场和地下水位，从而影响岩体的变形与稳定性。

在边坡岩体中，降雨入渗和转化地下水渗流是两个不同的阶段，分别具有不同的特征规律。下面分别讨论降雨入渗和地下水渗流。

1. 降雨入渗强度

降雨强度等级可按照表 9.5 的标准划分。降雨强度可用 f（mm/h）或 $F=f/36000$（cm/s）表示，并由表中数据换算得到。

边坡岩体的表水入渗强度制约着降雨的最大入渗量。若令 W（cm/s）为边坡岩体的表水入渗强度，对于裸露的基岩，当 $W>F$ 时，降雨完全入渗；而当 $W<F$ 时，降雨将部分

入渗。与土体不同，降雨沿岩体裂隙网络入渗，毛细作用和基质吸力等因素的影响可以不考虑。

表 9.5　雨强等级划分表

降雨等级	12 小时降雨量/mm	24 小时降雨量/mm
小雨	5	10
中雨	5 ~ 14.9	10 ~ 24.9
大雨	15 ~ 29.9	25 ~ 49.9
暴雨	30 ~ 69.9	50 ~ 99.9
大暴雨	70 ~ 139.9	100 ~ 199.9
特大暴雨	>140	>200

图 9.8 为边坡降雨入渗示意图，图中 W 为边坡岩体入渗强度。边坡岩体中的入渗沿铅直方向（h 方向）进行，铅直方向水力梯度 $J_3=1$，而其他方向为 0。根据 Darcy 定律和式（9.3），饱和入渗强度为

$$W=K_{i3}J_3=K_{33} \tag{9.4}$$

式中，K_{33} 为铅直方向岩体渗透系数，由式（9.3）给出，实际计算时应注意单位换算。

因此，边坡中的降雨入渗强度可写为

$$W=\begin{cases}F, & \text{当 } F<W\\ K_{33}, & \text{当 } F>W\end{cases} \tag{9.5}$$

由式（9.3），注意到 $1-n_3^2=\sin^2\delta_3$，δ_3 为结构面倾角；考虑到陡倾裂隙一般有较好的连通性（忽略 r），可得

$$K_{33}=\frac{\pi g}{12\nu}\sum_{p=1}^{N}\lambda_{\mathrm{v}}\ \bar{t}_0^3\bar{a}^2\ \sin^2\delta_3\mathrm{e}^{-\alpha\sigma}$$

式中，N 为结构面组数；σ 为结构面法向压应力；α 为系数；其他符号意义同前。

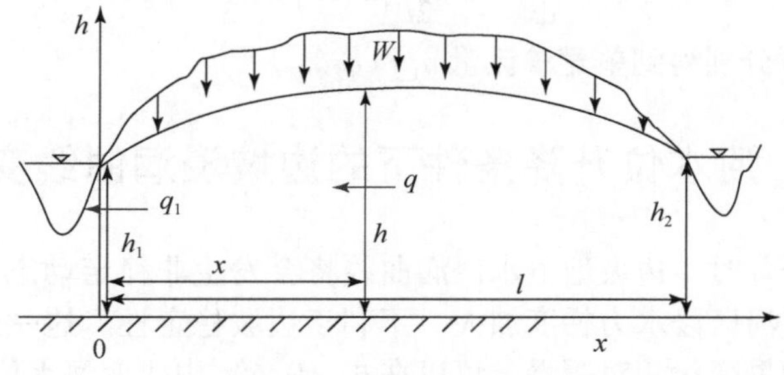

图 9.8　边坡降雨入渗示意图

2. 降雨入渗条件下的地下水浸润曲线与渗流量

上述入渗水量将转化为地下水，可改变渗流场和地下水位线（地下水浸润线）。由于

岩体渗透张量的各向异性，降雨入渗方向和地下水流动方向的渗透性能是不同的，因此地下水流动受水力梯度方向的渗透系数制约。

对于图 9.8 的剖面，地下水渗流沿水力梯度方向发生，取渗透系数 K_J 分析地下水的浸润曲线。

取数学模型为

$$\begin{cases}\dfrac{\mathrm{d}}{\mathrm{d}x}\left(h\dfrac{\mathrm{d}h}{\mathrm{d}x}\right)+\dfrac{W}{K_J}=0\\ h\mid_{x=0}=h_1\\ h\mid_{x=l}=h_2\end{cases}$$

对上式做定积分，得

$$h^2=h_1^2+(h_2^2-h_1^2)\frac{x}{l}+\frac{W}{K_J}(l-x)x \tag{9.6}$$

考虑到降雨入渗强度（W），式（9.5）可将式（9.6）分别写为

$$\begin{cases}h^2=h_1^2+(h_2^2-h_1^2)\dfrac{x}{l}+\dfrac{F}{K_J}(l-x)x, & F<W\\ h^2=h_1^2+(h_2^2-h_1^2)\dfrac{x}{l}+\dfrac{K_{33}}{K_J}(l-x)x, & F>W\end{cases}$$

上列各式中，当水力梯度接近水平时，可参照式（9.4）的方法取 $K_J=K_{11}$。由于边坡卸荷的定向性导致岩体渗透性能的各向异性，K_{11} 可能小于 K_{33}，上述浸润线函数曲线将会高于各向同性介质中的浸润线。

对式（9.6）求导可得

$$h\frac{\mathrm{d}h}{\mathrm{d}x}=\frac{h_2^2-h_1^2}{2l}+\frac{W}{2K_J}(l-2x)$$

根据 Darcy 定律，高为 h、单位厚度 x 断面的单宽渗流量为

$$q=K_J\cdot\frac{\mathrm{d}h}{\mathrm{d}x}\cdot h=\frac{K_J}{2l}(h^2-h_1^2)+\frac{W}{2}(l-x) \tag{9.7}$$

代入 $x=0$ 和 $x=1$，可分别得到单宽渗流量 q_1 和 q_2。

三、河水位升降条件下的边坡浸润曲线变化

当河水位快速升降时，边坡地下水浸润曲线将会发生非稳定动态变化。通常情况下，河水位快速下降时临河区段水力梯度加大，不利于边坡稳定性。这一过程表述相对复杂，这里不做讨论。但如果变化相对缓慢，可以在式（9.6）中改变河水位 h_1 和 h_2 的值计算水位线。

第四节　边坡岩体的弯曲倾倒变形

边坡岩体的弯曲倾倒变形通常发生在层-片状岩体中。例如，云母石英片岩由石英片

构成，片间则为定向排列的绢云母所黏结，当受到风化并浸水后，片理面上的黏结力几乎全部丧失。

陡倾岩层的弯曲倾倒变形在铁路及水电边坡工程中十分常见。在西部山区部分电站和库区，这类变形可以持续多年，地表位移达到数十米，影响边坡高度达数百米乃至千米，引起人们的普遍重视。

在过去的几十年中，人们对倾倒变形问题开展了大量的研究。地质分析、数学力学模型和物理模型实验被广泛用于倾倒变形机制分析。

本节以库仑强度理论为依据，对边坡中片岩弯曲倾倒变形做简要的力学分析。

一、弯曲倾倒变形的极限平衡分析

1. 倾倒变形发生的基本条件

(1) 发生弯曲倾倒变形的斜坡一般坡角较大，而且片理陡立，边坡中最大主压应力与片理法向的夹角（γ）常大于片理面内摩擦角（φ）；

(2) 片岩层理密集，切向连续性好，且由于风化或扰动而分离成薄片状，可视为无刚度薄板；

(3) 弯曲倾倒变形的驱动因素是薄片上应力的不平衡，薄片自重相对于应力场强度是微不足道的。

2. 弯曲倾倒变形的终止角度

片岩弯曲倾倒变形的过程伴随着应力的调整和变化，是一个复杂的力学过程。弯曲倾倒变形包括平移变形和转动变形两个部分。由于平移变形需用数值方法求解，这里只讨论转动变形部分，且仅讨论变形终止时的角度关系，即变形结果。

如图 9.9 所示，取坡体中一个薄片微元体，a 面为片理面，b 面为虚拟面，取转动中心为微元体中心点 O。不失一般性，取片理面内摩擦角为 φ、黏聚力为 c。

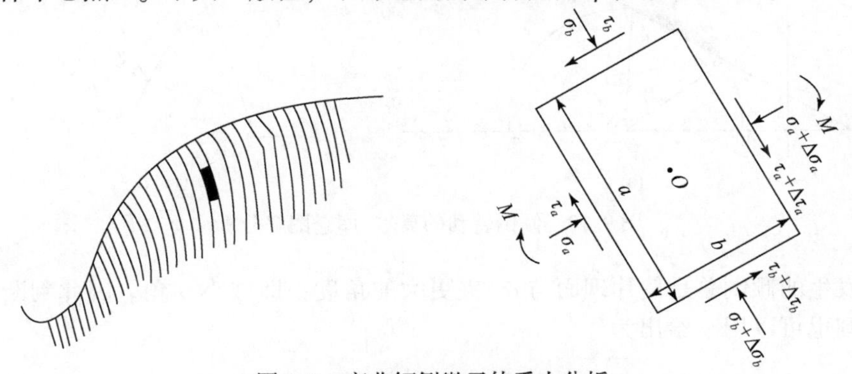

图 9.9　弯曲倾倒微元体受力分析

按照静力学原理，单元体转动终止的力矩条件为$M_{阻} \geqslant M_{动}$，即

$$[\tau_a+(\tau_a+\Delta\tau_a)]\cdot a\cdot\frac{b}{2}=[\tau_b+(\tau_b+\Delta\tau_b)]\cdot b\cdot\frac{a}{2}$$

而上式左边的剪应力值受片理面抗剪强度的制约，有

$$\tau_a+(\tau_a+\Delta\tau_a)\leqslant\sigma_a\tan\varphi+c+(\sigma_a+\Delta\sigma_a)\tan\varphi+c$$

合并上两式，整理并略去微量，有$\tau_b\leqslant\sigma_a\tan\varphi+c$。当转动终止时应力达到平衡状态，有$\tau_a=\tau_b$，上式变为

$$\tau_a\leqslant\sigma_a\tan\varphi+c \tag{9.8}$$

可见片岩的倾倒变形是通过片理面两侧部分的相对剪切变形来实现的，相对剪切位移方向与倾倒转动方向相反。密集片理的逐层剪切位移和薄片转动在整体上表现为斜坡岩体的弯曲倾倒变形。变形终止与否由片理面上的剪应力与抗剪强度关系式（9.8）确定。

应用莫尔-库仑强度理论图解分析，不满足式（9.8）条件的为图9.10（a）中阴影区所对应的应力圆弧段。令γ为片理面法线与最大主应力σ_1的夹角，则上述弧段对应的不稳定γ区间上界γ_1和下界γ_2分别为

$$2\gamma_1=\delta+\varphi,\ 2\gamma_2=\pi-\delta+\varphi$$

因为

$$\sin\delta=\frac{\sigma_1+\sigma_3+2c\cdot\cot\varphi}{\sigma_1-\sigma_3}\sin\varphi$$

所以有

$$\left.\begin{aligned}2\gamma_1&=\varphi+\arcsin\left[\frac{\sigma_1+\sigma_3+2c\cdot\cot\varphi}{\sigma_1-\sigma_3}\sin\varphi\right]\\2\gamma_2&=\pi+\varphi-\arcsin\left[\frac{\sigma_1+\sigma_3+2c\cdot\cot\varphi}{\sigma_1-\sigma_3}\sin\varphi\right]\end{aligned}\right\} \tag{9.9}$$

当$\gamma_1<\gamma<\gamma_2$时即发生倾倒。

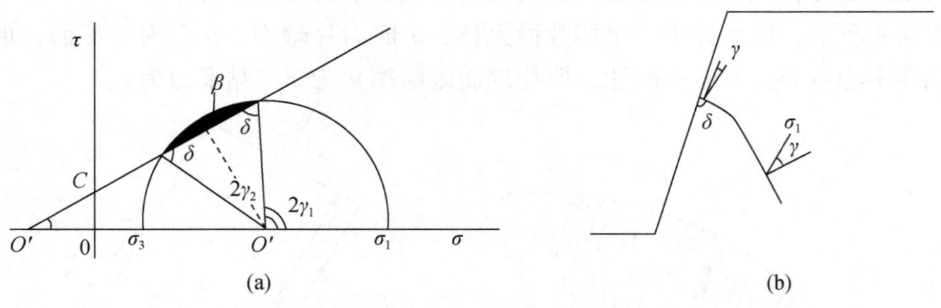

图9.10　倾倒转动的莫尔-库仑图解分析

实际发生的倾倒总是使片理面与σ_1夹更大的角度，即减小γ角。因此判断倾倒发生与否的准则也可以用γ给出为

$$\gamma=\gamma_1=\frac{1}{2}\left[\varphi+\arcsin\left(\frac{\sigma_1+\sigma_3+2c\cdot\cot\varphi}{\sigma_1-\sigma_3}\sin\varphi\right)\right] \tag{9.10}$$

由于坡体中应力分布是连续的，对于均质岩体，弯曲倾倒变形也将是连续的。应用数值模拟方法计算出斜坡应力状态，并实验求得片理面 φ 值，则倾倒变形体的剖面形态即可通过计算获得。

在坡面处，σ_1 与坡面平行，$\sigma_3\to0$，若用片理面与坡面夹角 θ_0 表述则有

$$\theta_0=90°-\gamma_0=90°-\frac{1}{2}\left[\varphi+\arcsin\left(\left(1+\frac{2c\cdot\cot\varphi}{\sigma_1}\right)\sin\varphi\right)\right] \tag{9.11}$$

若因风化，坡表岩体片理面分离，此时 $c=0$，则有

$$\theta_0=90°-\varphi \tag{9.12}$$

上列各式指出，对风化的片岩边坡，片理面与坡面夹角 $\theta_0<\frac{\pi}{2}-\varphi$ 时，必定会发生倾倒变形；而对于新鲜岩体边坡，由于有片间黏聚力的作用，会存在 $\theta_0<\frac{\pi}{2}-\varphi$ 的情形。因此，式（9.12）至少可以作为判断风化片岩边坡弯曲倾倒变形是否发生的一个直观判据。

H. Hofmann（1974）曾用模型试验方法研究倾倒变形（图9.11），由图可见，倾倒变形稳定时的 θ_0 满足式（9.12），即坡面与片理面夹角约为90°$-\varphi$。

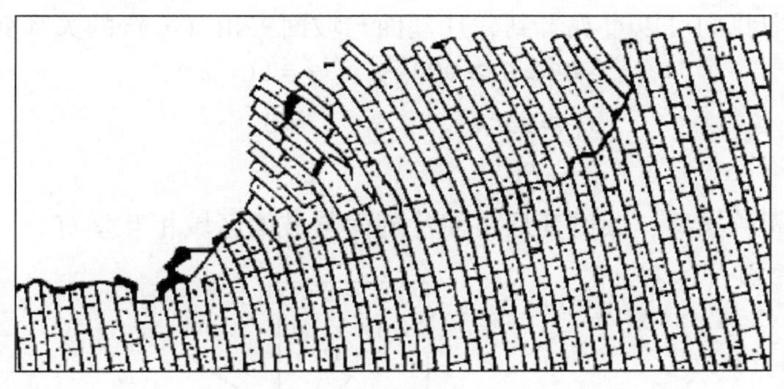

图9.11　倾倒变形物理模拟现象

二、地下水压力对倾倒变形的影响

根据有效应力原理，当岩体中存在空隙流体压力 p 时，式（9.10）中的 γ_1 将会变为

$$\gamma_1'=\frac{1}{2}\left[\varphi+\arcsin\left(\frac{\sigma_1+\sigma_3+2c\cdot\cot\varphi-2p}{\sigma_1-\sigma_3}\sin\varphi\right)\right]\leqslant\gamma_1 \tag{9.13}$$

显然，当增加裂隙水压力时，倾倒将可能进一步发生。若 p 是突然施加的，如降雨入渗，则变形也会是突发的。其倾倒变形增量为 $\Delta\gamma=\gamma_1-\gamma_1'$。

三、弯曲倾倒变形的时间效应

在瞬时变形终止后，片理面上仍存在剪应力$\tau_a=\frac{1}{2}(\sigma_1-\sigma_3)\sin 2\gamma$。这个剪应力将引起沿片理方向缓慢的剪切蠕变，使片岩进一步弯曲倾倒（图 9.12）。这一过程可用模型$\tau_a=\eta\dot{\gamma}$来描述，其中η为片理面物质黏滞系数，$\dot{\gamma}$为剪切应变速率。合并上两式得

$$dt=\frac{2\eta}{(\sigma_1-\sigma_3)\sin 2\gamma}d\gamma$$

两边积分并考虑到变形量不大时，$\sigma_1-\sigma_3$可视为常数，有

$$t=\int_0^t dt=\frac{\eta}{(\sigma_1-\sigma_3)}\int_{\gamma_1}^{\gamma}\frac{d2\gamma}{\sin 2\gamma}=\frac{\eta}{\sigma_1-\sigma_3}\ln\left|\frac{\tan\gamma}{\tan\gamma_1}\right|$$

$$\gamma=\arctan(\tan\gamma_1\cdot e^{-\frac{\sigma_1-\sigma_3}{\eta}t}) \tag{9.14}$$

其中，γ_1由式（9.10）给出。可见有

$$\begin{cases}0\leqslant\gamma\leqslant\gamma_1, & t\in[0,\infty)\\ \gamma=\gamma_1, & t=0\\ \gamma\to 0, & t\to\infty\end{cases} \tag{9.15}$$

于是在坡表中我们可以直观看到，片理面与坡面夹角（θ_0）的关系变化趋势为

$$\begin{cases}90°\geqslant\theta_0\geqslant 90°-\gamma_1, & t\in[0,\infty)\\ \theta_0\geqslant 90°-\gamma_1, & t=0\\ \theta_0\to 90°, & t\to\infty\end{cases} \tag{9.16}$$

就是说，随着时间的推移，倾倒变形将使片理面与坡面区域相互垂直。

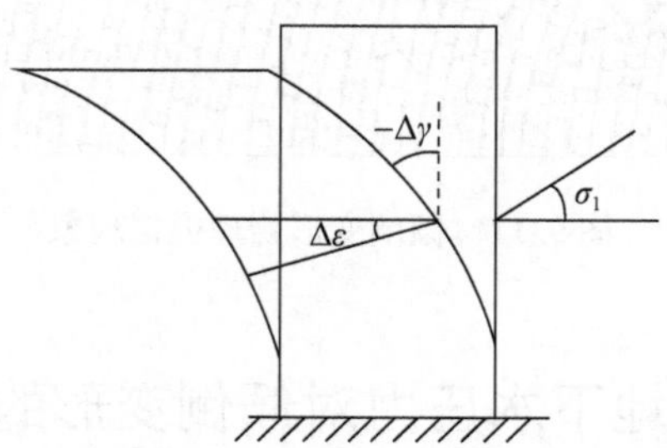

图 9.12　片理剪切蠕变分析模型

四、边坡弯曲倾倒变形实例

我们对宝成铁路阳平关—燕子砭段 12km 沿线路堑边坡做了调查，所调查的九处边坡中，片理面与坡面夹角分布如图 9.13 所示。这些结果表明，边坡自铁路修建起经历了 30

年的变形历史，因而片理面与坡面夹角 θ_0 较接近于90°。

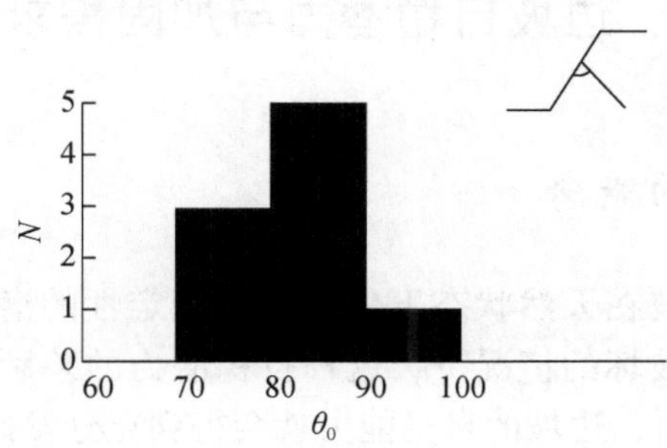

图 9.13　弯曲倾倒变形实例

另外，该地区1981年年降雨量为2023mm，为多年罕见雨量。该年8月中旬连续降雨11天，最大日降雨量达146mm，月雨量达到672mm。这一持续降雨过程在阳平关地区 $42km^2$ 范围内引发大小滑坡149处和边坡变形体，变形体多为降雨诱发的弯曲倾倒变形坡体。

宝成线西距阳平关站1km的44号工点斜坡即为典型的暴雨诱发弯曲倾倒变形体。在持续降雨的第三天夜里，距路坡肩200m的坡顶民房前地面积水突然消失，地面及民房拉裂，路肩至民房的山坡表面出现密集的平行裂缝，走向与片岩层理走向一致，在路堑边坡坡面上出现一系列顺层理延伸的反向台坎。这些现象正是暴雨诱发倾倒变形所致。

第五节　边坡主动加固原理

一、边坡主动加固的概念

现有边坡加固工程设计的基本理念是采用人工结构物控制边坡的灾变行为，可以称为被动加固。这种理念更多地关注了边坡变形破坏引发灾害的消极作用，却忽视了边坡岩体具有自承能力的积极作用。因此被动防护常常过于保守，耗资过大。

边坡岩体自承能力是一种潜在能力，调整边坡岩体存在环境，可以不同程度地激活和最大限度地发挥这种能力。边坡岩体的自承能力具有自组织特性，在一定的工程结构物支持下，边坡岩体会将其自承能力自行调整到最佳的平衡状态。

因此，边坡工程灾害防治工程本质上应当是一种依靠边坡岩体与工程结构物协同作用，最大限度调动岩体自调节自承能力的主动防护加固体系。这一理念可以称为主动加固理念。

二、边坡自稳潜力与加固需求度

1. 边坡自稳潜力的概念

边坡自稳潜力是指边坡在天然状态下保持自身稳定性的潜在能力。一般来说，在边坡不出现显著变形和失稳破坏的情况下，这种自稳潜力的差别是难以界定和区分的；而在边坡达到失稳破坏状态时，边坡的自稳能力就会得到充分发挥。

边坡的自稳潜力主要决定于边坡地质结构和边坡应力场，以及两者的共同作用。

2. 边坡地质结构对边坡自稳潜力的贡献

边坡地质结构对边坡自稳潜力的贡献主要表现在边坡介质结构和控制性软弱结构面与边坡临空面的组合关系。

1）边坡介质结构的影响

边坡介质结构的自稳潜力及其差异性实际上已经成为工程地质工作者和设计人员共同的认识。但是，作为一种判断模式的建立仍然是有意义的。

例如，边坡介质结构中常见如下四种情形：均质坚硬岩体、上软下硬结构、上硬下软结构，以及均质软弱岩体或土体。通常情况下，同等坡形和坡高的边坡，其自稳潜力存在如图 9. 14 所示的序列，即均质坚硬岩体边坡>上软下硬结构边坡>上硬下软结构边坡>均质软弱岩体或土体边坡。

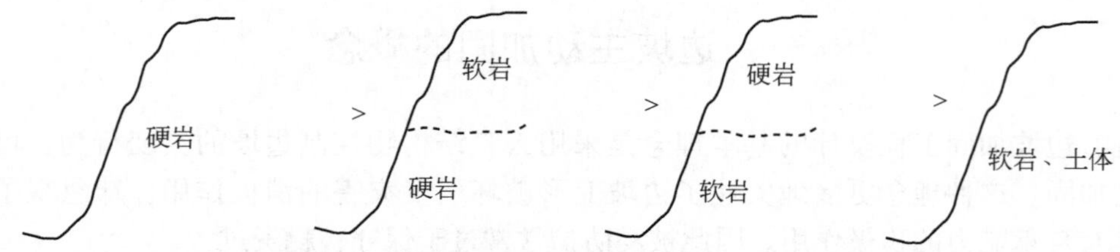

图 9. 14　边坡介质结构对边坡自稳潜力的影响

2）控制性软弱结构面与边坡临空面组合关系的作用

控制性软弱结构面与坡面的不同组合可能导致边坡不同的自稳潜力。当结构面不能直接引起边坡破坏时，这种降低作用最小；当结构面可以直接作为边坡失稳滑移面时，将使边坡自稳潜力最弱。

图 9. 15 列出控制性低强度结构面与边坡临空面的几种典型组合关系及其对边坡自稳潜力降低作用的排序。

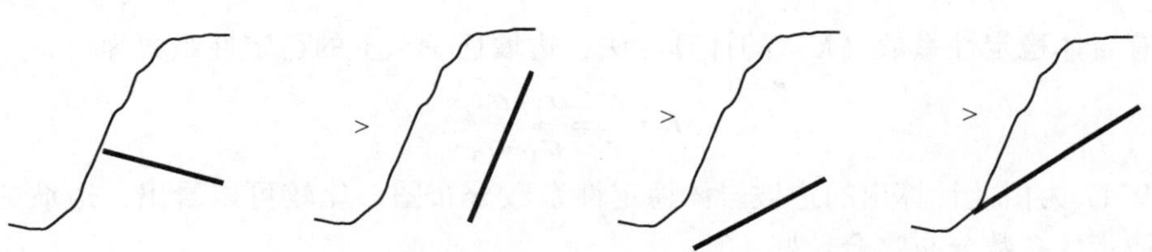

图 9.15　控制性结构面对边坡自稳潜力的贡献

3. 应力对自稳潜力的贡献

边坡的应力场一方面是驱动边坡变形破坏的原动力，同时又影响着岩体自身的强度特性，即抵抗破坏的能力。后者就是边坡应力场对边坡自稳潜力的贡献。

按照 Mohr-Coulomb 准则，任意岩体单元的抗压强度（σ_1）与其侧向压力（σ_3）呈正线性关系，即

$$\sigma_1 = \sigma_3 \tan^2\theta + \sigma_c, \tag{9.17}$$

式中，$\theta = \frac{\pi}{4} + \frac{\varphi}{2}$；$\varphi$ 为岩体的内摩擦角。这就是说，岩体的内摩擦角（φ）、单轴抗压强度（σ_c），以及侧向应力（σ_3）增加会对边坡在该点的强度，即自稳潜力 σ_1 做出贡献。

作为粗略估计，考虑到岩体内摩擦角多数会有 $\varphi>30°$，$\tan^2\theta = 3.0$，由式（9.17）可知，σ_3 的增加将以其三倍的比例提升岩体的自稳潜力。

4. 边坡加固需求度与稳定性系数分布

1）边坡加固需求度及其分布

按照上述理论，定义边坡岩体中某点实际存在的 σ_3 和临界破坏应力的 σ_{3c} 之间的差值为该点的“加固需求度”，即

$$\Delta\sigma_3 = \sigma_{3c} - \sigma_3 = \frac{\sigma_1 - \sigma_c}{\tan^2\theta} - \sigma_3 \tag{9.18}$$

式中，σ_{3c} 由判据式（9.17）获得。

边坡加固需求度最大的部位就是边坡最危险，也是最需要加固的部位。图 9.16 反映了边坡加固需求度的分布，由图可见，边坡加固需求度最大的部位是：

（1）边坡表面，这就使得加固措施的选择十分方便；

（2）边坡面下 1/3～2/3 高度处，稳住了这个部位，就能保证边坡的整体稳定性。

2）边坡稳定性系数分布

由于有

$$\tau = \frac{\sigma_1 - \sigma_3}{2}\sin 2\theta, \quad \tau_c = \frac{\sigma_1 - \sigma_{3c}}{2}\sin 2\theta$$

按照现有岩体稳定性系数（K）的计算方法，边坡任一点上的稳定性系数为

$$K=\frac{\tau_c}{\tau}=\frac{\sigma_1-\sigma_{3c}}{\sigma_1-\sigma_3} \tag{9.19}$$

图 9.17 为由此计算出的边坡岩体稳定性系数分布图。比较可以看出，边坡的加固需求度与稳定性系数分布吻合较好。

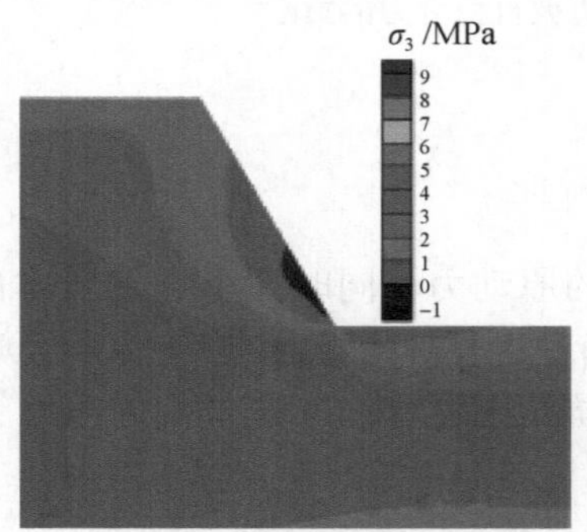

图 9.16　边坡加固需求度分布

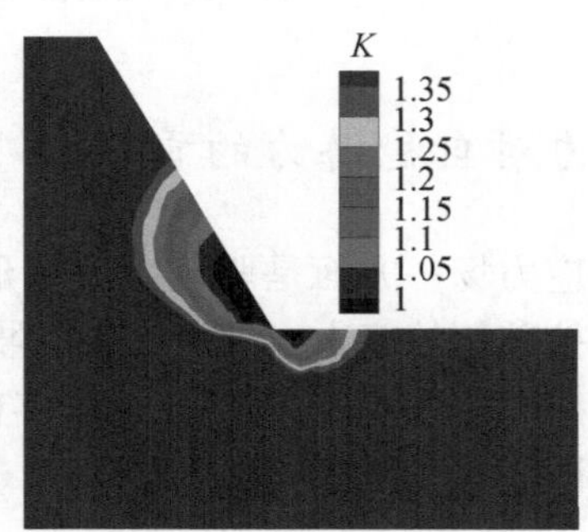

图 9.17　边坡岩体稳定性系数分布

三、锚固计算与稳定性控制

由于边坡加固需求度最大的区域在坡表面下部，锚固成为边坡加固的最佳选择。

由式（9.18）可以计算出边坡各部位所需的锚固应力 $\Delta\sigma_3$。按照设计安全系数的要求，单根锚索（杆）的锚固力应为

$$F=K_f\cdot\Delta\sigma_3\cdot A=K_f\cdot A\cdot\left(\frac{\sigma_1-\sigma_c}{\tan^2\theta}-\sigma_3\right) \tag{9.20}$$

式中，K_f为规范规定的设计安全系数；A 为该锚索（杆）覆盖的面积。例如，锚固间距为 2m，则单锚覆盖面积为 $A=4\text{m}^2$。

根据边坡岩体稳定性系数的分布（图 9.17），可以确定锚固深度，即锚索（杆）长度。例如，如果规范要求边坡设计安全系数为 $K_f=1.25$，则可将锚索伸入设计安全系数大于 1.25 区域一定深度（图 9.18）。

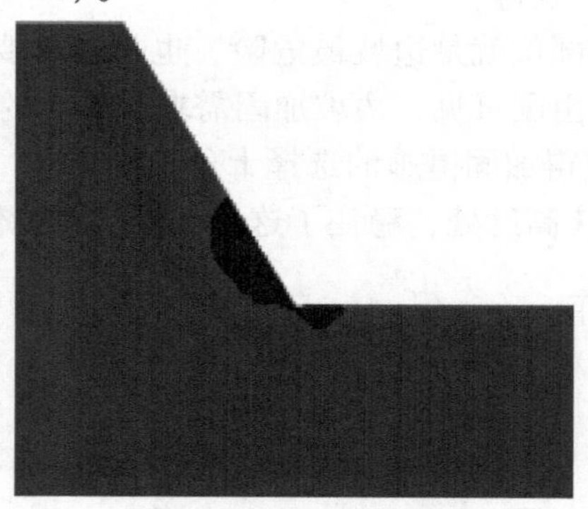

图 9.18　$K_f>1.25$ 的区域

四、边坡岩体工程参数计算与质量分级

1. 边坡岩体工程参数计算

岩体工程性质不仅受岩石性质和岩体结构的控制，还受岩体应力状态的影响。如前所述，边坡的应力场受卸荷等因素的影响而具有自身的分布特点，如坡肩部位的张应力区和坡脚部位的剪应力集中区。这些特点不仅改变了岩体的强度和变形性质，也增强了岩体性质的各向异性。因此边坡岩体工程参数的计算应当考虑边坡应力场的特点。

由于边坡空间形态和力学边界条件的复杂性，边坡应力场通常需要采用数值模拟方法计算获得。边坡岩体的力学参数及其空间变化应当以这些结果为基础计算得到。

岩体工程参数计算方法已在第六章讨论。应根据不同边坡的岩性和岩体结构条件，考虑边坡应力场特征，分区计算岩体各类工程参数。图 9. 19 左图为刚果（金）宗果 II 水电站右岸边坡岩体 x 方向弹性模量分布云图。

2. 边坡岩体质量分级

现有的工程岩体质量分级方法中，大多在基本质量分级的基础上，根据结构面是否对边坡稳定性产生不利影响而进行分级修正。但这种修正幅度常常较大，更进一步降低了分级的可靠性和可掌控性。

SMRM 岩体质量分级方法有效反映了多种地质和工程力学因素对岩体质量的影响，而且自然体现了岩体性质的各向异性，是一种更适合边坡岩体质量分级的方法。可采用第六章介绍的 SMRM 分级方法，结合其他现行方法对边坡岩体质量进行分级。图 9. 19 右图为刚果（金）宗果 II 水电站右岸边坡岩体 x 方向的 SMRM 岩体质量分布云图。

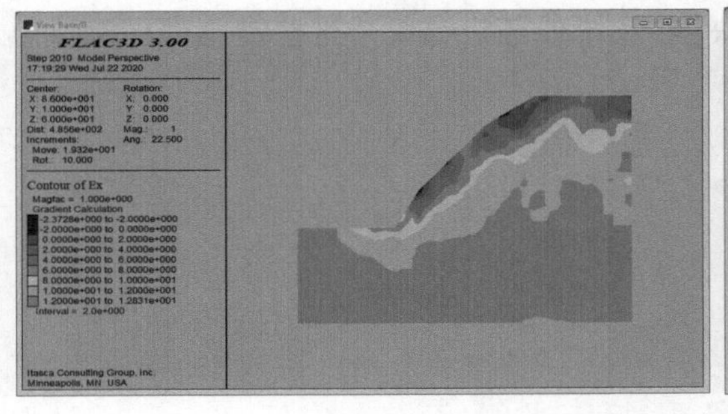

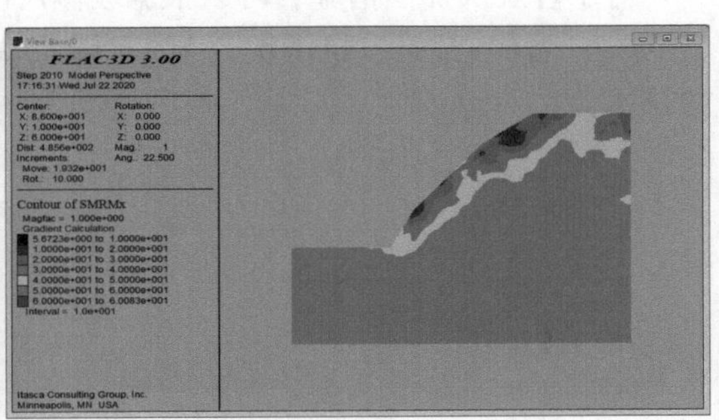

图 9. 19　边坡岩体工程参数和岩体质量分级分布图

五、边坡主动加固原则

根据上述分析，边坡的主动加固应满足以下原则：

1. “固脚-护腰” 原则

前述分析表明，边坡最需要加固的部位一般在边坡面的下 1/3 至 2/3 高度处。因此边坡加固的重点应当是“固脚-护腰”。事实上，这也是诸多工程实践的经验总结。

固脚是指重点保护和加固坡脚，包括两重含义：

一是应当重点加固坡脚，采用相对较强的措施，改善坡脚部位的应力状态，基本控制边坡产生过大变形和破坏起动的可能性；

二是保护坡脚部分岩体完整性，不因工程扰动而使其自稳潜力损失。保护坡脚岩体不受扰动是一个需要特别重视的问题。坡脚部位开挖、爆破，甚至在坡体内开凿大量运输巷道，无一不对该部位岩体的完整性造成损害。

护腰是指对边坡中部进行加固，以控制过量变形和破坏的可能性。

2. “三层次” 加固原则

对于规模较大的边坡，岩体的破坏失稳可能有三个层次，即山体层次、工程岩体层次和随机块体层次。大型边坡工程的稳定性常常不仅是工程岩体和随机块体的稳定性问题，更是山体稳定性问题。对于小型边坡，可以考虑后两个层次为主。

一般来说，山体加固需要更大的深度、更复杂的结构、更大的加固力；工程岩体次之；而随机块体加固则是在保证了山体和工程岩体稳定的前提下，采用系统或随机的加固措施。

对于各层次加固措施，可以根据坡体尺度的大小，参照下述序列选择，即山体-锚洞(锚梁)；岩体-锚索、抗滑键（洞）；随机块体-系统或随机锚杆。这些措施都已有成熟的技术。

第十章　岩体地下工程应用

岩体地下工程日益增多，其所带来的地质与岩体力学问题越来越突出。多层地下空间和相互交叉连通的硐室群成为常见形式；高度和跨度数十米、长度数百米的地下厂房洞库广泛出现；地下工程的地质条件也越来越复杂，大埋深与高地应力、构造活动带、软弱破碎与溶蚀性围岩、地下水活跃区，乃至极端气候区成为常见的工程环境。

但是，无论其结构如何特殊，地质条件如何复杂，地下工程所遇到的仍然是如下的基本问题：围岩应力场特征、围岩的地质与力学特性、围岩的变形破坏方式、围岩压力，以及围岩变形与稳定性控制等。

本章将主要针对上述问题开展相关讨论，其他已在教科书中系统阐述过的内容，将不在本章赘述。

第一节　地下工程初始应力

地下工程初始应力是指其开挖前岩体中的应力，它是开挖重分布应力的背景条件。因此，获得岩体初始应力是地下工程的基础性工作。

岩体初始地应力测试方法很多，已有专门论述，这里仅讨论几种简便易行应力估算方法。

一、铅直应力场估算

铅直应力场是指三个主应力中有一个铅直的应力场，通常包括自重应力场和有水平构造应力成分的应力场。

1. 自重应力场

对于纯粹自重应力场，在均匀介质和水平地面情况下，自重应力（σ_v）的方向铅直并与埋深（z）呈线性关系，水平应力（σ_h）一般按侧应力系数（ξ_0）计算

$$\begin{cases}\sigma_v=\rho g z\\ \sigma_h=\xi_0\sigma_v,\ \xi_0=\dfrac{\nu}{1-\nu}\end{cases}\tag{10.1}$$

值得注意的是，通常认为泊松比（ν）为常数，因此任意埋深条件下σ_h与σ_v之比，即侧应力系数ξ_0为定值。

2. 有水平构造应力参与时的铅直应力场

当存在水平构造应力（σ_0）时，有

$$\begin{cases}\sigma_v=\rho gz\\ \sigma_h=\xi_0\sigma_v+\sigma_0=\left(\xi_0+\dfrac{\sigma_0}{\rho gz}\right)\sigma_v,\ \xi=\xi_0+\dfrac{\sigma_0}{\rho gz}\end{cases}\tag{10.2}$$

这里注意，由于地面是自由边界，σ_0对铅直方向的侧压力无法积累。

式（10.2）表明，在有构造应力参与的情况下，尽管铅直应力仍可以按随埋深z线性增加模式估算，但水平方向上应力按非线性规律变化。此时侧应力系数（ξ）成为埋深的减函数。这与已有实测数据的统计规律一致。图10.1为以Hoek-Brown的统计结果为基础做出的ξ随深度（H）变化的散点图（赵德安等，2007）。

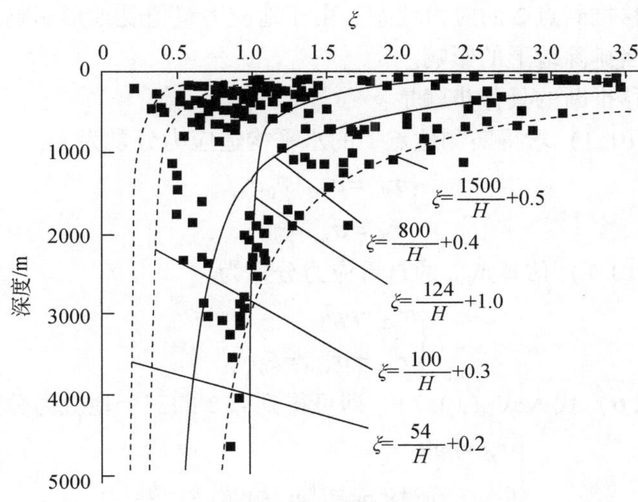

图10.1　水平应力随深度的变化

若实测得到某点的三向主应力量值（σ_v、σ_H和σ_h），其中σ_H和σ_h分别为最大和最小水平主应力，则可换算得到构造应力的水平分量（σ_{0H}和σ_{0h}）。由于实测数值包含了自重应力场的侧向压力分量（$\xi_0\sigma_v$），则可推算出构造应力的两向水平分量，即水平构造应力背景值为

$$\begin{cases}\sigma_{0H}=\sigma_H-\xi_0\sigma_v\\ \sigma_{0h}=\sigma_h-\xi_0\sigma_v\end{cases}\tag{10.3}$$

因此，在地形起伏不大的条件下有三向应力量值：

$$\begin{cases}\sigma_v=\rho gh\\ \sigma_H=\sigma_{0H}+\xi_0\sigma_v\\ \sigma_h=\sigma_{0h}+\xi_0\sigma_v\end{cases}\tag{10.4}$$

上述三个主应力量值的相对顺序可能随着埋深发生变化。按量值大小，可依次确定为σ_1、σ_2和σ_3。

按照地应力三个主分量的空间组合关系，可以划分地应力状态类型如下：

$$\begin{cases}\text{正断型}: \sigma_1=\sigma_v, \ \sigma_1=\sigma_H, \ \sigma_1=\sigma_h \\ \text{逆断型}: \sigma_1=\sigma_H, \ \sigma_1=\sigma_h, \ \sigma_1=\sigma_v \\ \text{走滑型}: \sigma_1=\sigma_H, \ \sigma_1=\sigma_v, \ \sigma_1=\sigma_h\end{cases} \tag{10.5}$$

3. 地应力量值平移推断

由于构造活动具有区域尺度，因此在工程尺度范围内相对均匀的岩体中，构造应力场具有一定的可外推范围。如果我们在点 1 测得地应力数值 σ_{v1}、σ_{H1} 和 σ_{h1}，则可以在一定的尺度范围内平移推断点 2 的应力状态。由于地应力量值受地形影响，在进行地应力量值平移推断中，应当排除地形的影响。

地应力量值平移推断的具体步骤是：

（1）采用式（10.3）求得实测地点 1 的水平构造应力分量为

$$\begin{cases}\sigma_{0H}=\sigma_{H1}-\xi_0\sigma_{v1} \\ \sigma_{0h}=\sigma_{h1}-\xi_0\sigma_{v1}\end{cases} \tag{10.6}$$

（2）通过式（10.1）估算点 2 的自重应力分量为

$$\begin{cases}\sigma_{v2}=\rho g h_2 \\ \sigma_{v2h}=\sigma_{v2H}=\xi_0\sigma_{v2}\end{cases} \tag{10.7}$$

（3）将式（10.6）代入式（10.7），即可得到点 2 的三个地应力分量推断值为

$$\begin{cases}\sigma_{z2}=\rho g h_2 \\ \sigma_{H2}=\sigma_{0H}+\sigma_{v2H}=\sigma_{H1}+\xi_0\rho g(h_2-h_1) \\ \sigma_{h2}=\sigma_{0h}+\sigma_{v2h}=\sigma_{h1}+\xi_0\rho g(h_2-h_1)\end{cases} \tag{10.8}$$

通过上述平移推断后的三个应力分量的相对大小可能发生变化，应按照变化后的量值大小重新确定推断点的地应力状态类型。

以天水—平凉铁路关山隧道为例，勘察阶段曾在硐线某部位采用水力压裂法测得如下地应力数据：$\sigma_{H1}=23\text{MPa}$，方位为 NE61°；$\sigma_{h1}=14.5\text{MPa}$；实测点埋深为 512m，地层密度为 $\rho=2.65\text{g/cm}^3$，于是有 $\sigma_{v1}=13.3\text{MPa}$。现需要推断与原测点水平距离 500m 处一点的地应力。该点埋深为 650m。取 $\nu=0.3$，可知 $\sigma_{0H}=21.9\text{MPa}$，$\sigma_{0h}=13.4\text{MPa}$。将上述数据代入式（10.8），可得到 $\sigma_{v2}=16.9\text{MPa}$，$\sigma_{H2}=24.5\text{MPa}$，$\sigma_{h2}=16\text{MPa}$。可见此处 σ_1 为水平，指向 NE61°；σ_2 铅直；σ_3 水平，方位 SE151°。

二、利用圆形勘探平硐围岩破坏推断初始应力状态

勘探平硐多为近圆形断面，依据勘探平硐围岩的片帮破裂及其出现的部位可以粗略解析岩体的初始应力状态。基本思路是：根据破裂点的断面位置判断应力方向；根据岩石强度估计应力量值。

1. 围岩初始应力方向判断

考察图 10.2 圆形勘探平硐切面局部出现片帮破坏的情形。根据弹性理论，硐壁环向压应力在 σ_1 方向线与硐壁的切点处取最大值，是硐壁围岩最容易发生压剪破坏的部位。

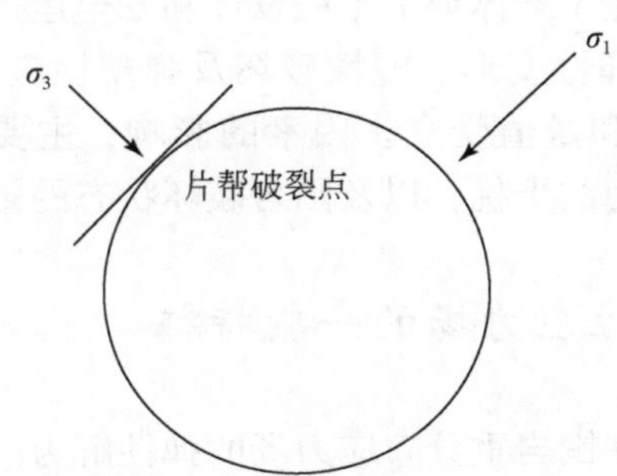

图 10.2　片帮部位与 σ_1 方向关系

由于圆形硐壁为主应力平面，且径向应力为 0，其量值一般小于硐轴方向的应力，由此可以推定该切面上的径向应力为 σ_3，而 σ_2 平行于硐轴向。

当相同岩性中有不同轴向勘探平硐时，可进行类似的判断。综合不同轴向平硐的判断结果，可以大致估计工程部位三向主应力和地应力状态。

2. 应力量值估计

我们知道，圆形硐室硐壁周向应力量值为

$$\sigma_\theta=\sigma_1[(1+\xi)+2(1-\xi)\cos 2\theta] \tag{10.9}$$

式中，σ_1 为作用于硐室截面上的远程主应力；ξ（<1）为该截面上与 σ_1 垂直方向的远程应力比值系数，即有 $\sigma_3=\xi\sigma_1$；θ 为硐壁考察点半径与 σ_3 的夹角。显然 σ_θ 的最大值在硐壁上$\theta=0°$的点，即 σ_1 方向线与硐壁的切点。

若不考虑 σ_2 的作用，上述破裂点处于单轴受力状态。由式（10.9）岩石的单轴抗压强度 σ_c 必满足关系 $\sigma_c=\sigma_\theta=(3-\xi)\sigma_1$。

由此可以做出如下判断：在圆形勘探平硐横截面上，初始最大主应力为

$$\sigma_1=\frac{1}{3-\xi}\sigma_c \tag{10.10}$$

当相近岩性中有不同轴向勘探平硐时，可进行类似的判断。综合不同轴向平硐的判断结果，可以大致估计工程部位三向主应力和地应力状态。

上述方法也可以粗略地运用于其他断面形态的地下空间。

第二节　地下空间围岩应力场特征

围岩应力场是地下工程开挖过程中围岩的卸荷变形和初始应力场自适应调整的结果，同时也全程控制着围岩的变形破坏行为。因此，认识地下空间围岩应力场的形成过程、分布特征和影响因素，就抓住了岩体地下工程设计和安全运行的灵魂。

围岩弹性应力场是岩体弹性变形、塑性破坏及弹塑性应力场形成的驱动因素。地下工程围岩弹性应力场的分布和量值受众多因素的影响，主要包括埋深、介质变形特性、硐室断面形状、相邻地下空间的干扰，以及围岩破坏状态的影响。

1. 地下空间围岩弹性应力场的一般特征

我们已经熟知，圆形硐室围岩重分布应力场的弹性解为

$$\begin{cases}\sigma_r=\dfrac{\sigma_v+\sigma_h}{2}\left(1-\dfrac{R^2}{r^2}\right)-\dfrac{\sigma_v-\sigma_h}{2}\left(1-\dfrac{4R^2}{r^2}+\dfrac{3R^4}{r^4}\right)\cos2\theta\\ \sigma_\theta=\dfrac{\sigma_v+\sigma_h}{2}\left(1+\dfrac{R^2}{r^2}\right)+\dfrac{\sigma_v-\sigma_h}{2}\left(1+\dfrac{3R^4}{r^4}\right)\cos2\theta\\ \tau_{r\theta}=\dfrac{\sigma_v-\sigma_h}{2}\left(1+\dfrac{2R^2}{r^2}-\dfrac{3R^4}{r^4}\right)\sin2\theta\end{cases}\tag{10.11}$$

式中，σ_h和σ_v为铅直方向与水平方向的初始应力；r和θ为围岩中一点的矢径及与水平轴的夹角；R为硐室半径。而在硐壁（$r=R$）有

$$\begin{cases}\sigma_r=0\\ \sigma_\theta=\sigma_v+\sigma_h+2(\sigma_v-\sigma_h)\cos2\theta\\ \tau_{r\theta}=0\end{cases}\tag{10.12}$$

对于一般地下工程，围岩弹性应力场具有下列熟知的特征：

（1）开挖面为主应力平面，法向应力$\sigma_3=0$，σ_1因应力集中而增高，由此导致差应力或剪应力增高，远离开挖面逐渐恢复初始应力状态；

（2）应力集中程度与所在部位的开挖面曲率有关，曲率越大的部位应力集中程度越高，反之亦反；

（3）天然应力状态，包括各应力量值大小和空间方向关系，决定围岩应力集中区分布和应力量值大小；

（4）地下空间的尺度大小影响围岩重分布应力量值大小，但一般不改变应力分布图式。

2. 地下空间埋深的影响

近年来地下工程的埋深越来越大，许多前所未有的问题都是由过大的埋深引起的。

深入了解围岩应力场随埋深的变化规律，对于科学认识其所带来的工程问题，合理设计支护系统，有重要的实用价值。这里取自重应力场为背景，分析地下空间围岩应力场随埋深的变化。

取岩体的弹性模量为 $E=10\text{GPa}$，泊松比为 $\nu=0.3$，对埋深100m和1000m的两个隧道围岩的弹性应力场进行模拟，图10.3为围岩最大主应力云图。可见当埋深增大10倍时，隧道对应部位的围岩最大主应力也呈10倍增长，但分布形式基本相同。

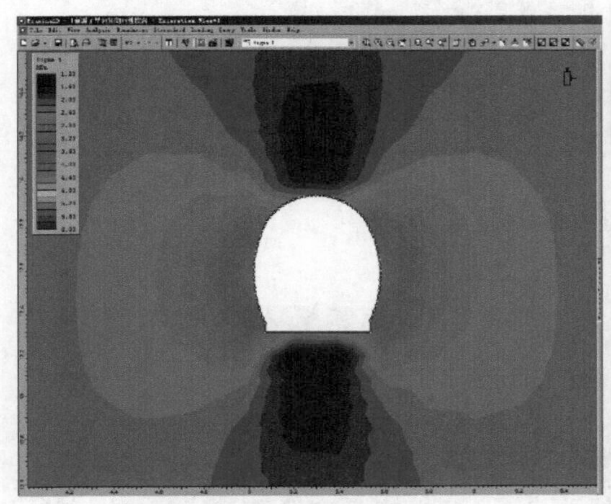

(a) 埋深100m

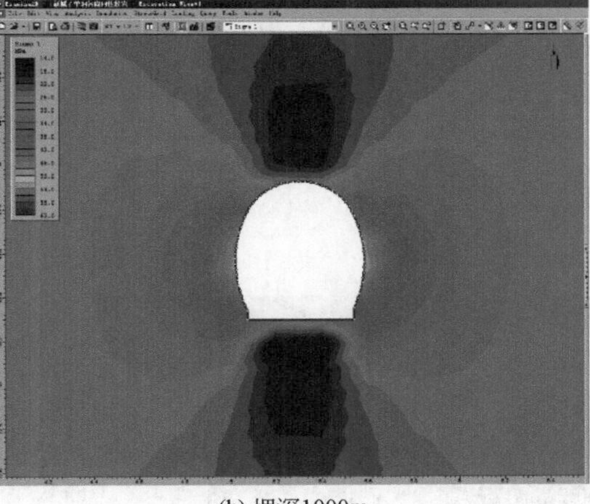

(b) 埋深1000m

图 10.3 埋深对硐室围岩弹性应力场的影响

因此，地下空间围岩应力量值与埋深成正比，而应力分布形式不变。这就决定了围岩变形破坏随埋深而加剧，但变形破坏的部位基本不变。

当存在水平构造应力时，不仅地下空间围岩应力量值将发生变化，应力分布图式也会相应变化。

3. 应力作用方向影响

在一些地形起伏剧烈，或者应力场歪斜的地区，地下空间围岩应力场将受到初始应力方向的影响而发生相应的歪斜。本章第一节已经提及，初始应力场方向控制着围岩破裂方向，显然它是通过围岩应力场的分布实现的。

这里以锦屏一级地下厂房硐室群为例，分析初始应力作用方向对围岩应力场的影响。地下厂房布置在雅砻江右岸坡度40°~90°的高陡斜坡山体中，埋深200~300m。斜坡中实测的最大主应力以30°~50°倾角指向河谷，与河谷平行的主厂房与主变室，以及与之垂直的母线硐群围岩应力场承受倾斜初始应力作用而显著倾斜（图10.4）。

由此引发的硐室群围岩变形破坏也呈现显著的不对称性（参见图10.5）。在主厂房和主变室下游侧拱腰部位普遍出现片帮与片状岩弯折现象，而同时在与之垂直的母线硐群的河流侧拱腰部位也大量出现类似的片帮破坏（图10.5）。

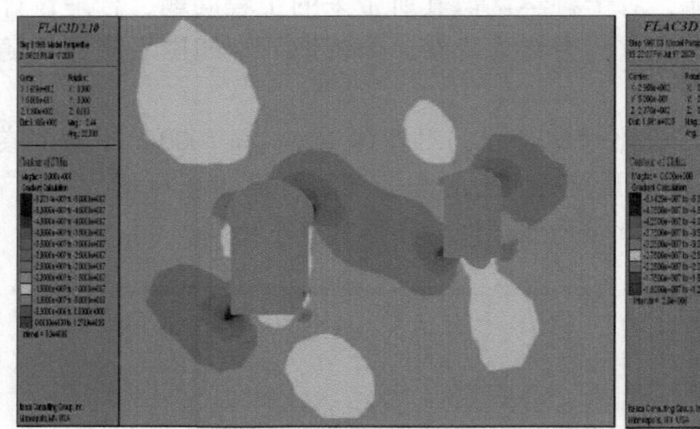
(a) 主厂房与主变室围岩应力场

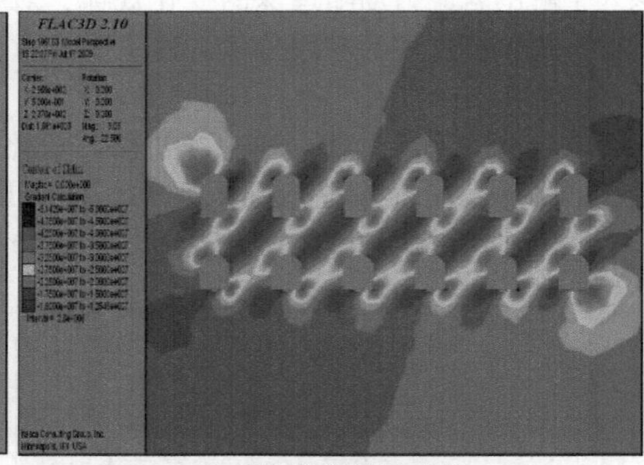
(b) 母线硐群围岩应力场

图 10.4　主厂房与母线硐群围岩应力场

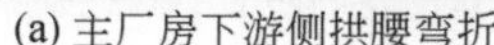
(a) 主厂房下游侧拱腰弯折

(b) 母线硐河流侧拱腰片帮

图 10.5　地下厂房硐室群拱腰部位岩体破坏现象

4. 岩体变形性质的影响

弹性介质的变形性质通常用弹性模量（E）和泊松比（ν）两个参数反映。我们通过数值计算来观察 E 和 ν 对隧道围岩应力场分布模式的影响。考察埋深 1000m 的情形，对比 E 的变化和 ν 的变化带来的影响（图 10.6）。

比较表明，在同样的埋深条件下，岩体弹性模量的变化对围岩应力场图式的影响不大；而泊松比则影响显著，泊松比越大时，围岩周向应力的差别将减小。泊松比影响的一个重要原因在于它的变化改变了围岩中初始应力的比值，由此改变了围岩应力场。

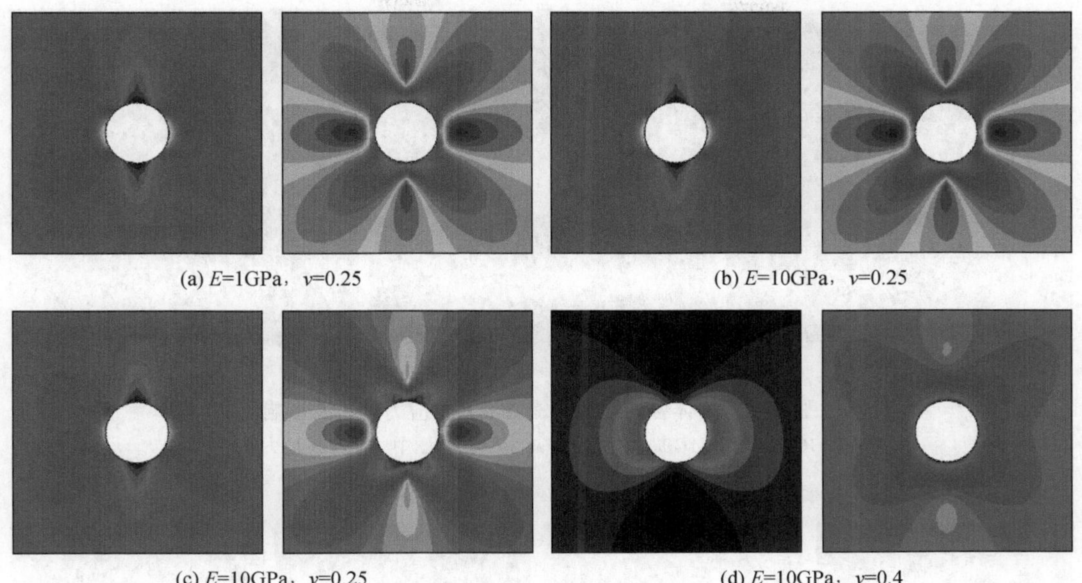

图 10.6 岩体弹性参数对硐室围岩应力场的影响

埋深 1000m；上述四组图中各组左列为最大主应力，右列为最小主应力

5. 各向异性介质中的围岩应力场

围岩变形性质的另一重要特性是它的各向异性。岩体的各向异性也表明它在不同方向上承受、积累和传递应力的差异性。

图 10.7 考察了各向异性介质中围岩应力分布随角度的变化特征。埋深 1000m 的圆形硐室，取围岩某个方向的弹性模量 E_2为另一与之垂直方向 E_1的 10 倍，并使 E_2处于不同倾角，考察围岩最大主应力分布的变化。

由图 10.7 可见，岩层倾角的变化可以使围岩一定范围内的应力轨迹发生偏转，应力集中区部位和量值也与各向同性围岩有较大差别。

6. 硐室断面形状影响

考察同为 1000m 埋深，各向同性围岩，不同断面硐室的最大主应力分布如图 10.8 所示。

由图 10.8 可知，硐室断面形状对围岩应力场的影响主要表现在硐壁曲率增大部位的周向应力集中程度增高。这些部位常常是较为容易发生岩爆和片帮破坏的部位。

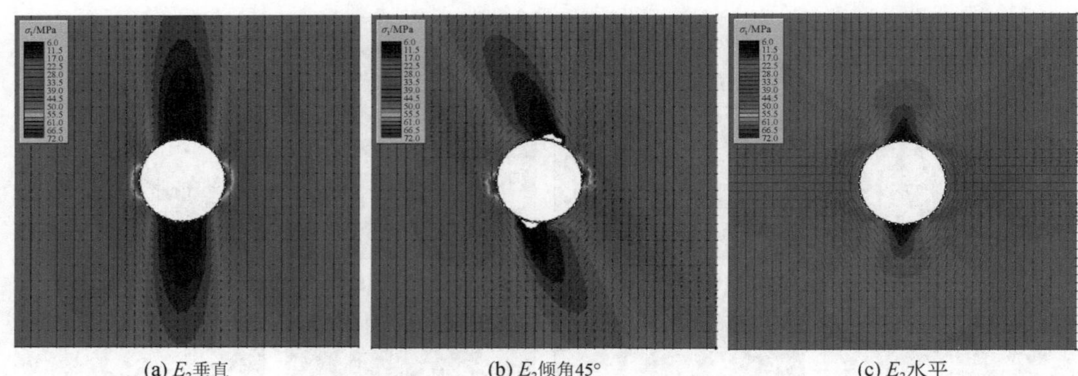
(a) E_2垂直　(b) E_2倾角45°　(c) E_2水平

图 10.7　岩体各向异性对围岩最大主应力分布的影响

埋深1000m，$E_1=1\text{GPa}$，$E_2=10\text{GPa}$，$\nu=0.3$；图中“十”示应力方向

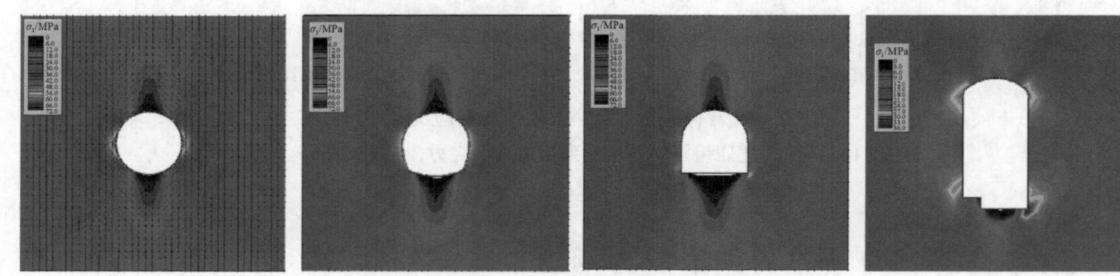
图 10.8　不同断面形状硐室围岩最大主应力分布

埋深1000m，$E=10\text{GPa}$，$\nu=0.25$

7. 群硐效应影响

硐室间的围岩重分布应力场叠加干扰也是影响围岩应力分布的重要因素。我们常常看到两硐交汇部位的岩墙即使用钢筋混凝土置换后仍然破裂严重；当两个平行硐室相互靠近时所出现的情形也是如此。

西北某施工中的铁路两条单线隧道交汇，要求在1km距离内将两硐壁净距离从21m缩小到1.77m，并由连拱变为大跨断面隧道。此处埋深为450m，估算铅直应力达到11.25MPa。由于埋深较大，在净距21m时两硐相邻硐壁已经出现支护系统破坏，随着硐壁距离的减小，衬砌破坏越来越突出，严重制约了施工进度。

图10.9显示了随着两硐间距的缩小，中隔墙围岩最大主应力量值的增加。这种应力增加是两硐附加应力场的叠加效应所致。

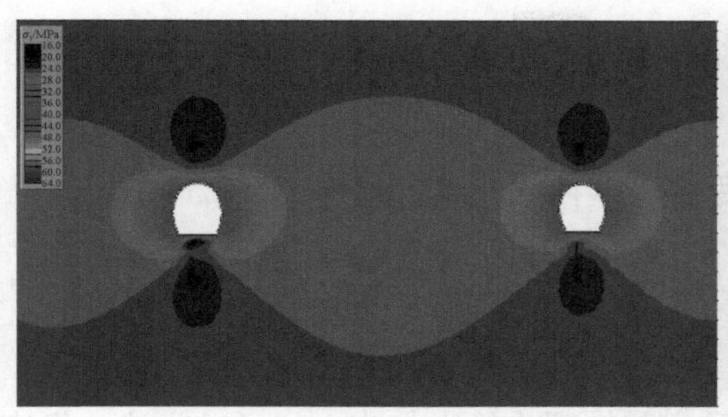

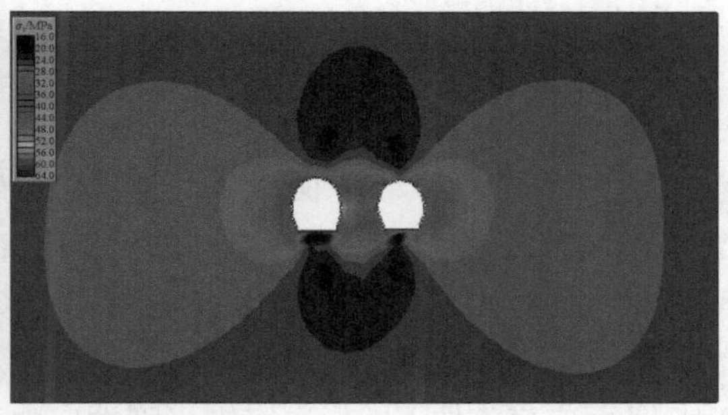

图 10.9　硐室间距对围岩应力场的影响

最大主应力分布，埋深 1000m，$E=5\mathrm{GPa}$，$\nu=0.4$

图 10.10 为某高速铁路地下车站横断面最大主应力分布云图，下部为三条平行隧道，上部为车站大厅，大厅穹顶最大埋深约为 90m。图 10.10 中可以看出四个硐室间围岩应力的相互叠加和干扰，以及由此引起的应力集中。由于围岩为较坚硬的花岗岩，因此压应力不会导致困难，但低应力区却可能引起块体塌落，成为隧道建设中需要注意的问题。

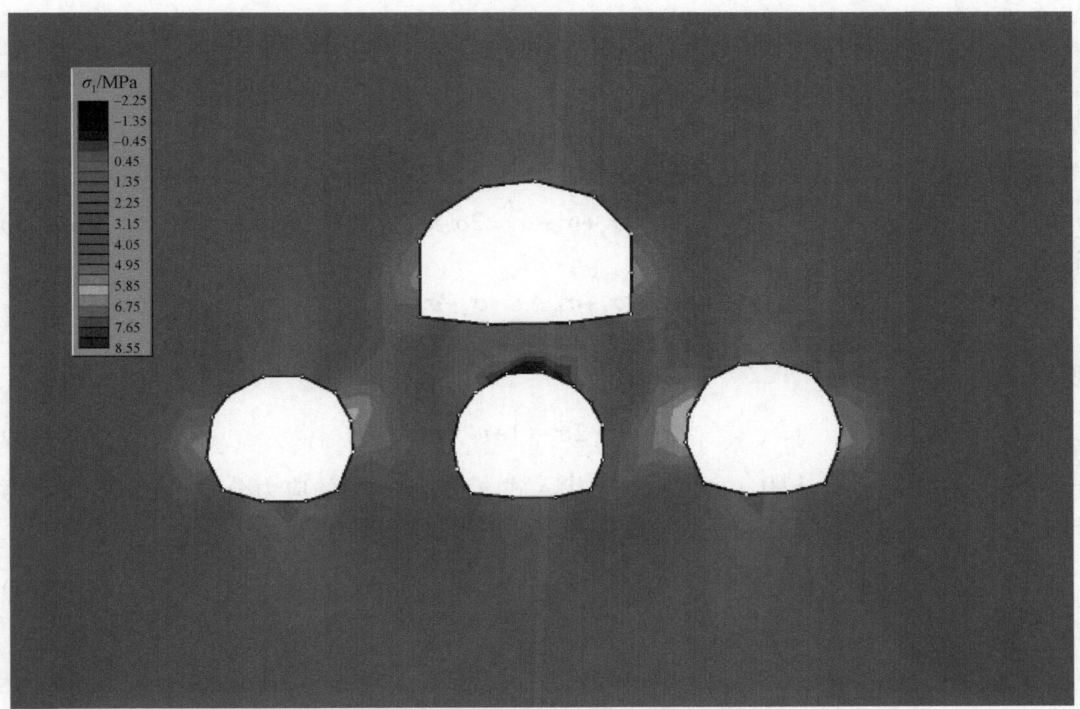

图 10.10　某高铁地下车站围岩最大主应力分布云图

第三节　地下空间围岩变形分析

一、圆形硐室弹性变形的平面应变问题

1. 各向同性介质围岩的弹性变形

平面应变条件下圆形硐室围岩弹性应力已由弹性理论给出如式（10.11），这一组应力是硐室开挖后围岩应力与回弹变形协同调整的结果。

这一过程中，围岩的径向弹性应变与位移满足下述方程：

$$\varepsilon_r=\frac{\partial u}{\partial r} \tag{10.13}$$

而应力-应变关系为

$$\varepsilon_r=\frac{1}{E}[(1-\nu^2)\sigma_r-\nu(1+\nu)\sigma_\theta]=\frac{1}{E'}(\sigma_r-\nu'\sigma_\theta) \tag{10.14}$$

式中，E、ν 为围岩的弹性模量与泊松比，且有

$$\frac{1}{E'}=\frac{1-\nu^2}{E},\ \nu'=\frac{\nu}{1-\nu}$$

对于平面应变问题，硐轴向应力为

$$\sigma_x=\nu(\sigma_\theta+\sigma_r)$$

考虑到开挖前后硐轴方向的应力变化不大，可取为 $\sigma_x=\nu(\sigma_{\mathrm{v}}+\sigma_{\mathrm{h}})$，令两者相等，有

$$\sigma_r=\sigma_{\mathrm{v}}+\sigma_{\mathrm{h}}-\sigma_\theta=2\bar{\sigma}-\sigma_\theta \tag{10.15}$$

这里

$$\bar{\sigma}=\frac{\sigma_{\mathrm{v}}+\sigma_{\mathrm{h}}}{2},\ \tau=\frac{\sigma_{\mathrm{v}}-\sigma_{\mathrm{h}}}{2}$$

所以有

$$\varepsilon_r=\frac{1}{E'}[2\bar{\sigma}-(1+\nu')\sigma_\theta] \tag{10.16}$$

将式（10.16）代入式（10.13），并代入式（10.11）中的应力分量，对 r 积分，考虑到无穷远处位移为0，可得平面应变条件下的围岩弹性径向位移为

$$u_{\mathrm{e}}=\frac{1+\nu'}{E'}\left(\bar{\sigma}\frac{R^2}{r}+\tau\frac{R^4}{r^3}\cos2\theta\right) \tag{10.17a}$$

在硐壁，因 $R=r$，有

$$u_{\mathrm{e}}=\frac{1+\nu'}{E'}(\bar{\sigma}+\tau\cos2\theta)R \tag{10.17b}$$

式（10.17b）对 θ 求极值

$$\frac{\partial u_{\mathrm{e}}}{\partial r}=-2\frac{1+\nu'}{E'}R\tau\sin2\theta=0,\ \frac{\partial^2u_{\mathrm{e}}}{\partial r^2}=-4\frac{1+\nu'}{E'}R\tau\cos2\theta$$

当 $\sigma_v>\sigma_h$，$\tau>0$ 时，$\theta=0°$ 和 $90°$ 时分别取极大值和极小值，圆形硐室变为直立椭圆，水平收敛围岩大于拱顶下沉量；反之当 $\sigma_v<\sigma_h$，$\tau<0$ 时，$\theta=0°$ 和 $90°$ 时分别取极小值和极大值，圆形硐室变为平卧椭圆。

2. 各向异性介质围岩的弹性变形

当围岩为各向异性弹性介质时，围岩应力式（10.11）和几何关系式（10.13）都将满足，因为它们与物质性质无关。物理方程式（10.14）应按统计岩体力学应力-应变关系式（3.22）考虑。

我们考察圆形硐室围岩单元中含有 m 组结构面的情形，单元体受力如图 10.11 所示。设第 p 组结构面法线 n 位于坐标平面内，并与水平轴正向夹角为 δ，则有

$$\begin{cases} n_1=\sin(\theta-\delta) \\ n_2=\cos(\theta-\delta) \\ n_1^2+n_2^2=1 \end{cases} \tag{10.18}$$

结构面部分的应变可由式（3.53）推得为

$$\varepsilon_{rc}=\frac{8}{\pi E'}\ \{B_0\sigma_\theta+C_0\tau_{r\theta}+D_0\bar{\sigma}\} \tag{10.19a}$$

其中，

$$\begin{cases} B_0=\sum\limits_{p=1}^{m}\lambda\bar{a}[k^2(n_1^2-n_2^2)-2\beta h^2n_1^2]n_2^2 \\ C_0=\sum\limits_{p=1}^{m}\lambda\bar{a}[2k^2n_2^2+\beta h^2(n_1^2-n_2^2)]n_2n_1 \\ D_0=2\sum\limits_{p=1}^{m}\lambda\bar{a}(k^2n_2^2+\beta h^2n_1^2)n_2^2 \end{cases} \tag{10.19b}$$

岩块部分的应变 ε_{r0} 由式（10.16）确定，由此可以得到岩体径向弹性应变为

$$\varepsilon_r=\varepsilon_{r0}+\varepsilon_{rc}=\frac{1}{E'}\left\{\left[\frac{8}{\pi}B_0-(1+\nu')\right]\sigma_\theta+\frac{8}{\pi}C_0\tau_{r\theta}+2\left(1+\frac{4}{\pi}D_0\right)\bar{\sigma}\right\} \tag{10.20}$$

代入应力函数，并对 r 积分，考虑到无穷远处位移为 0，得到弹性径向位移为

$$u=-\frac{1}{E'}\left\{\left[\frac{8}{\pi}B_0-(1+\nu')\right]\left[\bar{\sigma}\frac{R^2}{r}+\frac{R^4}{r^3}\tau\cos2\theta\right]+\frac{8}{\pi}C_0\left(\frac{2R^2}{r}-\frac{R^4}{r^3}\right)\tau\sin2\theta\right\} \tag{10.21a}$$

当 $r=R$ 时，即在硐壁有弹性径向位移

$$u=-\frac{1}{E'}R\left\{\left[\frac{8}{\pi}B_0-(1+\nu')\right]\ [\bar{\sigma}+\tau\cos2\theta]\ +\frac{8}{\pi}C_0\tau\sin2\theta\right\} \tag{10.21b}$$

当 $\sigma_v=\sigma_h$ 时，有 $\bar{\sigma}=\bar{\sigma}_v=\sigma$，$\tau=0$，则式（10.21a）和式（10.21b）变为

$$u=\frac{1}{E'}[\,(1+\nu')-\frac{8}{\pi}B_0]\,\sigma\,\frac{R^2}{r}$$

$$u=\frac{1}{E'}R\left[(1+\nu')-\frac{8}{\pi}B_0\right]\sigma$$

当无结构面时，围岩和硐壁变形分别为

$$u=\frac{1+\nu'}{E'}\sigma\frac{R^2}{r}\text{和 }u=\frac{1+\nu'}{E'}R\sigma$$

与经典的均匀、连续、各向同性介质中圆形硐室围岩变形解一致。

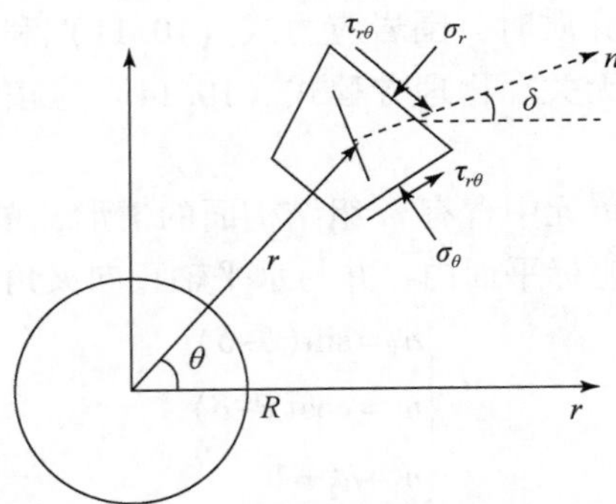

图 10.11　各向异性围岩单元体应变

二、圆形硐室围岩弹性模量与岩体质量的断面分布

根据统计岩体力学理论，硐室围岩各点的应力状态变化将影响各点的岩体的力学性质。这里仅讨论圆形硐室围岩弹性模量的变化特征。

$$E_m=\frac{E}{1+\alpha\sum_{p=1}^{m}\lambda\bar{a}\left[(k^2-\beta h^2)n_1^4+\beta h^2 n_1^2\right]}\tag{10.22}$$

如图 10.11 所示，式中，$n_1=\sin(\theta-\delta)$, $n_2=\cos(\theta-\delta)$，$\alpha=\frac{8(1-\nu^2)}{\pi}$，$\beta=\frac{2}{2-\nu}$；而

$$k=k(\sigma_n)=\begin{cases}1, & \sigma_n\text{ 为拉应力}\\0, & \sigma_n\text{ 为压应力}\end{cases}\tag{10.23}$$

$$h=\frac{\tau_r}{\tau}=\begin{cases}0, & \text{结构面受压锁固}\\1-f\frac{\sigma_n}{\tau}-\frac{c}{\tau}, & \text{结构面剪切滑移}\\1, & \text{结构面受拉张开}\end{cases}\tag{10.24}$$

并有

$$\begin{cases}\sigma_n=\sigma_\theta n_1^2+\sigma_r n_2^2\\\tau=(\sigma_\theta-\sigma_r)n_1 n_2\end{cases}\tag{10.25}$$

式中，σ_θ 和 σ_r 由围岩应力式（10.11）给出。

当 $\sigma_v=\sigma_h=\sigma$ 时，硐壁有 $\sigma_r=0$，$\sigma_\theta=2\sigma$，$\tau=2\sigma n_1 n_2$，$\sigma_n=2\sigma n_1^2$，

$$h=1-f\tan(\theta-\delta)-\frac{c}{\sigma\sin2(\theta-\delta)}$$

当围岩处于 $\sigma_v=\sigma_h=\sigma$ 应力环境时，$k=0$，有

$$E_m=\frac{E}{1+\alpha\beta\sum_{p=1}^{m}\lambda\bar{a}h^2n_1^2(1-n_1^2)}$$

注意上述计算中，对于受开挖扰动的围岩区域，由于结构面可能发生裂解而导致黏聚力丧失，计算中可取 $c=0$。

按照第六章第六节介绍的方法，我们可以获得硐室断面各点的岩体质量，由此获得围岩岩体质量的断面分布。图 10.12 为 35°倾角层状围岩在铅直应力场下的围岩分级分布云图。

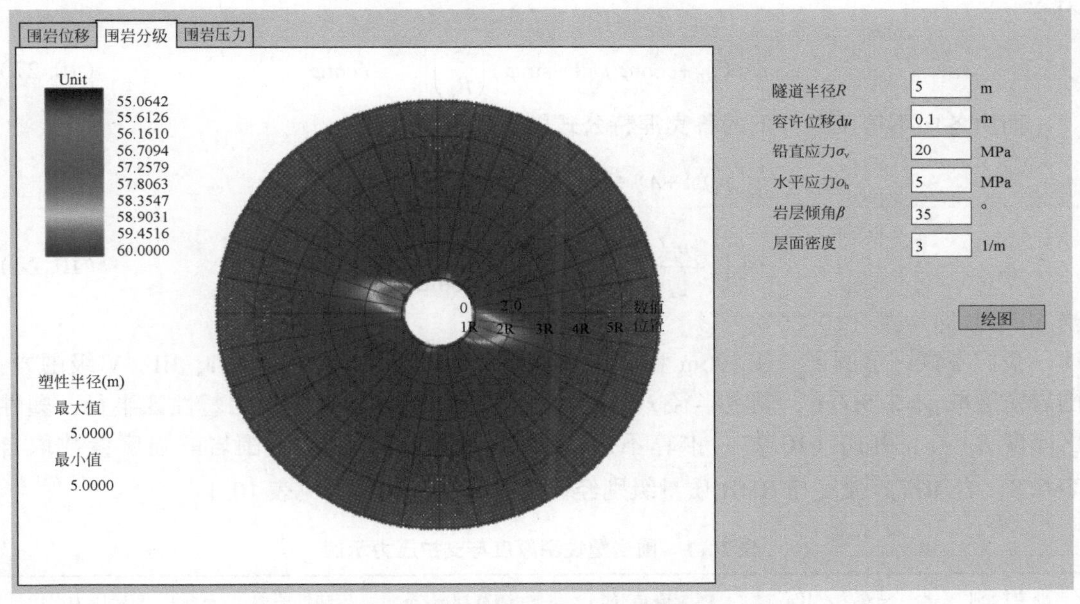

图 10.12　倾斜岩层圆形硐室围岩质量分级

第四节　地下硐室的围岩压力

围岩压力是地下空间支护体系设计的重要依据。随着隧道等地下空间埋深不断增大，围岩大变形和衬砌系统的破坏成为一个较为普遍的问题，给围岩压力评估和支护系统设计带来了新的挑战。

下面分别讨论围岩压力分析的经典理论方法、统计岩体力学方法及实测结果。

一、围岩压力的理论计算方法

1. 经典弹塑性理论计算方法

按照经典的卡斯特纳（Kastner，1951）方程，或称修正芬纳（Fenner）方程，承受各向等压 p_0 作用，硐径为 a 的圆形硐室，围岩黏聚力为 c、内摩擦角为 φ 时，其塑性区半径为

$$R_{p_0}=a\left[\frac{(p_0+c\cot\varphi)(1-\sin\varphi)}{c\cot\varphi}\right]^{\frac{1-\sin\varphi}{2\sin\varphi}} \tag{10.26}$$

如果施加衬砌反力将使塑性区半径减小，则围岩作用在衬砌上的反力，即围岩压力为

$$p=(p_0+c\cot\varphi)(1-\sin\varphi)\left(\frac{a}{R_p}\right)^{\frac{2\sin\varphi}{1-\sin\varphi}}-c\cot\varphi \tag{10.27}$$

而由各向不等压条件下的鲁宾涅特公式则可以推得

$$p=\frac{1}{2}[p_0(1+\lambda)+2c\cot\varphi](1-\sin\varphi)$$

$$\cdot\left(\left\{1+\frac{p_0(1-\lambda)(1-\sin\varphi)\cos2\theta}{[p_0(1+\lambda)+2c\cot\varphi]\sin\varphi}\right\}\frac{a}{R_p}\right)^{\frac{2\sin\varphi}{1-\sin\varphi}}-c\cot\varphi \tag{10.28}$$

当 $\lambda=1$ 时即为式（10.26）。

我们考察一个例子。在 100m 和 1000m 埋深条件下，RMR 分类为 I、III、V 级围岩，围岩密度取 $\rho=2.5\mathrm{t/m^3}$，硐室半径 $r=5\mathrm{m}$。按式（10.26）计算围岩的塑性区半径，塑性区厚度 $R_{p_0}-r$。由式（10.27）推算不出现塑性区时的围岩压力。围岩的强度参数取自表 6.8，岩体抗剪强度与 RMR 质量级别经验关系表。计算结果见表 10.1。

表 10.1　围岩塑性圈厚度与支护压力示例

围岩级别	黏聚力/MPa	内摩擦角/(°)	硐室埋深/m	塑性圈厚度/m	围岩压力/MPa
I	>0.4	>45	100	<0.84	<0.45
			1000	<4.15	<7.07
Ⅲ	0.25	30	100	4.2	1.03
			1000	22.1	12.18
V	<0.1	<15	100	>2.17	>1.75
			1000	>1315	>18.40

可见围岩质量和埋深对围岩塑性区范围和围岩压力的影响是显著的。当然，在较大埋深条件下，上述理论公式的实用性也可能存在需要探讨的地方。

2. 岩体的弹性围岩压力

围岩压力是因为限制硐壁围岩径向位移而产生的对支护系统的压力。在式（10.20）中代入应力式（10.11），加上支护力（内水压力 p），即用 $\sigma_r+\frac{R^2}{r^2}p$ 代替 σ_r，对 r 积分，注意无穷远处位移为零，有

$$u_r=B\left[\frac{R^2}{r}\bar{\sigma}-\left(\frac{4R^2}{r}-\frac{R^4}{r^3}\right)\tau\cos2\theta+p\frac{R^2}{r}\right]+C\left(\frac{2R^2}{r}-\frac{R^4}{r^3}\right)\tau\sin2\theta \\ -(n-1)r\left[B(\bar{\sigma}-\tau\cos2\theta)-C\tau\sin2\theta+D\bar{\sigma}\right] \tag{10.29a}$$

其中，

$$\begin{cases}B=\dfrac{1+\nu'}{E'}+\dfrac{8}{\pi E'}\sum\limits_{p=1}^{m}\lambda\bar{a}\left[k^2(n_1^2-n_2^2)+2\beta h^2n_2^2\right]n_1^2\\ C=\dfrac{8}{\pi E'}\sum\limits_{p=1}^{m}\lambda\bar{a}\left[2k^2n_1^2+\beta h^2(n_2^2-n_1^2)\right]n_1n_2\\ D=2\left[\dfrac{8}{\pi E'}\sum\limits_{p=1}^{m}\lambda\bar{a}(k^2-\beta h^2)n_1^2n_2^2-\dfrac{2\nu'}{E'}\right]\end{cases} \tag{10.29b}$$

令硐壁 $r=R$ 处位移为 u_c，可求得支护压力，即围岩压力为

$$p(\theta)=\left\{\left[(2-n)B-(n-1)D\right]\bar{\sigma}+(n-4)B\tau\cos2\theta)+nC\tau\sin2\theta+\frac{u_c}{R}\right\}\frac{1}{B} \tag{10.30}$$

二、实测围岩压力分布

采用压力盒方法可以测得围岩对初期支护系统，以及初支与二衬系统之间的接触压力。关宝树（2011）给出了若干隧道初支与围岩接触压力实测值，断面 21 个测点的平均接触压力为 0.297MPa，其中出现埋深 50m 和 60m 的两个测点最大接触压力达到 1.8MPa 的情形。他还给出了接触压力（σ_r）与硐跨（L）之间的经验关系

$$\sigma_r=0.158L^{1.372}$$

对于深埋隧道的情形，目前也有部分监测结果显示接触压力达到 2MPa 以上（图 10.13）。事实上，随着隧道埋深的增大，接触压力增大应是合理的。图 10.13 为兰渝铁路某隧道不对称围岩压力监测结果。

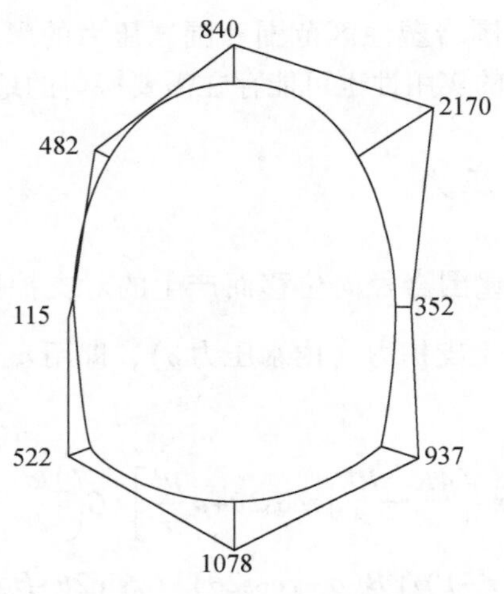

图 10.13　围岩压力监测结果

第五节　地下空间围岩变形的主动控制

本节仍以圆形硐室为例开展讨论，其结果可以定性指导其他硐形问题。

我们讨论两个问题：一是 $\sigma_v = \sigma_h = \sigma$ 条件下圆形硐室围岩塑性变形控制，以及通过初次支护保护对称支护的非对称破坏的问题；二是岩爆防护问题。

一、围岩非对称大变形控制

目前隧道安全的一个突出矛盾是以对称结构抵抗非对称围岩压力和变形。标准化设计的支护结构在断面上关于铅直线对称，能够较好地抵抗对称的围岩压力和围岩变形；而支护系统在抵抗非对称压力和变形上是较为脆弱的，因此常常导致永久衬砌的破坏。

围岩非对称变形控制问题可以采用围岩径向应力控制或围岩径向变形控制实现，两者本质上是一致的。

1. 围岩自稳潜力提升原理

径向应力控制和变形控制的主要方式是施加径向预应力锚固约束。采用厚壁桶内水压力理论可以粗略分析径向加固的作用。

若设径向锚固预应力为 p，代入厚壁桶内水压力引起的围压附加应力，得围岩应力场

$$\begin{cases}\sigma_r=\bar{\sigma}\left(1-\frac{R^2}{r^2}\right)-\tau\left(1-\frac{4R^2}{r^2}+\frac{3R^4}{r^4}\right)\cos2\theta+\frac{R^2}{r^2}p\\ \sigma_\theta=\bar{\sigma}\left(1+\frac{R^2}{r^2}\right)+\tau\left(1+\frac{3R^4}{r^4}\right)\cos2\theta-\frac{R^2}{r^2}p\\ \tau_{r\theta}=\tau\left(1+\frac{2R^2}{r^2}-\frac{3R^4}{r^4}\right)\sin2\theta\end{cases}\tag{10.31}$$

这是一个增加径向应力，同时降低周向应力的支护方式。从统计岩体力学的观点看，这种变化不仅增强了围岩的变形性质，同时也增强了结构面抗剪强度，由此提升了岩体的自稳潜力。

事实上，岩体抵抗变形的能力由式（10.22）可得

$$E_{\mathrm{m}}=\frac{E}{1+\alpha\sum_{p=1}^{m}\lambda\bar{a}(k^2n_1^4+\beta h^2n_2^2)}\tag{10.32}$$

其中考虑了$1-n_1^2=n_2^2$。当结构面的法向应力$\sigma_{\mathrm{n}}=\sigma_\theta n_1^2+\sigma_r n_2^2$增大，而剪应力$\tau=(\sigma_\theta-\sigma_r)n_1n_2$降低，结构面剩余剪应力比值$h=1-f\frac{\sigma_{\mathrm{n}}}{\tau}-\frac{c}{\tau}$将减小，同时结构面受压闭合$k=0$，将显著增大岩体的弹性模量。由此硐室断面各点的围岩质量级别也将提升，直至达到完整岩石的质量级别。

另外，由岩块和结构面抗压强度判据为

$$\sigma_{\theta\mathrm{c}}=T_i\sigma_r+R_i\tag{10.33}$$

其中，

$$T_0=\tan^2\left(45°+\frac{\varphi_0}{2}\right),\ T_i=\frac{n_1n_3+fn_3^2}{n_1n_3-fn_1^2},\ i=1,2,\cdots,m$$

分别代表岩块和各组结构面。可见岩体的抗压强度$\sigma_{\theta\mathrm{c}}$随着$\sigma_r$的增大而线性增大，且其增大倍数一般大于或远大于1.0。

2. 围岩变形控制方法

围岩的不对称变形u已由式（10.27）给出。由式（10.27）可见，围岩的变形一方面受环境应力（σ_{v}，σ_{h}）的方向性影响，同时也受结构面产状（n_1，n_2）的影响，表现出显著的各向异性和非对称性。

控制围岩变形由提供的支护力（p）实现，按照式（10.38）和式（10.27），有

$$p=\frac{1}{1-\nu'T_0+\frac{8}{\pi}B(\theta,\delta_i)}\left[u(\theta,\delta_i)-\frac{E'}{R}\Delta u\right]\tag{10.34}$$

式中，u和B反映了上述变形的各向异性和非对称性。

当采用锚固支护时，单锚的锚固力（T）由下式确定

$$T=1000\cdot l\cdot d\cdot p(\theta,\delta_i)\tag{10.35}$$

式中，l、d 分别为锚杆（索）的行距与列距，m。

锚杆（索）的长度 L 一般为围岩塑性圈半径 r_0 的 1.2 倍。r_0 由式（10.29）确定。

二、岩爆防护

1. 现有岩爆防护方法

目前岩爆防护大致采取三类工程措施：一是降低岩体强度的方法；二是应力状态改善方法；三是支护措施。

这些措施多数是建立在对高地应力条件下岩爆机理理解的基础上，从调整岩爆驱动力与岩体承载能力相互关系的角度提出的，因此多数办法有一定的合理性。上述措施在最大埋深达到 2525m 的锦屏二级水电站辅助洞等工程中也获得一定的效果。但是，这些措施的调整能力仍然是有限的，在超出调整能力范围时，岩爆仍然会发生。

（1）降低岩石强度的方法。主要包括湿水降强法、微孔预破裂法等。

湿水降强法是通过喷水、注水方法降低开挖面表层岩体强度和周向应力 σ_1，减缓岩爆程度的方法。它是基于岩石强度的吸水软化性提出的。

岩石的软化系数定义为岩石的饱和单轴抗压强度与干单轴抗压强度之比，即 $K_R=\dfrac{\sigma_{cw}}{\sigma_c}$。各类岩石的软化性质差异较大，总体上沉积岩的软化性要强于火成岩和变质岩。对于沉积岩类，含泥质，特别是泥质胶结较多的岩石软化性强于钙质和硅质类岩石；对于火成岩类，基性岩强于酸性岩；对于变质岩，负变质岩强于正变质岩。

按照约定，$K_R>0.75$ 的岩石为软化性较弱的岩石，这类岩石通常有较强的抗风化和抗冻能力。反之则软化性较强，且易遭风化和冻融破坏。钙质、硅质含量高的沉积岩，富含钙质、硅质的变质岩，多数火成岩和正变质岩都属于软化性较弱的岩石。

这种办法对于软化系数较小的沉积岩可能是有效的，如煤矿常常遇到的砂岩、页岩等。但是对于坚硬的或 K_R 较大的岩石，这种方法效果是有限的，如花岗岩（$\sigma_c>100$MPa）湿水软化后仍能够承受 $\sigma_{cw}>75$MPa 的压应力，满足发生脆性破裂的应力条件。因此在采用湿水降强方法时，应充分考虑岩石的强度和水理性质。

由于岩块渗透性能一般是较弱的，即使是砂岩（$K=5.5\times10^{-6}$cm/s），每天仅能入渗 0.475cm。因此喷水或注水主要通过结构面网络渗入岩体，降低结构面的力学性能而起到降强作用。

微孔预破裂法是在掌子面打超前钻孔，使孔壁压裂，或在孔中进行松动爆破或小炮震裂。这种方法也是通过降低岩体的承载能力而减小应力集中影响。

按照 Kastner 方程，在应力 p_0 作用下，钻孔壁压裂造成的塑性区半径为

$$R_p=R_0\left[\frac{(p_0+c\cot\varphi)(1-\sin\varphi)}{c\cot\varphi}\right]^{\frac{1-\sin\varphi}{2\sin\varphi}}$$

计算表明，对于数米或更大半径的硐室，这种作用是十分有限的。

对于松动爆破孔而言，孔周裂隙圈的最大半径也仅为炮孔直径的 10 倍左右。

可见微孔预破裂法对降强的作用范围是有限的，而大量密集的微孔爆破还可能会诱发开挖面岩石的坍塌。

(2) 改善应力状态的方法。主要包括光面爆破和微孔应力释放法等，通过选用合适的开挖断面形状、光面爆破技术，或者"短进尺、多循环"等方法减少对围岩的扰动，或者采用超前孔应力释放，改善围岩应力状态。

这些方法中隐含着两个重要的力学原理：

一是围岩应力集中与开挖断面形态有关。围岩中差应力集中程度与断面曲率正相关，曲率大的部位容易因差应力增大而产生压剪破裂；而曲率过小的部位则容易产生径向张应力，引起张剪性破裂。优化断面形态、光面爆破正是为了减小这种差应力的局部异常集中。

二是围岩应力调整过程。我们知道，地下空间开挖将引起围压表层差应力增高，表层岩体则通过破坏和松动变形释放差应力，使应力集中圈内移。围岩应力调整就是一个不断形成新应力-强度平衡的过程。"短进尺、多循环"方法的力学原理就在于延缓和平滑这个围岩应力调整过程，减少表层岩体破坏造成的灾害性事故。

而超前孔应力释放方法的原理与前述微孔预破裂法大体一致，是一种改善掌子面前方岩体应力状态的方法。施工时常常在掌子面打设 5～6 个超前钻孔，孔深为 15～20m 左右，既可以起到超前探测的作用，又可以一定程度释放掌子面岩体应力。但前已述及，这种应力释放的作用是十分有限的。

(3) 支护措施。主要包括喷混凝土、纳米仿钢纤维混凝土、钢筋网、系统锚杆和中空预应力注浆锚杆等。这类办法更多地用于洞壁的破裂控制。

锚固技术被广泛用于控制岩体变形和岩爆破坏。锚杆通常用来增强岩体黏结力，防止表层岩体破坏。锚索常常用于大范围和大吨位岩体加固，并起到调整优化岩体应力状态的作用。

对于掌子面，由于支护后的岩体立刻又会被挖除，采用适当的预锚措施，如碳纤维锚固是可以考虑的。例如，在小湾电站坝基开挖中，曾经通过预锚有效控制了开挖过程中的岩爆破坏。

锚固系统根据受力特性，大致可分为被动受力和主动受力两类。前者由岩体变形使锚固系统产生拉应力，而达到锚固作用；后者则是给锚固系统施加的预应力以控制岩体变形。

2. 岩爆主动防控的力学原理

岩爆主动防控的基本理念是根据围岩结构特征、应力状态和岩爆形成机理，通过合理布置人工辅助结构改变围岩应力状态，有效提升围岩自稳潜力，达到防控岩爆的目的。

我们比较岩石破裂的格里菲斯（Griffith）、Mohr-Coulomb（M-C）和 Hoek-Brown（H-

B）强度判据：

$$\sigma_1=\sigma_3+4\sigma_t+4\sqrt{\sigma_t(\sigma_t+\sigma_3)} \tag{10.36}$$

$$\sigma_1=\sigma_3\tan^2\theta+\sigma_c，\ \theta=\frac{\pi}{4}+\frac{\varphi}{2} \tag{10.37}$$

$$\sigma_1=\sigma_3+\sqrt{m\sigma_c\sigma_3+s\sigma_c^2} \tag{10.38}$$

根据岩石各种力学性质指标的关联性，取 $\varphi=40°$，$\sigma_t=7.5\text{MPa}$，$\sigma_c=60\text{MPa}$，$s=1$，$m=7$，可以做出图 10.14（a）三条强度曲线。

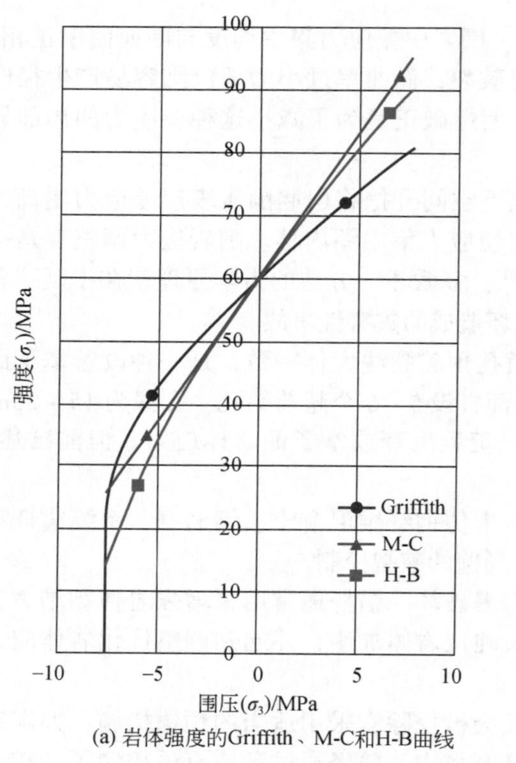

(a) 岩体强度的Griffith、M-C和H-B曲线

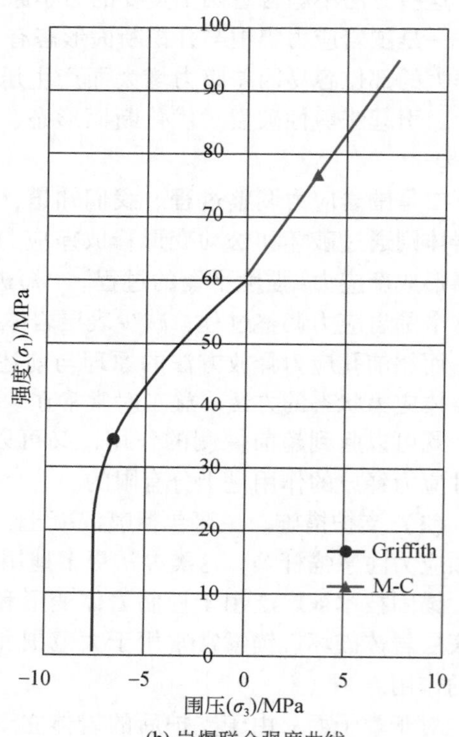

(b) 岩爆联合强度曲线

图 10.14　岩爆强度曲线

考察三种强度判据曲线我们看到，在围压 σ_3 为张应力的区域，Griffith 曲线高于其他判据，表明只要岩体强度高于 Griffith 强度要求，则围岩强度能够保证安全；而在 σ_3 为压应力的区域，则 M-C 曲线高于其他曲线，即只要岩体强度高于 M-C 强度线，则围岩强度能够保证安全。由此，我们可以做出图 10.14（b）的联合强度曲线。若岩体强度高于该曲线，则围岩不会发生岩爆。

十分有趣的是，上述曲线与图 6.3 岩石强度的 Diederichs 曲线十分相似。

3. 岩爆防护的锚固计算

1）锚固力计算

按照图 10.14（b），对于硐壁存在张性法向应力的部位，可以采用 Griffith 判据设计支护力，由式（10.36）可解出极限锚固应力 σ_{3c}；而对于硐壁法向应力为压应力的部位，可按 M-C 判据设计锚固力，由式（10.37）可解出极限锚固应力 σ_{3c}，由此得到极限锚固应力值为

$$\begin{cases}\sigma_{3c}=\sigma_1+4\sigma_t-4\sqrt{\sigma_t(\sigma_t-\sigma_1)}, & \sigma_3<0\\ \sigma_{3c}=\dfrac{\sigma_1-\sigma_c}{\tan^2\theta}, & \sigma_3>0\end{cases} \tag{10.39}$$

相应的锚固力应按下式计算

$$T=1000\cdot K\cdot b\cdot d\cdot \sigma_{3c} \tag{10.40}$$

式中，T 为单束锚固力，kN；b、d 为锚索行距与列距，m；K 为设计安全系数。

前面已经讨论过，开挖面可能优先发生张性或张剪性岩爆。对于这类岩爆，实际上只要施加一个较小的锚固应力 σ_3，即可控制硐壁张应力的出现，达到控制岩爆的目的。

2）锚固措施的控制能力

锚固措施控制能力存在上下限。

锚固能力的下限是避免开挖面出现张应力的最小锚固力。对于一定的地应力环境和特定的地下工程，开挖面附近出现张应力的可能量值是可以通过数值模拟获得的。由于锚固技术通常只能对围岩提供压性预应力，对于硐壁法向应力为次生张应力的情形，常常可以将锚固力设计为一个较小的数值，即可达到控制次生张应力出现和张性岩爆发生的目的。

锚固能力的上限则主要受制于锚固技术和锚索性能。目前常用的锚索设计荷载有 1000kN 和 2000kN 级，少数情况下可达到 3000kN 级。在锦屏一级水电站预应力锚索试验中，曾经采用 5000kN 级。以锚索间距为 3m×3m 为例，单锚为 2000kN 级，则其所提供的约束应力为 0.22MPa；对于 3000kN 级乃至 5000kN 的锚索，也只能达到 0.33MPa 和 0.55MPa。

由此可见，锚索对岩爆的控制能力也是有限的。

三、TBM 掘进速率与隧道围岩变形竞争与控制

全断面隧道掘进机（tunnel boring machine，TBM）施工技术已经广泛应用于许多大型隧道工程中，但在高地应力、围岩软弱等复杂施工条件下，TBM 卡机事故频频发生，导致工期延误和巨大经济损失。尚彦军等对已发生的 98 次 TBM 重大工程事故的统计发现，

约有 72% 的事故是由软弱围岩大变形引起的。例如，云南省上公山引水隧洞、甘肃省引洮工程 9#引水隧洞、青海省引大入秦大坂山隧洞等，都曾经由于 TBM 卡机事故，导致工期延误短则数月，长至一两年不等，甚至导致施工机械报废，造成巨大经济财产损失。

上述各类工程事故反映了一个共同的问题：在高地应力环境下软岩的 TBM 掘进施工，存在软弱围岩收敛变形速度与 TBM 掘进速率间的“竞争”问题。为了保证施工的顺利和安全，有必要对隧道软弱围岩收敛变形速度与 TBM 掘进时间管理开展系统研究，寻求最优化的掘进施工方案。

1. 围岩变形与围岩压力过程

图 10.15 为甘肃省引洮工程 9#引水隧洞 TBM 卡机现象。隧洞全长 18km。2010 年 11 月 19 日晚 10 时，9#洞 TBM 停机维护 9h，次日清晨洞顶围岩下沉变形量值高达 12.5cm，TBM 尾护盾部位已受到岩体收敛变形挤压。因围岩对护盾的摩擦力使得 TBM 换位压力过大，机身不能顺利向前移动，挖掘工作受阻而被迫停工数月。

图 10.15　9#引水隧洞 TBM 卡机现象

根据施工日志记载，TBM 单日掘进 50 个循环，工作 17h，停机 7h。掘进机尾护盾尾部围岩暴露时间一般为 12.3h，而事故当日围岩暴露时间超出设计 2h，加之该洞段围岩含水量较高，这就是造成卡机事故的基本原因。

图 10.16 为 TBM 尾护盾尾部隧洞顶、底围岩压力与变形的数值模拟监测曲线，它们共同反映了卡机的力学过程。收敛位移过程［图 10.16（a）］分为两个阶段，第一阶段为裸露围岩洞顶、底监测点的相向收敛位移；第二阶段为围岩接触 TBM 尾护盾后的变形，变形速率受到限制而显著降低。图 10.16（b）为洞顶、底监测点的径向围岩压力曲线，也可分为两阶段。第一阶段为围岩自由变形阶段，围岩压力接近于 0；第二阶段由于围岩变形受到了护盾制约，护盾上承受的围岩压力迅速上升，导致卡机事故的发生。

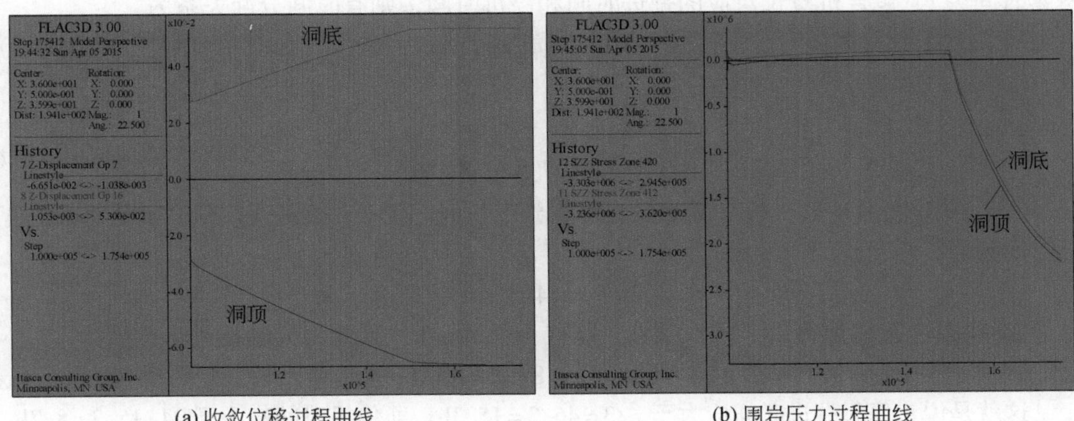

(a) 收敛位移过程曲线　　(b) 围岩压力过程曲线

图 10.16　隧洞顶底围岩应力与变形曲线

2. 不同开挖预留量下的最长停机时间

对比隧洞预留变形量与围岩收敛变形过程线，可推算出对应的卡机时间。

图 10.17 是围岩暴露时长与隧洞围岩变形量的关系曲线。根据这条曲线可以找到不同开挖预留变形量下围岩允许暴露时间，由此可以确定 TBM 掘进时间（速率）和停机检修时间的关系。

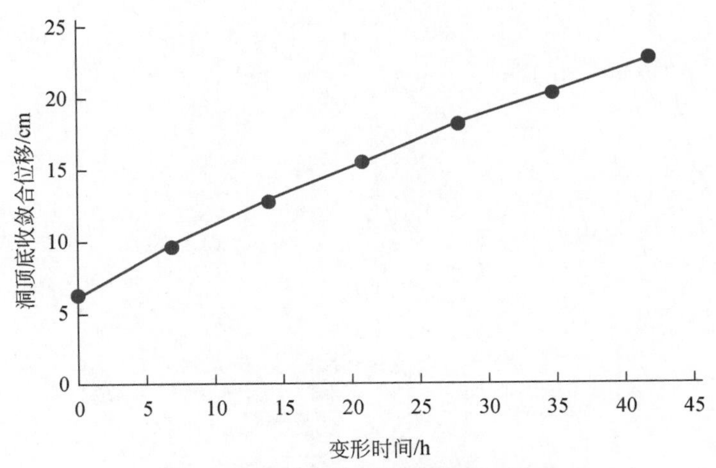

图 10.17　隧洞顶底围岩收敛变形过程线

由曲线查得围岩变形量达到预留变形量的时间，即卡机时间 T_d（h）；TBM 掘进速率（含管片安装时间）为 v（m/h）；设 n 为单日掘进循环次数，单次掘进长度等于一个管片的宽度，即 0.8m；TBM 刀头至机身尾部长 12.5m，约为 16 个掘进步长；若机身尾部围岩

暴露时间为 t，包含机身长对应的掘进时间和停机时间，则有时间分配关系为

$$t=24-0.8(n-16)/v<T_{\mathrm{d}} \tag{10.41}$$

或

$$\begin{cases} t<T_{\mathrm{d}} \\ n>v(24-T_{\mathrm{d}})/0.8+16 \end{cases} \tag{10.42}$$

对于9#隧洞的情形，机身尾部围岩暴露到卡机时间为5.33+9=14.3h，于是每天的停机时间为

$$t<T_{\mathrm{d}}=14.3\ (\mathrm{h})$$

由于 TBM 掘进速率为每 20 分钟 0.8m，即有 $v=2.4\mathrm{m/h}$，因此每天的掘进步数应为

$$n>2.4(24-14.3)/0.8+16=45.1\rightarrow 46(\text{次})$$

这就是说，每天掘进时间应大于 $n/3=46/3=15.3\mathrm{h}$，而停机时间应小于 $24-15.3=8.7\mathrm{h}$。

综合上述分析，我们可以根据设计预留变形量与对应的卡机时间，在 TBM 掘进速率（v）为确定量时，可以方便地确定每天的掘进循环总数和施工与停机时间的配比。

参考文献

蔡美峰,何满潮,刘东燕. 2002. 岩石力学与工程. 北京:科学出版社

曹广祝. 2005. 岩石 CT 尺度小裂纹扩展与渗流特性研究. 西安:西安理工大学博士研究生学位论文

曹晋华. 1986. 可靠性数学引论. 北京:科学出版社

曹文贵,赵明华,刘成学. 2004. 岩石损伤统计强度理论研究. 岩土工程学报,(6):820~823

曹文贵,张永杰,杨期君. 2007. 岩体质量分类区间非线性模糊评判方法研究. 岩石力学与工程学报,26(3):620~625

常金源,伍法权,梁宁,等. 2015. 基于统计岩体力学的岩体强度特征分析. 岩土力学,36(8):2361 ~ 2369

陈枫. 2002. 岩石压剪断裂的理论与实验研究. 长沙:中南大学博士研究生学位论文

陈庆丰. 2014. 岩石中不等长多裂纹起裂及扩展规律试验研究. 北京:中国矿业大学(北京)博士研究生学位论文

陈剑平,肖树芳,王清. 1995. 随机不连续面三维网络计算机模拟原理. 长春:东北师范大学出版社

陈新,李东威,王莉贤,等. 2014. 单轴压缩下节理间距和倾角对岩体模拟试件强度和变形的影响研究. 岩土工程学报,36(12):2236~2245

陈泽宇. 2006. 基于塑性区内方向应变能的裂纹扩展准则及应用数值模拟的研究. 广州:广东工业大学硕士研究生学位论文

崔振东,刘大安,安光明,等. 2009. 岩石Ⅰ型断裂韧度测试方法研究进展. 测试技术学报,23(3):189~196

大野博之,一丁. 1990. 岩石破裂系的分数维. 地震地质译丛,(2):1~6

邓华锋,朱敏,李建林,等. 2012. 砂岩Ⅰ型断裂韧度及其与强度参数的相关性研究. 岩土力学,33(12):3585~3591

邓林. 2010. 泥巴山深埋特长公路隧道重大岩体工程问题研究. 成都:西南交通大学博士研究生学位论文

狄圣杰,徐卫亚,单治钢. 2013. 节理岩体各向异性等效弹性参数研究. 岩土力学,34(3):696~702

杜时贵. 1994. 岩体结构面粗糙度系数 JRC 的定向统计研究. 工程地质学报,2(3):62~71

杜时贵,潘别桐. 1993. 岩石节理粗糙度系数的分形特征. 水文地质工程地质,(3):36~39

杜时贵,唐辉明. 1993. 岩体断裂粗糙度系数的各向异性研究. 工程地质学报,1(2):32~42

杜时贵,陈禹,樊良本. 1996. JRC 修正直边法的数学表达. 工程地质学报,4(2):36~43

杜时贵,颜育仁,胡晓飞,等. 2005. JRC-JCS 模型抗剪强度估算的平均斜率法. 工程地质学报,(4):489~493

杜时贵,胡晓飞,郭霄,等. 2006. JRC-JCS 模型和 JRC-JMC 模型与直剪试验对比研究//中国岩石力学与工程学会. 第九届全国岩石力学与工程学术大会论文集. 北京:科学出版社:305~308

杜时贵,罗战友,黄曼,等. 2010. 多尺度岩体结构面直剪试验仪的研制与应用//中国岩石力学与工程学会. 和谐地球上的水工岩石力学——第三届全国水工岩石力学学术会议论文集. 上海:同济大学出版社:26~30

范庆忠. 2006. 岩石蠕变及其扰动效应试验研究. 青岛:山东科技大学博士研究生学位论文

范天佑. 1978. 断裂力学基础. 南京:江苏科学技术出版社

谷德振. 1979. 岩体工程地质力学基础. 北京:科学出版社

谷德振,黄鼎成. 1979. 岩体结构的分类及其质量系数的确定. 水文地质工程地质,(2):8~13

关宝树. 2011. 隧道工程设计要点集. 北京:人民交通出版社:52~54

郭少华. 2003. 岩石类材料压缩断裂的实验与理论研究. 长沙:中南大学博士研究生学位论文

郭松峰,祁生文,黄晓林. 2013. 岩体强度各向异性及其转化的应力条件. 岩石力学与工程学报,32(S2):3222~3227

郭文明,张国彪,晏长根. 2018. 基于强度参数脆性指数的岩石Ⅰ型断裂韧度评价. 建筑科学与工程学报,35(4):97~104

郭彦双. 2007. 脆性材料中三维裂隙断裂试验、理论与数值模拟研究. 济南:山东大学博士研究生学位论文

韩建新,李术才,李树忱,等. 2011. 贯穿裂隙岩体强度和破坏方式的模型研究. 岩土力学,32(S2):178~184

韩智铭. 2018. 基于数值流形方法的节理岩体强度特性研究. 北京:北京交通大学博士研究生学位论文

胡波,杨志荣,刘顺桂,等. 2008. 共面闭合断续节理岩体直剪强度特性研究. 工程地质学报,16(3):40~44

胡柳青. 2005. 冲击载荷作用下岩石动态断裂过程机理研究. 长沙:中南大学博士研究生学位论文

胡文清,郑颖人,钟昌云. 2004. 木寨岭隧道软弱围岩段施工方法及数值分析. 地下空间,24(2):194~197

胡秀宏,伍法权,孙强. 2010. 基于双参负指数分布的改进的岩体本构关系. 岩石力学与工程学报,29(S2):3455~3462

胡秀宏,伍法权,孙强. 2011. 基于双参负指数分布的改进的岩体本构关系//中国科学院地质与地球物理研究所. 中国科学院地质与地球物理研究所第十届(2010年度)学术年会论文集(下). 中国科学院地质与地球物理研究所:中国科学院地质与地球物理研究所科技与成果转化处,8

皇甫岗,韩明,王晋南. 1991. 滇西北区断层分数维几何学的研究. 地震地质,(1):61~66

黄书岭. 2005. 再生混凝土断裂性能的试验研究及分析. 郑州:郑州大学硕士研究生学位论文

黄书岭. 2008. 高应力下脆性岩石的力学模型与工程应用研究. 武汉:中国科学院研究生院(武汉岩土力学研究所)博士研究生学位论文

贾洪彪. 2008. 岩体结构面三维网络模拟理论与工程应用. 北京:科学出版社

贾蓬. 2008. 基于强度折减法的结构面影响下隧道围岩破坏机理数值试验研究. 沈阳:东北大学博士研究生学位论文

贾蓬,唐春安,杨天鸿,等. 2006. 具有不同倾角层状结构面岩体中隧道稳定性数值分析. 东北大学学报,27(11):1275~1278

江权. 2007. 高地应力下硬岩弹脆塑性劣化本构模型与大型地下洞室群围岩稳定性分析. 武汉:中国科学院研究生院(武汉岩土力学研究所)博士研究生学位论文

蒋小伟,万力,王旭升,等. 2009. 利用RQD估算岩体不同深度的平均渗透系数和平均变形模量. 岩土力学,30(10):3163~3167

李地元. 2010. 高应力硬岩胞性板裂破坏和应变型岩爆机理研究. 长沙:中南大学博士研究生学位论文

李海波. 2001. 花岗岩材料在动态压应力作用下力学特性的实验和模型研究. 岩石力学与工程学报,20(1):136

李海洋. 2007. 高速公路软弱围岩隧道大变形数值模拟与应用研究——以火车岭隧道大变形为例. 武汉:中国地质大学(武汉)硕士研究生学位论文

李建林,哈秋舲. 1998. 节理岩体拉剪断裂与强度研究. 岩石力学与工程学报,17(3):259~266

李建林,孙志宏. 2000. 节理岩体压剪断裂及其强度研究. 岩石力学与工程学报,19(4):444~448

李江腾,曹平,袁海平. 2006. 岩石亚临界裂纹扩展试验及门槛值研究. 岩土工程学报,28(3):415~418

李江腾,古德生,曹平,等. 2009. 岩石断裂韧度与抗压强度的相关规律. 中南大学学报:自然科学版,40

(6):1695~1699
李宁,李国良. 2018. 兰渝铁路特殊复杂地质隧道修建技术. 隧道建设,38(3):481~490
李强. 2008. 压缩作用下岩体裂纹起裂扩展规律及失稳特性的研究. 大连:大连理工大学博士研究生学位论文
李深圳,沙鹏,伍法权,等. 2018. 层状结构岩体变形的各向异性特征分析. 岩土力学,39(S2):366~373
李术才,陈卫忠,朱维申,等. 2003. 加锚节理岩体裂纹扩展失稳的突变模型研究. 岩石力学与工程学报,22(10):1661~1666
李树忱,程玉民. 2005. 裂纹扩展分析的无网格流形方法. 岩石力学与工程学报,(7):1187~1195
李廷春. 2005. 三维裂隙扩展的CT试验及理论分析研究. 武汉:中国科学院研究生院(武汉岩土力学研究所)博士研究生学位论文
李同录,罗世毅,何剑,等. 2004. 节理岩体力学参数的选取与应用. 岩石力学与工程学报,(13):2182~2186
李晓照. 2016. 基于细观力学的脆性岩石渐进及蠕变失效特性研究. 西安:西安建筑科技大学博士研究生学位论文
李战鲁. 2006. 分离式霍普金森压杆加载下岩石动态断裂韧度测定的实验研究. 成都:四川大学硕士研究生学位论文
李智慧. 2006. 金属材料裂纹体与无裂纹体统一断裂理论若干问题的试验研究. 西安:西安理工大学硕士研究生学位论文
梁宁,伍法权,王云峰,等. 2016. 大埋深高地应力关山隧道围岩变形破坏分析. 岩土力学,37(S2):329~336
梁正召. 2005. 三维条件下的岩石破裂过程分析及其数值试验方法研究. 沈阳:东北大学博士研究生学位论文
凌建明. 1994. 节理裂隙岩体损伤力学研究中的若干问题. 力学进展,(2):257~264
刘传孝. 2005. 岩石破坏机理及节理裂隙分布尺度效应的非线性动力学分析与应用. 青岛:山东科技大学博士研究生学位论文
刘高. 2002. 高地应力区结构性流变围岩稳定性研究. 成都:成都理工大学博士研究生学位论文
刘高,张帆宇,李新召,等. 2005. 木寨岭隧道大变形特征及机理分析. 岩石力学与工程学报,24(A2):5521~5526
刘华博. 2018. 预制裂纹类岩石材料裂纹扩展规律及3D打印技术应用. 北京:中国矿业大学(北京)博士研究生学位论文
刘建友,赵勇,李鹏飞. 2013. 隧道围岩变形的尺寸效应研究. 岩土力学,34(8):2165~2173
刘宁. 2009. 高地应力条件下围岩劈裂破坏的力学机理及其能量分析模型研究. 济南:山东大学博士研究生学位论文
刘天鹏. 2006. 受压状态下脆性材料断裂机理的试验研究. 西安:西安理工大学硕士研究生学位论文
刘彤. 2006. 小湾电站坝基岩体卸荷工程地质力学研究. 北京:中国科学院研究生院博士研究生学位论文
刘小强,周世良,尚明芳,等. 2012. 基于水岩相互作用的岩石力学性能研究. 重庆交通大学学报(自然科学版),31(2):268~273,313
楼一珊,陈勉,史明义,等. 2007. 岩石Ⅰ、Ⅱ型断裂韧性的测试及其影响因素分析. 中国石油大学学报(自然科学版),31(4):85~89
马艾阳. 2014. 锦屏大理岩岩爆的微结构与表面能研究. 北京:中国科学院大学博士研究生学位论文
马艾阳,伍法权,沙鹏,等. 2014a. 基于激光共聚焦扫描显微镜的岩爆试验碎片表面分形特征. 岩石力学与

工程学报,33(S2):3595~3600
马艾阳,伍法权,沙鹏,等. 2014b. 锦屏大理岩真三轴岩爆试验的渐进破坏过程研究. 岩土力学,35(10):2868~2874
马艾阳,伍法权,祁生文,等. 2017. 锦屏一级水电站左岸浅表大理岩的卸荷微裂隙特征. 工程地质学报,25(5):1381~1388
满轲,周宏伟. 2010. 不同赋存深度岩石的动态断裂韧性与拉伸强度研究. 岩石力学与工程学报,29(8):1657~1663
冒海军,杨春和. 2005. 结构面对板岩力学特性影响研究. 岩石力学与工程学报,24(20):3651~3656
孟国涛,方丹,李良权,等. 2013. 含优势断续节理组的工程岩体等效遍布节理模型强度参数研究. 岩石力学与工程学报,32(10):2115~2121
潘别桐,徐光黎. 1989. 岩体节理几何特征的研究现状及趋向. 工程勘察,(5):23~26,31
祁生文,伍法权. 2011. 基于模糊数学的 TBM 施工岩体质量分级研究. 岩石力学与工程学报,30(6):1225~1229
乔继彤,张若京. 2000. 横观各向同性体中的埋藏裂纹. 力学季刊,21(4):487~491
秦跃平,王林,孙文标,等. 2002. 岩石损伤流变理论模型研究. 岩石力学与工程学报,(S2):2291~2295
秦跃平,孙文标,王磊. 2003. 岩石损伤力学模型分析. 岩石力学与工程学报,(5):702~705
仇仲翼,刘文斑,黄维扬. 1993. 应力强度因子手册(增订版). 北京:科学出版社
任利,谢和平,谢凌志,等. 2013. 基于断裂力学的裂隙岩体强度分析初探. 工程力学,30(2):156~162,168
任伟中,王庚荪,白世伟,等. 2003. 共面闭合断续节理岩体的直剪强度研究. 岩石力学与工程学报,22(10):1667~1672
山口梅太郎,西松一. 1982. 岩石力学基础. 北京:冶金工业出版社
史瑾瑾. 2006. 岩石冲击损伤特性的试验研究. 绵阳:西南科技大学硕士研究生学位论文
宋成科,王成虎,黄禄渊,等. 2012. 结构面分布特征对隧道围岩变形影响的数值模拟分析. 防灾减灾工程学报,32(5):611~616
苏碧军. 2003. 岩石动态强度和动态断裂韧度的测试技术研究. 成都:四川大学硕士研究生学位论文
孙广忠. 1988. 岩体结构力学. 北京:科学出版社
孙广忠. 1993. 论"岩体结构控制论". 工程地质学报,(1):14~18
孙广忠,林文祝. 1983. 结构面闭合变形法则及岩体弹性变形本构方程. 地质科学,(2):177~180
孙卫军,周维垣. 1990. 裂隙岩体弹塑性-损伤本构模型. 岩石力学与工程学报,(2):108~119
孙旭曙,李建林,王乐华,等. 2014. 单一预制节理试件各向异性力学特性试验研究. 岩土力学,35(S1):29~34,41
孙玉科,古迅. 1980. 实体比例投影原理与块体空间应力分解. 水文地质工程地质,(2):23~28
孙宗颀,饶秋华,王桂尧. 2002. 剪切断裂韧度(K_{IIc})确定的研究. 岩石力学与工程学报,21(2):199~203
唐辉明. 1991. 节理的断裂力学机制研究进展. 地质科技情报,(2):17~25
唐志成,夏才初,刘远明. 2012. 岩桥渐进弱化的 Jennings 抗剪强度准则. 岩土工程学报,34(11):2093~2099
陶振宇,王宏. 1989. 裂纹的尺寸分布对岩石强度的影响. 武汉水利电力学院学报,(2):1~5
陶振宇,刘永燮,尹森菁,等. 1982. 岩石断裂韧度的现场测定. 水利学报,(7):46~52
汪雷. 2013. 贯穿裂隙岩体峰后变形破坏特性的试验研究. 济南:山东大学硕士研究生学位论文
王斌,李夕兵. 2012. 单轴荷载下饱水岩石静态和动态抗压强度的细观力学分析. 爆炸与冲击,32(4):423~431

王根龙,伍法权,祁生文,等. 2013. 塑流-拉裂式崩塌机制及评价方法. 岩石力学与工程学报,32(S1):2863~2869
王宏,陶振宇. 1988. 围压下脆性岩石的破坏统计研究. 岩石力学,(19):1~7
王静. 2004. 压缩荷载下岩石断裂特性研究. 西安:西安理工大学硕士研究生学位论文
王龙甫. 1979. 弹性理论. 北京:科学出版社
王启智,吴礼舟. 2004. 用平台巴西圆盘试样确定脆性岩石的弹性模量、拉伸强度和断裂韧度,第二部分:试验结果. 岩石力学与工程学报,23(2):199~204
王启智,鲜学福. 1992. 岩石三点弯曲圆梁断裂韧度 K_{Ic} 的测试研究. 重庆大学学报:自然科学版,15(5):101~106
王学潮,马国彦. 2002. 南水北调西线工程及其主要工程地质问题. 工程地质学报,10(1):38~45
王毅东. 2004. 木寨岭隧道高地应力大变形施工技术. 现代隧道技术,(z3):246~249
王云龙,谭忠盛. 2012. 木寨岭板岩隧道塌方的结构失稳分析及预防措施研究. 岩土力学,33(S2):263~268
吴顺川,高艳华,高永涛,等. 2014. 等效节理岩体表征单元体研究. 中国矿业大学学报,43(6):1120~1126
吴义鹰. 2006. 锦屏二级水电站地下厂房洞室群围岩稳定性分析与评价. 成都:成都理工大学硕士研究生学位论文
吴智敏,赵国藩,黄承逵. 1993. 不同强度等级混凝土的断裂韧度、断裂能. 大连理工大学学报,33(S1):73~77
伍法权. 1993. 统计岩体力学原理. 武汉:中国地质大学出版社
伍法权. 1997. 岩体工程性质的统计岩体力学研究. 水文地质工程地质,(2):17~19
伍法权,祁生文. 2014. 岩体结构力学效应的统计岩体力学研究. 工程地质学报,22(4):601~609
伍法权,郗鹏程. 2016. 基于统计本构关系的岩体弹性模量特征及影响因素分析. 岩土力学,37(9):2505~2512,2520
伍法权,王思敬,宋胜武,等. 1993. 岩体力学中的统计方法与理论. 科学通报,38(15):1345~1354
伍法权,祁生文,宋胜武,等. 2008. 复杂岩质高陡边坡变形与稳定性研究——以雅砻江锦屏一级水电站为例. 北京:科学出版社
伍法权,伍劼,祁生文. 2010. 关于脆性岩体岩爆成因的理论分析. 工程地质学报,18(5):589~595
伍佑伦,王元汉,胡建华. 2006. 基于断裂力学的岩体强度探讨//中国岩石力学与工程学会. 第九届全国岩石力学与工程学术大会论文集. 北京:科学出版社:371~375
武建广. 2011. 木寨岭隧道软岩段大变形原因分析及对策. 西部探矿工程,23(2):199~202
郗鹏程,伍法权,包含. 2018. 基于统计岩体力学的隧道围岩分级方法. 地下空间与工程学报,14(1):131~137
夏熙伦,柳赋铮,韩军. 1988. 岩石力学的现场研究与隧洞开挖和支护方案的确定. 人民长江,(6):8~12
向天兵,冯夏庭,陈炳瑞,等. 2009. 三向应力状态下单结构面岩石试样破坏机制与真三轴试验研究. 岩土力学,30(10):2908~2916
谢和平. 1996. 分形岩石力学导论. 北京:科学出版社
谢和平,鞠杨. 1999. 分数维空间中的损伤力学研究初探. 力学学报,(3):45~55
谢和平,Pariseau W G,王建锋,等. 1992. 节理粗糙度系数的分形估算. 地质科学译丛,(1):85~90
徐华荣,朱冠美. 1984. 混凝土断裂韧度 K_{Ic} 的影响因素的研究. 水利学报,(9):53~58
徐纪成,刘大安,孙宗颀,等. 1995. 岩石断裂韧度的国际联合试验研究. 中南工业大学学报,26(3):

310 ~ 313
徐纪成,刘大安,张静宜,等. 1997. 岩石断裂韧度测试技术研究. 中南工业大学学报,28(3):216 ~ 218
徐勇. 2004. 基体裂纹的断裂理论及其实验研究. 兰州:兰州理工大学硕士研究生学位论文
晏长根. 2006. 小湾坝基卸荷岩体参数研究. 北京:中国科学院研究生院博士研究生学位论文
杨更社,刘慧,彭丽娟,等. 2006. 基于CT图像处理技术的岩石损伤特性研究//中国岩石力学与工程学会. 第九届全国岩石力学与工程学术大会论文集. 北京:科学出版社:463 ~ 468
杨新辉. 2005. 脆性/韧性断裂机理与判据及裂尖变形理论研究. 大连:大连理工大学博士研究生学位论文
杨友卿. 1999. 岩石强度的损伤力学分析. 岩石力学与工程学报,(1):24 ~ 28
杨云浩,徐卫亚. 2012. 基于节理岩体损伤本构的洞室位移反分析研究与应用. 中南大学学报(自然科学版),43(7):2723 ~ 2732
尤明庆. 2010. 岩石强度准则的数学形式和参数确定的研究. 岩石力学与工程学报,29(11):2172 ~ 2184
于培师. 2006. 复杂结构的三维疲劳断裂强度模拟. 南京:南京航空航天大学硕士研究生学位论文
袁海平. 2006. 诱导条件下节理岩体流变断裂理论与应用研究. 长沙:中南大学博士研究生学位论文
张斌. 2005. 材料结构宏观三维断裂和微观破坏行为研究. 南京:南京航空航天大学博士研究生学位论文
张强勇,朱维申,金亚兵. 1999. 弹塑性损伤模型在某地下厂房工程中的应用. 岩石力学与工程学报,(6):654 ~ 657
张盛,王启智. 2009. 用5种圆盘试件的劈裂试验确定岩石断裂韧度. 岩土力学,30(1):12 ~ 18
张倬元,王士天,王兰生. 1993. 工程地质分析原理. 北京:地质出版社
赵德安,陈志敏,蔡小林,等. 2007. 中国地应力场分布规律统计分析. 岩石力学与工程学报,26(6):1265 ~ 1271
赵延林,王卫军,万文,等. 2012. 裂隙岩体渗流-断裂耦合机制及应用. 岩土工程学报,34(4):677 ~ 685
赵云川,李琦,陈江,等. 2010. 孔径变形法测试地应力弹性模量参数选取分析. 岩石力学与工程学报,29(10):2143 ~ 2147
郑建国. 2005. 锦屏二级水电站交通辅助洞岩爆机制及其地质力学模式研究. 成都:成都理工大学硕士研究生学位论文
钟世英,徐卫亚. 2011. 基于微结构张量理论的柱状节理岩体各向异性强度分析. 岩土力学,32(10):3081 ~ 3084
周维垣. 1990. 高等岩石力学. 北京:高等教育出版社
周小平,张永兴,朱可善. 2005. 压应力状态下断续节理岩体全过程应力 - 应变关系及其变形局部化分析. 岩石力学与工程学报,24(2):217 ~ 221
周小平,钱七虎,杨海清. 2008. 深部岩体强度准则. 岩石力学与工程学报,27(1):117 ~ 123
周宇清. 2016. 吉图珲客运专线总体设计及技术创新. 铁道标准设计,60(1):1 ~ 8
周喻,吴顺川,王莉,等. 2013. 等效岩体技术在断续双节理岩石试件破裂机制细观分析中的应用. 岩土力学,34(10):2801 ~ 2809
朱传云. 1989. 岩石抗压强度与断裂韧度规律的探讨. 水利水电技术,(4):5 ~ 6
Alejano L R, Bobet A. 2012. Drucker-prager criterion. Rock Mechanics and Rock Engineering, 45(6):995 ~ 999
Aler J, Mouza J D, Arnould M. 1996. Measurement of the fragmentation efficiency of rock mass blasting and its mining applications. International Journal of Rock Mechanics and Mining Sciences & Geomechanics Abstracts, 33(2):125 ~ 139
Alireza A, Derek M C, Tannant D D. 2012. A three- dimensional equivalent continuum constitutive model for

jointed rock masses containing up to three random joint sets. Geomechanics and Geoengineering, 7(4): 227 ~ 238

Assali P, Grussenmeyer P, Villemin T, *et al.* 2016. Solid images for geostructural mapping and key block modeling of rock discontinuities. Computers and Geosciences, 89: 21 ~ 31

Baecher G B, Lanney N A. 1978. Trace length biases in joint surveys. In: Proceedings of the 19th US Symposium on Rock Mechanics, Nevada, 1: 56 ~ 65

Baecher G B, Lanney N A, Einstein H H. 1977. Statistical description of rock properties and sampling. In: Proceedings of the 18th US Symposium on Rock Mechanics. Brandon V T: Johnson Publishing Co: 1 ~ 8

Bai Y L, Tomasz W. 2010. Application of extended Mohr- Coulomb criterion to ductile fracture. International Journal of Fracture, 161(1): 1 ~ 20

Bakhtar K. 1997. Impact of joints and discontinuities on the blast- response of responding tunnels studied under physical modeling at 1-g. International Journal of Rock Mechanics and Mining Sciences, 34(3-4): 21. e1 ~ 21. e15

Bandis B C, Lumsden A C, Barton N R. 1983. Fundamentals of rock joint deformation. International Journal of Rock Mechanics and Mining Sciences & Geomechanics Abstracts, 20(6): 249 ~ 268

Bao H, Wu F Q, Niu J R. 2018. Effects of test procedures and lithology on estimating the mode I fracture toughness of rocks using empirical relations. Materialwissenschaft und Werkstofftechnik, 49(8): 951 ~ 962

Bao H, Zhai Y, Lan H X, *et al.* 2019a. Distribution characteristics and controlling factors of vertical joint spacing in sand- mud interbedded strata. Journal of Structural Geology, 128: 103886

Bao H, Zhang G B, Lan H X, *et al.* 2019b. Geometrical heterogeneity of the joint roughness coefficient revealed by 3D laser scanning. Engineering Geology, 265

Bao H, Wu F Q, Xi P C, *et al.* 2020a. A new method for assessing slope unloading zones based on unloading strain. Environmental Earth Sciences, 79(14): 1 ~ 13

Bao H, Xu X H, Lan H X, *et al.* 2020b. A new joint morphology parameter considering the effects of micro- slope distribution of joint surface. Engineering Geology, 275: 105734

Bao H, Zhang K K, Yan C G, *et al.* 2020c. Excavation damaged zone division and time- dependency deformation prediction: a case study of excavated rockmass at Xiaowan hydropower station. Engineering Geology, 272: 105668

Barton N. 1973. Review of a new shear- strength criterion for rock joints. Engineering Geology, 7(4): 287 ~ 322

Barton N. 2002. Some new Q- value correlations to assist in site characterization and tunnel design. International Journal of Rock Mechanics and Mining Sciences, 39(2): 185 ~ 216

Barton N, Choubey V. 1977. The shear strength of rock joints in theory and practice. Rock Mechanics and Rock Engineering, 10(1): 1 ~ 54

Barton N, Lien R, Lunde J. 1974. Engineering classification of rock masses for the design of tunnel support. Rock Mechanics and Rock Engineering, 6(4): 189 ~ 236

Barton N, Bandis S, Bakhtar K. 1985. Strength, deformation and conductivity coupling of rock joints. International Journal of Rock Mechanics and Mining Sciences & Geomechanics Abstracts, 22(3): 121 ~ 140

Bauer E, Huang W, Wu W. 2004. Investigations of shear banding in an anisotropic hypoplastic material. International Journal of Solids and Structures, 41(21): 5903 ~ 5919

Bianchi L, Snow D T. 1969. Permeability of crystalline rock interpreted from measured orientations and apertures of fractures. Annals of Arid Zone, 8(2): 231 ~ 245

Bidgoli M N, Zhao Z H, Jing L R. 2013. Numerical evaluation of strength and deformability of fractured rocks. Journal of Rock Mechanics and Geotechnical Engineering, 5(6): 419 ~ 430

Bieniawski Z T. 1974. Geomechanics classification of rock masses and its application in tunneling. In: Proceedings of the 3rd International Congress on Rock Mechanics, ISRM, Denver, Colorado, 27 ~ 32

Bieniawski Z T. 1976. Rock mass classification in rock engineering. In: Proceedings of the Symposium on Exploration for Rock Engineering, Johannesburg, 97 ~ 106

Bieniawski Z T. 1978. Determining rock mass deformability: experience from case histories. International Journal of Rock Mechanics and Mining Science & Geomechanics Abstracts, 15(5): 237 ~ 247

Bieniawski Z T. 1989. Engineering Rock Mass Classification: A Complete Manual for Engineers and Geologists in Mining, Civil, and Petroleum Engineers. New York: Wiley

Boadu F K. 1997. Relating the hydraulic properties of a fractured rock mass to seismic attributes: theory and numerical experiments. International Journal of Rock Mechanics and Mining Sciences, 34(6): 885 ~ 895

Bobich J K. 2005. Experimental analysis of the extension to shear fracture transition in Berea sandstone. MS Thesis, Texas: Texas A & M University

Brown E T, Yu H S. 1988. Model for ductile yield of porous rock. Short communication. International Journal of Rock Mechanics and Mining Sciences & Geomechanics Abstracts, 26(3-4): 679 ~ 688

Carbonell R. 2004. On the nature of mantle heterogeneities and discontinuities: evidence from a very dense wide-angle shot record. Tectonophysics, 388(1): 103 ~ 117

Carol I, Rizzi E, Willam K. 2001. On the formulation of anisotropic elastic degradation, I. theory based on a pseudo-logarithmic damage tensor rate. International Journal of Solids and Structures, 38(4): 419 ~ 518

Chae B G, Ichikawa Y, Jeong G C, *et al.* 2003. Roughness measurement of rock discontinuities using a confocal laser scanning microscope and the Fourier spectral analysis. Engineering Geology, 72(3): 181 ~ 199

Chang C S, Whitman R V. 1988. Drained permanent deformation of sand due to cyclic loading. International Journal of Rock Mechanics and Mining Sciences & Geomechanics Abstracts, 26(3-4): 1164 ~ 1180

Charalampos S, Qi S W, Guo S F, *et al.* 2019. ARMR, a new classification system for the rating of anisotropic rock masses. Bulletin of Engineering Geology and the Environment, 78(5): 1 ~ 16

Chen X, Liao Z H, Peng X. 2012. Deformability characteristics of jointed rock masses under uniaxial compression. International Journal of Mining Science and Technology, 22(2): 213 ~ 221

Chong W L, Haque A, Gamage R P, *et al.* 2013. Modelling of intact and jointed mudstone samples under uniaxial and triaxial compression. Arabian Journal of Geosciences, 6(5): 1639 ~ 1646

Cowin S C. 1985. The relationship between the elasticity tensor and the fabric tensor. Mechanics of Materials, 4(2): 137 ~ 147

Cruden D M. 1977. Describing the size of discontinuities. International Journal of Rock Mechanics and Mining Sciences & Geomechanics Abstracts, 14(3): 133 ~ 137

Da Silva L A A, Hennies W T. 1983. New method for particle shape determination. International Journal of Rock Mechanics and Mining Sciences & Geomechanics Abstracts, 21(5): 245 ~ 250

Davide E, Doug S. 2010. An integrated numerical modelling- discrete fracture network approach applied to the characterization of rock mass strength of naturally fractured pillars. Rock Mechanics and Rock Engineering, 43(1): 3 ~ 19

Diederichs M. 2003. Manuel Rocha medal recipient rock fracture and collapse under low confinement conditions. Rock Mechanics and Rock Engineering, 36: 339 ~ 381

Dienes J K. 1983. On the stability of shear cracks and the calculation of compressive strength. Journal of Geophysical Research Solid Earth,88(B2):1173 ~ 1179

Dong J Y, Yang J H, Yang G X, *et al.* 2011. Analysis on causes of deformation and failure of large scale underground powerhouse. Applied Mechanics and Materials,1366(149):644 ~ 650

Dowding C H,Kendorski F S. 1982. Field study of the blasting vibration stability of large natural rock pinnacles. In:Proceedings of the 8th Conference of the Society of Explosives Engineers,Montville,Ohio

Eissa E A,Kazi A. 1988. Relation between static and dynamic Young's moduli of rocks. International Journal of Rock Mechanics and Mining Sciences & Geomechanics Abstracts,25(6):479 ~ 482

En Z. 1984. RQD models and fracture spacing. Journal of Geotechnical Engineering,110(2):203 ~ 216

Evans I. 1958. The strength of cubes of coal in uniaxial compression. In: Walton W H (ed). Mechanical Properties of Non-metallic Brittle Materials. London:Butterworths Scientific Publications

Evans I. 1961. The tensile strength of coal. Colliery Engineering,38:428 ~ 434

Fecker E,Rengers N. 1971. Measurement of large scale roughness of rock planes by means of profilograph and geological compass. In:Proceedings Symposium on Rock Fracture,Nancy,France,1 ~ 18

Ferrero A M,Migliazza M R,Pirulli M,*et al.* 2016. Some open issues on rockfall hazard analysis in fractured rock mass:problems and prospects. Rock Mechanics and Rock Engineering,49(9):3615 ~ 3629

Feuga B. 1983. Characterization of the "equivalent porous medium" by in situ testing . International Journal of Rock Mechanics and Mining Sciences & Geomechanics Abstracts,21(5):403 ~ 410 (in French)

Fletcher R C,Pollard D D. 1999. Can we understand structural and tectonic processes and their products without appeal to a complete mechanics. Journal of Structural Geology,21(8):1071 ~ 1088

Fossum A F. 1985. Effective elastic properties for a randomly jointed rock mass. International Journal of Rock Mechanics and Mining Sciences & Geomechanics Abstracts,22(6):467 ~ 470

Gates D J. 1988a. A microscopic model for stress- strain relations in rock- Part 1. Equilibrium equations. International Journal of Rock Mechanics and Mining Sciences & Geomechanics Abstracts,25(6):393 ~ 401

Gates D J. 1988b. A microscopic model for stress-strain relations in rock-Part II. triaxial compressive stress. International Journal of Rock Mechanics and Mining Sciences & Geomechanics Abstracts,25(6):403 ~ 410

Gehle C,Kutter H K. 2003. Breakage and shear behaviour of intermittent rock joints. International Journal of Rock Mechanics and Mining Sciences,40(5):687 ~ 700

Gerrard C M. 1982. Elastic models of rock masses having one,two and three sets of joints. International Journal of Rock Mechanics and Mining Sciences & Geomechanics Abstracts,19(1):15 ~ 23

Ghaboussi J,Momen H. 1984. Plasticity model for inherently anisotropic behaviour of sands. International Journal of Rock Mechanics and Mining Sciences & Geomechanics Abstracts,21(3):1 ~ 7

Goodman R E. 1974. The mechanical properties of joints. In: Proceedings 3rd Congress ISRM, Denva, 1a: 127 ~ 140

Goodman R E,Shi G H. 1985. Block Theory and Its Application to Rock Engineering. Englewood Cliffs,NJ: Prentice-Hall

Gross H. 1983. Communicating elements for the simulation of crack growing processes in rock masses. International Journal of Rock Mechanics and Mining Sciences & Geomechanics Abstracts,21(5):19 ~ 24

Gutiérrez M A,Borst R D. 1998. Studies in material parameter sensitivity of softening solids. Computer Methods in Applied Mechanics and Engineering,162(1-4):337 ~ 350

Habib P,Bernaix J. 1966. The fissuration of rocks. In:1st ISRM Congress,Lisbon,Portugal,ISRM-1CONGRESS-

1966-035

Hadjigeorgiou J, Esmaieli K, Grenon M. 2009. Stability analysis of vertical excavations in hardrock by integrating a fracture system into a PFC model. Tunnelling and Underground Space Technology, 24(3): 296 ~ 308

Haldar A, Miller F J. 1984. Statistical estimation of relative density. International Journal of Rock Mechanics and Mining Sciences & Geomechanics Abstracts, 21(5): 525 ~ 530

Han X D, Chen J P, Wang Q, *et al.* 2016. A 3D fracture network model for the undisturbed rock mass at the Songta dam site based on small samples. Rock Mechanics and Rock Engineering, 49(2): 611 ~ 619

Hoek E. 1983. Strength of jointed rock masses, 23rd. Rankine Lecture. Géotechnique 33(3): 187 ~ 223

Hoek E. 1990. Estimating Mohr-Coulomb friction and cohesion values from the Hock-Brown failure criterion. International Journal of Rock Mechanics and Mining Sciences & Geomechanics Abstracts, 27(3): 227 ~ 229

Hoek E. 1994. Strength of rock and rock masses. ISRM News Journal, 2(2): 4 ~ 16

Hoek E, Brown E T. 1980a. Underground Excavations in Rock. London: Institution of Mining and Metallurgy

Hoek E, Brown E T. 1980b. Empirical strength criterion for rock masses. Journal of Geotechnical and Geoenvironmental Engineering, 106(GT9): 1013 ~ 1035

Hoek E, Brown E T. 1988. The Hoek-Brown failure criterion—a 1988 update. Journal of Heuristics, 16(2): 167 ~ 188

Hoek E, Brown E T. 1997. Practical estimates of rock mass strength. International Journal of Rock Mechanics and Mining Sciences, 34(8): 1165 ~ 1186

Hoek E, Brown E T. 2019. The Hoek-Brown failure criterion and GSI-2018 edition. Journal of Rock Mechanics and Geotechnical Engineering, 11(3): 445 ~ 463

Hoek E, Diederichs M S. 2006. Empirical estimation of rock mass modulus. International Journal of Rock Mechanics and Mining Sciences, 43(2): 203 ~ 215

Hoek E, Kaiser P K, Bawden W F. 1995. Support of Underground Excavations in Hard Rock. Rotterdam: A A Balkema

Hoek E, Carlo C T, Brent C. 2002. Hoek-Brown failure criterion—2002 edition. In: Proceedings NARMS-TAC Conference, Toronto, 1: 267 ~ 273

Hoffmann H. 1974. Zum Verformungs and Bruchverhalten regelmässig geklüfterer Felsböshungen. Rock Mech, Suppl 3: 31 ~ 43

Hu X H, Wu F Q, Sun Q. 2011. Elastic modulus of a rock mass based on the two parameter negative-exponential (tpne) distribution of discontinuity spacing and trace length. Bulletin of Engineering Geology and the Environment, 70(2): 255 ~ 263

Hudson J A, Priest S D. 1979. Discontinuities and rock mass geometry. International Journal of Rock Mechanics and Mining Sciences & Geomechanics Abstracts, 16(6): 339 ~ 362

Hudson J A, Priest S D. 1983. Discontinuity frequency in rock masses. International Journal of Rock Mechanics and Mining Sciences & Geomechanics Abstracts, 20(2): 73 ~ 89

James R C. 1987. Rock mass classification using fractal dimension. In: Proceedings of the 28th US Symposium on Rock Mechanics, Tuscon, 73 ~ 80

Jiang Q, Feng X T, Hatzor Y H, *et al.* 2014. Mechanical anisotropy of columnar jointed basalts: an example from the Baihetan hydropower station, China. Engineering Geology, 175: 35 ~ 45

Jiang Q, Cui J, Feng X T, *et al.* 2017. Demonstration of spatial anisotropic deformation properties for jointed rock mass by an analytical deformation tensor. Computers and Geotechnics, 88(Aug): 111 ~ 128

Jimenez-Rodriguez R, Sitar N. 2006. Inference of discontinuity trace length distributions using statistical graphical models. International Journal of Rock Mechanics and Mining Sciences, 43(6): 877 ~ 893

Jing L. 2003. A review of techniques, advances and outstanding issues in numerical modelling for rock mechanics and rock engineering. International Journal of Rock Mechanics and Mining Sciences, 40(3): 283 ~ 353

Jourde H, Fenart P, Vinches M, *et al.* 2007. Relationship between the geometrical and structural properties of layered fractured rocks and their effective permeability tensor. Journal of Hydrology, 337(1-2): 117 ~ 132

Kachanov L M. 1967. The Theory of Creep. New York: National Lending Library

Kaiser P K, Kim B H, Bewick R P, *et al.* 2010. Rock mass strength at depth and implications for pillar design. In: van Sint J M, Potvin Y (eds). Deep Mining 2010. In: Proceedings of the 5th International Seminar on Deep and High Stress Mining, Perth: Australian Centre for Geomechanics: 463 ~ 476

Kalenchuk K S, Diederichs M S, McKinnon S. 2006. Characterizing block geometry in jointed rockmasses. International Journal of Rock Mechanics and Mining Sciences, 43(8): 1212 ~ 1225

Kawamoto T, Ichikawa Y, Kyoya T. 1988. Deformation and fracturing behaviour of discontinuous rock mass and damage mechanics theory. International Journal of Rock Mechanics and Mining Sciences & Geomechanics Abstracts, 12(1): 1 ~ 30

Kemeny J, Post R. 2003. Estimating three- dimensional rock discontinuity orientation from digital images of fracture traces. Computers and Geotechnics, 29(1): 65 ~ 77

Kendorski F S, Cummings R A, Bieniawski Z T, *et al.* 1983. Rock mass classification for block caving mine drift support. In: the 5th ISRM Congress, Melbourne, Australia

Kim J M, Parizek R R, Elsworth D. 1997. Evaluation of fully-coupled strata deformation and groundwater flow in response to longwall mining. International Journal of Rock Mechanics and Mining Sciences, 34(8): 1187 ~ 1199

Kim K, Gao H. 1995. Probabilistic approaches to estimating variation in the mechanical properties of rock masses. International Journal of Rock Mechanics and Mining Sciences & Geomechanics Abstracts, 32(2): 111 ~ 120

Kleine T, Lapointe P, Forsyth B. 1997. Realizing the potential of accurate and realistic fracture modeling in mining. International Journal of Rock Mechanics and Mining Sciences, 34(3-4): 661

Kocbay A, Kilic R. 2006. Engineering geological assessment of the Obruk dam site (Corum, Turkey). Engineering Geology, 87(3-4): 141 ~ 148

Kong D H, Wu F Q, Charalampos S. 2020. Automatic identification and characterization of discontinuities in rock masses from 3D point clouds. Engineering Geology, 265: 105442

Kulatilake P H S W, Wu T H. 1984. The density of discontinuity traces in sampling windows. International Journal of Rock Mechanics and Mining Science & Geomechanics Abstracts, 21(6): 345 ~ 347

Kulatilake P H S W, Chen J, Teng J, *et al.* 1996. Discontinuity geometry characterization in a tunnel close to the proposed permanent shiplock area of the three gorges dam site in China. International Journal of Rock Mechanics and Mining Sciences & Geomechanics Abstracts, 33(3): 255 ~ 277

Kulatilake P H S W, He W, Um J, *et al.* 1997. A physical model study of jointed rock mass strength under uniaxial compressive loading. International Journal of Rock Mechanics and Mining Sciences, 34 (3-4): 165. e1 ~ 165. e15

Kulhaway F H. 1975. Stress deformation properties of rock and rock discontinuities. Engineering Geology, 9(4): 327 ~ 340

Kuszmaul J S. 1999. Estimating key block sizes in underground excavations: accounting for joint set spacing. International Journal of Rock Mechanics and Mining Sciences, 36(2): 217 ~ 232

Kuznetsov V A . 1982. Methodological principles of an on-site statistical point estimation of the particle-size distribution of a rock mass. Hydrotechnical Construction, 16(7): 420 ~ 426

Kwok C, Duan K, Pierce M. 2020. Modeling hydraulic fracturing in jointed shale formation with the use of fully coupled discrete element method. Acta Geotechnica, 15(10): 245 ~ 264

Kyoya T, Ichikawa Y, Kawamoto T. 1985a. An application of damage tensor for estimating mechanical properties of rock mass. Doboku Gakkai Ronbunshu, 358(358): 27 ~ 35

Kyoya T, Ichikawa Y, Kawamoto T. 1985b. Damage mechanics theory for discontinuous rock mass. In: Proceedings of the 5th International Conference on Numerical Methods in Geomechanics, Nagoya, 469 ~ 480

La Pointe P R. 1988. A method to characterize fracture density and connectivity through fractal geometry. International Journal of Rock Mechanics and Mining Sciences & Geomechanics Abstracts, 25(6): 421 ~ 429

Latham J P, Meulen J V, Dupray S. 2006. Prediction of *in-situ* block size distributions with reference to armourstone for breakwaters. Engineering Geology, 86(1): 18 ~ 36

Laubscher D H. 1977. Geomechanics classification of jointed rock masses-mining applications. Transactions of the Institute for Mining and Metallurgy, 86: A1 ~ A8

Laubscher D H. 1984. Design aspects and effectiveness of support system in different mining conditions. Transactions of the Institute for Mining and Metallurgy, 93: A70 ~ A81

Laubscher D H. 1990. A geomechanics classification system for the rating of rock mass in mine design. Journal of The South African Institute of Mining and Metallurgy, 90(10): 257 ~ 273

Li B, Jiang Y J, Tateru M, *et al.* 2014. Anisotropic shear behavior of closely jointed rock masses. International Journal of Rock Mechanics and Mining Sciences, 71: 258 ~ 271

Li M C, Han S, Zhou S B, *et al.* 2018. An improved computing method for 3D mechanical connectivity rates based on a polyhedral simulation model of discrete fracture network in rock masses. Rock Mechanics and Rock Engineering, 51(6): 1789 ~ 1800

Li X J, Chen J Q, Zhu H H. 2016. A new method for automated discontinuity trace mapping on rock mass 3D surface model. Computers and Geosciences, 89(Apr): 118 ~ 131

Li Y Y, Wang Q, Chen J P, *et al.* 2015. A multivariate technique for evaluating the statistical homogeneity of jointed rock masses. Rock Mechanics and Rock Engineering, 48(5): 1821 ~ 1831

Lin J S, Ku C Y. 2006. Two-scale modeling of jointed rock masses. International Journal of Rock Mechanics and Mining Sciences, 43(3): 426 ~ 436

Lundborg N. 1967. The strength-size relation of granite. International Journal of Rock Mechanics and Mining Sciences & Geomechanics Abstracts, 4(3): 269 ~ 272

Ma C, Yao W M, Yao Y, *et al.* 2018. Simulating strength parameters and size effect of stochastic jointed rock mass using DEM method. KSCE Journal of Civil Engineering, 22(12): 4872 ~ 4881

Madden T R. 1983. Microcrack connectivity in rocks: a renormalization group approach to the critical phenomena of conduction and failure incrystalline rocks. Journal of Geophysical Research Atmospheres, 88(B1): 585 ~ 592

Main I G, Sammonds P R, Meredith P G. 1993. Application of a modified Griffith criterion to the evolution of fractal damage during compressional rock failure. Geophysical Journal International, 115(2): 367 ~ 380

Marcos A F. 1983. Analysis of geomechanic characteristics of rock masses using Lugeon-type water injection tests. International Journal of Rock Mechanics and Mining Sciences & Geomechanics Abstracts, 21(5): 411 ~ 414 (in French)

Marinos P, Hoek E. 2000. GSI: a geologically friendly tool for rock mass strength estimation. In: Proceedings of the GeoEng2000 at the International Conference on Geotechnical and Geological Engineering, Melbourne: Technomic Publishers:1422 ~ 1446

Martin M W, Tannant D D. 2004. A technique for identifying structural domain boundaries at the EKATI Diamond Mine. Engineering Geology, 74(3):247 ~ 264

Mauldon M. 1995. Keyblock probabilities and size distributions: a first model for impersistent 2-D fractures. International Journal of Rock Mechanics and Mining Sciences & Geomechanics Abstracts, 32(6):575 ~ 583

Mauldon M. 1998. Estimating mean fracture trace length and density from observations in convex windows. Rock Mechanics and Rock Engineering 31(4):201 ~ 216

Mauldon M, Dunne W M, Rohrbaugh M B. 2001. Circular scanlines and circular windows: new tools for characterizing the geometry of fracture traces. Journal of Structural Geology, 23(2-3):247 ~ 258

Meredith P G, Atkinson B K. 1983. Stress corrosion and acoustic emission during tensile crack propagation in Whin Sill dolerite and other basic rocks. International Journal of Rock Mechanics and Mining Sciences & Geomechanics Abstracts, 21(5):1 ~ 22

Miller S M, Borgman L E. 1984. Probabilistic characterization of shear strength using results of direct shear tests. International Journal of Rock Mechanics and Mining Sciences & Geomechanics Abstracts, 21(5):273 ~ 276

Min K-B, Lanru J. 2003. Numerical determination of the equivalent elastic compliance tensor for fractured rock masses using the distinct element method. International Journal of Rock Mechanics and Mining Sciences, 40(6):795 ~ 816

Mogi K. 1966. Pressure dependence of rock strength and transition from brittle fracture to ductile flow. Bulletin of the Earthquake Research Insititute, University of Tokyo, 44(1):215 ~ 232

Muralha J. 1997. The influence of mechanical and geometrical variability in rock mass deformability. International Journal of Rock Mechanics and Mining Sciences, (34):3 ~ 4

Nasseri M H, Rao K S, Ramamurthy T. 1997. Failure mechanism in schistose rocks. International Journal of Rock Mechanics and Mining Sciences, 34(3-4):219. e1 ~ 219. e15

Niandou H, Shao J F, Henry J P, *et al.* 1997. Laboratory investigation of the mechanical behaviour of Tournemire shale. International Journal of Rock Mechanics and Mining Sciences, 34(1):3 ~ 16

Oda M. 1983. A method for evaluating the effect of crack geometry on the mechanical behavior of cracked rock masses. Oda Masanobu, 2(2):163 ~ 171

Oda M. 1984. Similarity rule of crack geometry in statistically homogeneous rock masses. Mech Mater, 3: 119 ~ 129

Oda M. 1985. Permeability tensor for discontinuous rock masses. Geotechnique, 35(4):483 ~ 495

Oda M. 1986. An equivalent continuum model for coupled stress and fluid flow analysis in jointed rock masses. Water Resources Research, 22(13):1845 ~ 1856

Oda M. 1988. An experimental study of the elasticity of mylonite rock with random cracks. International Journal of Rock Mechanics and Mining Sciences & Geomechanics Abstracts, 25(2):59 ~ 69

Oda M, Hatsuyama Y, Ohnishi Y. 1987. Numerical experiments on permeability tensor and its application to jointed granite at Stripa mine, Sweden. Journal of Geophysical Research: Solid Earth, 92(B8):8037 ~ 8048

Omid S, Vamegh R, Geranmayeh V R, *et al.* 2014. A modified failure criterion for transversely isotropic rocks. Geoscience Frontiers, 5(0-2):215 ~ 225

Pahl P J. 1981. Estimating the mean length of discontinuity traces. International Journal of Rock Mechanics and Mining Science & Geomechanics Abstracts, 18(3):221 ~ 228

Palmström A, Singh R. 2001. The deformation modulus of rock masses-comparisons between *in-situ* tests and indirect estimates. Tunnelling and Underground Space Technology, 16(3): 115 ~ 131

Pan D D, Li S C, Xu Z H, *et al.* 2019. A deterministic-stochastic identification and modelling method of discrete fracture networks using laser scanning: development and case study. Engineering Geology, 262: 105310

Pan J B, Lee C C, Lee C H, *et al.* 2010. Application of fracture network model with crack permeability tensor on flow and transport in fractured rock. Engineering Geology, 116(1-2): 166 ~ 177

Pariseau W G. 1999. An equivalent plasticity theory for jointed rock masses. International Journal of Rock Mechanics and Mining Sciences, 36(7): 907 ~ 918

Patton F D. 1966. Multiple modes of shear failure in rock. In: Proceedings of the 1st International Congress of Rock Mechanics, International Society for Rock Mechanics, 509 ~ 518

Pinnaduwa H S, Kulatilake W, Fiedler R, *et al.* 1997. Box fractal dimension as a measure of statistical homogeneity of jointed rock masses. Engineering Geology, 48(3): 217 ~ 229

Pollard D D. 1988. Elementary fracture mechanics applied to the structural interpretation of dykes. In: Halls H C, Fahrig W F (eds). Mafic Dyke Swarms. Geol Assoc Can Spec Pap, 34: 5 ~ 24

Pomeroy C D, Hobbs D W, Mahmoud A. 1971. The effect of weakness-plane orientation on the fracture of Barnsley Hards by triaxial compression. International Journal of Rock Mechanics and Mining Sciences & Geomechanics Abstracts, 8(3): 227 ~ 238

Pouya A, Ghoreychi M. 2001. Determination of rock mass strength properties by homogenization. International Journal for Numerical and Analytical Methods in Geomechanics, 25(13): 1285 ~ 1303

Priest S D, Hudson J A. 1976. Discontinuity spacings in rock. International Journal of Rock Mechanics and Mining Sciences & Geomechanics Abstracts, 13(5): 135 ~ 148

Priest S D, Hudson J A. 1981. Estimation of discontinuity spacing and trace length using scanline surveys. International Journal of Rock Mechanics and Mining Sciences & Geomechanics Abstracts, 18(3): 183 ~ 197

Priest S D, Samaniego A. 1983. Model for the analysis of discontinuity characteristics in two dimensions. International Journal of Rock Mechanics and Mining Sciences & Geomechanics Abstracts, 21(5): 199 ~ 207

Pusch R. 1998. Practical visualization of rock structure. Engineering Geology, 49(3): 231 ~ 236

Qi S W, Wu F Q, Yan F Z, *et al.* 2004. Mechanism of deep cracks in the left bank slope of Jinping first stage hydropower station. Engineering Geology, 73(1): 129 ~ 144

Quan J, Cui J, Feng X T, *et al.* 2017. Demonstration of spatial anisotropic deformation properties for jointed rock mass by an analytical deformation tensor. Computers and Geotechnics, 88(Aug): 111 ~ 128

Ramamurthy T, Arora V K. 1994. Strength predictions for jointed rocks in confined and unconfined states. International Journal of Rock Mechanics and Mining Science & Geomechanics Abstracts, 31(1): 9 ~ 22

Ramsey J M, Chester F M. 2004. Hybrid fracture and the transition from extension fracture to shear fracture. Nature, 428(6978): 63 ~ 66

Read S A L, Richards L R, Perrin N D. 1999. Applicability of the Hoek-Brown failure criterion to New Zealand greywacke rocks. In: Proceedings of the 9th International Congress on Rock Mechanics, Paris, France, 655 ~ 660

Reid T R, Harrison J P. 1997. Automated tracing of rock mass discontinuities from digital images. International Journal of Rock Mechanics and Mining Sciences, 34(3-4): 535

Reid T R, Harrison J P. 2000. A semi-automated methodology for discontinuity trace detection in digital images of rock mass exposures. International Journal of Rock Mechanics and Mining Sciences, 37(7): 1073 ~ 1089

Ren N K, Roegiers J C. 1983. Differential strain curve analysis-a new method for determining the pre-existing *in-*

situ stress state from rock core measurements. International Journal of Rock Mechanics and Mining Sciences & Geomechanics Abstracts,21(5):117 ~ 127

Rissler P. 1978. Determination of the permeability of jointed rocks (in German): Publ Inst Found Engng, Soil Mech, Rock Mech, Waterways constr, N5, 1977, 144P. International Journal of Rock Mechanics and Mining Sciences & Geomechanics Abstractsm,15(2):A28

Romm E S. 1966. Flow Characteristics of Fractured Rocks. Moscow:Nedra:283

Rouleanu A, Gale J E. 1985. Statistical characterization of the fracture system in the stripa granite, Sweden. International Journal of Rock Mechanics and Mining Science & Geomechanics Abstracts,22(6):353 ~ 367

Ruf J C, Rust K A, Engelder T. 1998. Investigating the effect of mechanical discontinuities on joint spacing. Tectonophysics,295(1):245 ~ 257

Saroglou C, Qi S W, Guo S F, *et al.* 2018. ARMR, a new classification system for the rating of anisotropic rock masses. Bulletin of Engineering Geology and the Environment,78(5):1 ~ 16

Schwartz A E. 1964. Failure of rock in the triaxial shear test. In: Proceedings of the 6th US Symposium on Rock Mechanics, Rolla, Missouri

Seidl R, Hauser E, Bernert G, *et al.* 1997. Fractured rock mass characterization parameters and seismic properties: analytical studies. Journal of Applied Geophysics,37(1):1 ~ 19

Sen Z, Kazi A. 1984. Discontinuity spacing and RQD estimates from finite length scanlines. International Journal of Rock Mechanics and Mining Science & Geomechanics Abstracts 21(4):203 ~ 212

Serafim J L, Pereira J P. 1983. Consideration of the geomechanical classification of Bieniawski. In: Proceedings of the International Symposium on Engineering Geology and Underground Construction, Lisbon: SPG/LNEC,33e44

Slob S, Knapen B V, Hack R, *et al.* 2005. Method for automated discontinuity analysis of rock slopes with three-dimensional laser scanning. Transportation Research Record Journal of the Transportation Research Board,1913 (1):187 ~ 194

Smith J V. 2004. Determining the size and shape of blocks from linear sampling for geotechnical rock mass classification and assessment. Journal of Structural Geology,26(6-7):1317 ~ 1339

Snow D T. 1969. Anisotropie permeability of fractured media. Water Resources Research,5(6):1273 ~ 1289

Snow D T. 1970. The frequency and apertures of fractures in rock. International Journal of Rock Mechanics and Mining Sciences & Geomechanics Abstracts,7(1):23 ~ 30

Song S Y, Wang Q, Chen J P, *et al.* 2015. Demarcation of homogeneous structural domains within a rock mass based on joint orientation and trace length. Journal of Structural Geology,80(Nov):16 ~ 24

Sousa L M O. 2007. Granite fracture index to check suitability of granite outcrops for quarrying. Engineering Geology,92(3-4):146 ~ 159

Stephens R E, Banks D C. 1989. Moduli for deformation studies of the foundation and abutments of the Portugues Dam-Puerto Rico. In: Khair A (ed). Rock Mechanics as a Guide for Efficient Utilization of Natural Resources. In: Proceedings of the 30th US Symposium on Rock Mechanics, Rotterdam: A A Balkema:31 ~ 38

Svensson U. 2001a. A continuum representation of fracture networks, Part I method and basic test cases. Journal of Hydrology,250(1):170 ~ 186

Svensson U. 2001b. A continuum representation of fracture networks, Part II application to the Aspo hard rock laboratory. Journal of Hydrology,250(1):187 ~ 205

Swoboda G, Yang Q. 1999. An energy- based damage model of geomaterials—I. Formulation and numerical results. International Journal of Solids and Structures,36(12):1719 ~ 1734

Tada H, Paris P C, Irwin G R. 2000. The Stress Analysis of Cracks Handbook. New York: The American Society of Mechanical Engineers

Tang C, van Westen C. 2018. Atlas of Wenchuan-Earthquake Geohazards: Analysis of Co-seismic and Post-seismic Geohazards in the Area Affected by the 2008 Wenchuan Earthquake. Beijing: Science Press

Teufel T W, Warpinski N R. 1983. *In-situ* stress variations and hydraulic fracture propagation in layered rock-observations from a mineback experiment. International Journal of Rock Mechanics and Mining Sciences & Geomechanics Abstracts, 21(5): 43 ~ 48

Turk N, Dearman W R. 1985. Investigation of some rock joint properties: roughness angle determination and joint closure. In: Proceedings of the International Symposium on Fundamentals of Rock Joints, 197 ~ 204

Turk N, Greig M, Dearman W, *et al.* 1987. Characterization of rock joint surfaces by fractal dimension. In: Proceedings of the 28th US Symposium on Rock Mechanics, Tuscon, 1223 ~ 1236

Vavro L, Souček K. 2013. Study of the effect of moisture content and bending rate on the fracture toughness of rocks. Acta Geodynamica et Geomaterialia, 10(2): 247 ~ 253

Vazaios I, Vlachopoulos N, Diederichs M S. 2019. Assessing fracturing mechanisms and evolution of excavation damaged zone of tunnels in interlocked rock masses at high stresses using a finite discrete element approach. Journal of Rock Mechanics and Geotechnical Engineering, 11(4): 701 ~ 722

Viruete E, Carbonell R, Jurado M J, *et al.* 2001. Two-dimensional geostatistical modeling and prediction of the fracture system in the Albala Granitic Pluton, SW Iberian Massif, Spain. Journal of Structural Geology, 23(12): 2011 ~ 2023

Wallis P F, King M S. 1980. Discontinuity spacings in a crystalline rock. International Journal of Rock Mechanics and Mining Sciences & Geomechanics Abstracts, 17(1): 63 ~ 66

Wang T T, Huang T H. 2006. Complete stress-strain curve for jointed rock masses. In: Proceedings of the 4th Asian Rock Mechanical Symposium, Singapore, 283

Wang T T, Huang T H. 2008. A constitutive model for the deformation of a rockmass containing sets of ubiquitous joints. International Journal of Rock Mechanics and Mining Sciences, 46(3): 521 ~ 530

Wang X G, Jia Z X, Chen Z Y, *et al.* 2016. Determination of discontinuity persistent ratio by Monte-Carlo simulation and dynamic programming. Engineering Geology, 203: 83 ~ 98

Wei Z Q, Hudson J A. 1986. Moduli of jointed rock masses. In: Proceedings International Symposium on Large Rock Caverns, Helsinki, 1073 ~ 1086

Weibull W. 1939. A statistical theory of the strength of materials. In: Proceedings of the American Mathematical Society, 151(5): 1034

Wines D R, Lilly P A. 2002. Measurement and analysis of rock mass discontinuity spacing and frequency in part of the Fimiston Open Pit operation in Kalgoorlie, Western Australia. International Journal of Rock Mechanics and Mining Sciences, 39(5): 589 ~ 602

Wu F Q. 1988. 3-D Model of a jointed rock mass and its deformation properties: technical note. International Journal of Rock Mechanics and Mining Sciences & Geomechanics Abstracts, 26(3-4): 169 ~ 176

Wu F Q. 1992. Constitutive model and strength theory for jointed rock masses. Chinese Science Bulletin, 37(2): 131 ~ 135

Wu F Q, Qi S W. 2014. Statistical mechanics on the structure effects of rock masses. Journal of Engineering Geology, 22(4): 601 ~ 609

Wu F Q, Wang S J. 2001a. A stress-strain relation for jointed rock masses. International Journal of Rock

Mechanics and Miningences, 38(4): 591 ~ 598

Wu F Q, Wang S J. 2001b. Strength theory of homogeneous jointed rock mass. Géotechnique, 51(9): 815 ~ 818

Wu F Q, Wang S J. 2002. Statistical model for structure of jointed rock mass. Géotechnique, 52(2): 137 ~ 140

Wu F Q, Wang S J, Song S W, *et al.* 1994. Statistical principles in mechanics of rock masses. China Science Bulletin, (6): 493 ~ 503

Wu N, Liang Z Z, Li Y C, *et al.* 2019. Stress-dependent anisotropy index of strength and deformability of jointed rock mass: insights from a numerical study. Bulletin of Engineering Geology and the Environment, 78(8): 5905 ~ 5917

Xu C, Dowd P. 2010. A new computer code for discrete fracture network modelling. Computers and Geosciences, 36(3): 292 ~ 301

Xu T, Ranjith P G, Wasantha P L P, *et al.* 2013. Influence of the geometry of partially-spanning joints on mechanical properties of rock in uniaxial compression. Engineering Geology, 167(24): 134 ~ 147

Yan C Z, Zheng H. 2017. Three-dimensional hydromechanical model of hydraulic fracturing with arbitrarily discrete fracture networks using finite-discrete element method. International Journal of Geomechanics, 17(6): 04016133

Yang J P, Chen W Z, Yang D S, *et al.* 2016. Estimation of elastic moduli of non-persistent fractured rock masses. Rock Mechanics and Rock Engineering, 49(5): 1977 ~ 1983

Ye J H, Zhang Y, Sun J Z, *et al.* 2012. Correction of the probabilistic density function of discontinuities spacing considering the statistical error based on negative exponential distribution. Journal of Structural Geology, 40(Jul): 17 ~ 28

Yoshinaka R, Yamabe T. 1986. Joint stiffness and deformation behaviour of discontinuous rock. International Journal of Rock Mechanics and Mining Science & Geomechanics Abstracts, 23(1): 19 ~ 28

Yoshinaka R, Yamabe T, Sekine I. 1983. A method to evaluate the deformation behaviour of discontinuous rock mass and its applicability. In: Proceedings 5th Congress of the International Society for Rock Mechanics, Melbourne, 125 ~ 128

Yow J L, Hunt J R. 2002. Coupled processes in rock mass performance with emphasis on nuclear waste isolation. International Journal of Rock Mechanics and Mining Sciences, 39(1): 143 ~ 150

Zhan J W, Pang Y M, Chen J P, *et al.* 2019. A progressive framework for delineating homogeneous domains in complicated fractured rock masses: a case study from the Xulong dam site, China. Rock Mechanics and Rock Engineering, 53(4): 1623 ~ 1646

Zhang L Y, Einstein H H. 1998. Estimating the mean trace length of rock discontinuities. Rock Mechanics and Rock Engineering 31(4): 217 ~ 234

Zhang L Y, Einstein H H. 2000. Estimating the intensity of rock discontinuities. International Journal of Rock Mechanics and Mining Sciences, 37: 819 ~ 837

Zhang L Y, Einstein H H. 2004. Using RQD to estimate the deformation modulus of rock masses. International Journal of Rock Mechanics and Mining Sciences, 41(2): 337 ~ 341

Zhang Q, Wang Q, Chen J P, *et al.* 2016. Estimation of mean trace length by setting scanlines in rectangular sampling window. International Journal of Rock Mechanics and Mining Sciences, 84: 74 ~ 79

Zhang W, Chen J P, Wang Q, *et al.* 2013. Investigation of RQD variation with scanline length and optimal threshold based on three-dimensional fracture network modeling. Science China Technological Sciences, 56(3): 739 ~ 748

Zhang Z X. 2002. An empirical relation between mode I fracture toughness and the tensile strength of rock. International Journal of Rock Mechanics and Mining Sciences, 39(3): 401 ~ 406

Zheng J, Yang X J, Lü Q, *et al.* 2018. A new perspective for the directivity of rock quality designation (RQD) and an anisotropy index of jointing degree for rock masses. Engineering Geology, 240: 81 ~ 94

Zhou W, Maerz N H. 2002. Implementation of multivariate clustering methods for characterizing discontinuities data from scanlines and oriented boreholes. Computers and Geotechnics, 28(7): 827 ~ 839

Zhou X, Chen J P, Zhan J W, *et al.* 2019. Identification of structural domains considering the combined effect of multiple joint characteristics. Quarterly Journal of Engineering Geology and Hydrogeology, 52(3): 375-385

Zhu W S, Zhao J. 2004. Stability Analysis and Modelling of Underground Excavations Infractured Rocks. Amsterdam: Elsevier

Zuo J P, Chen Y, Liu X L. 2019. Crack evolution behavior of rocks under confining pressures and its propagation model before peak stress. Journal of Central South University, 26(11): 3045 ~ 3056

Zuo Q H, Addessio F L, Dienes J K, *et al.* 2005. A rate-dependent damage model for brittle materials based on the dominant crack. International Journal of Solids and Structures, 43(11): 3350 ~ 3380